B. I.-Hochschultaschenbücher
Band 407

Elementare Logik und Mengenlehre I

von
Dr. Arnold Oberschelp
Prof. an der Universität Kiel

Bibliographisches Institut Mannheim/Wien/Zürich
B. I.-Wissenschaftsverlag

Druck und Bindearbeit: Hain-Druck KG, Meisenheim/Glan
Printed in Germany
ISBN 3-411-00407-X

VORWORT

Dieses Buch wendet sich vornehmlich an Mathematikstudenten, die (auch wenn sie sich nicht in besonderer Weise auf Logik spezialisieren wollen) erfahren möchten, in welcher Weise die Mathematik von Logik durchdrungen ist und wie Mathematik in einem logischen System dargestellt werden kann. Das bedingte die Hereinnahme mengentheoretischer Begriffe und führte zu einem Aufbau, in dem elementare Logik und elementare Mengenlehre als einheitliches System dargestellt werden. Ich habe mich bemüht so ausführlich zu sein, daß das Buch auch zum Selbststudium geeignet ist, und ich hoffe, daß es auch andere Leserkreise, namentlich Mathematiklehrer anspricht.

Ich bin meinen Mitarbeitern, Herrn Dipl. math. Jürgen-Michael Glubrecht, Herrn Dozent Dr. Klaus Potthoff und Herrn Dr. Günter Todt sowie auch den Hörern meiner Vorlesungen für Diskussionen und Hinweise dankbar. Ganz besonders danke ich Herrn Todt, der das Manuskript gründlich und kritisch durchgelesen hat und zahlreiche Verbesserungen angeregt hat. Frau Ursula Rechholtz danke ich für die sorgfältige Reinschrift des Manuskriptes. Dem Verlag bin ich besonders für die Geduld dankbar, die er mir entgegengebracht hat.

Kiel, Juni 1974 — Arnold Oberschelp

INHALTSVERZEICHNIS

Inhalt des zweiten Bandes

§ 0. Vorbemerkungen

In diesem Buch sollen diejenigen Teile von Logik und Mengenlehre *explizit* dargestellt werden, die überall in der modernen Mathematik mehr oder weniger *implizit* vorausgesetzt und benutzt werden.

Der mathematische Gehalt der hier dargestellten Theorie ist gering in dem Sinne, daß es nicht um kunstvolle Beweise und komplizierte Begriffe geht. Es handelt sich weitgehend nur um Terminologie und Trivialitäten, um die Erlernung und den verständigen Gebrauch einer Sprache.

Man möge diese Aufgabe nicht unterschätzen. Die Erfahrung zeigt, daß es oft leichter gelingt, einen nichttrivialen mathematischen Gehalt zu begreifen, als ihn korrekt und adäquat zu formulieren. Es ist daher durchaus lohnend, sich auch einmal der Betrachtung der mathematischen Sprache selbst zuzuwenden, sie nicht nur unreflektiert zu verwenden, sondern auch bewußt zu analysieren.

Dazu führen wir eine formale Sprache ein, in der sich mathematische Sachverhalte präzise darstellen lassen. Diese formale Sprache, die logisch-mengentheoretische Sprache, hat eine sehr einfache, aber streng zu befolgende Grammatik. Wenn wir ein gewisses Gebiet (etwa eine mathematische Theorie oder einen umgangssprachlichen Text) in dieser Sprache darstellen, so reden wir von einer *Formalisierung.*

Es soll keineswegs behauptet werden, daß eine solche Formalisierung die einzig adäquate Darstellungsform für eine mathematische Theorie ist. In der Regel wird man auch verbal vorgehen (wie es ja übrigens der Logiker in seiner Metasprache auch macht). Doch bin ich der Ansicht, daß eine mathematische Aussage nur dann einen präzisen Sinn hat, wenn sie formalisier*bar* ist. Ich meine ferner, daß die Fähigkeit zu formalisieren auch zu besserer Ausdrucksfähigkeit in nichtformalisierten Texten beiträgt. Um deutlich zu machen, daß logisch-mengentheoretische Begriffsbildungen universell verwendbar sind, betrachten wir auch Formalisierungen nichtmathematischer Gebiete.

Die Formalisierungen beziehen sich also auf inhaltlich ganz unterschiedliche Gebiete. Dadurch soll klar werden, daß der *Inhalt* von außen herangebracht wird und unser logisch-mengentheoretisches System nur die *Form* bestimmt. Elementare Mengenlehre ist kein Ersatz für andere Inhalte, auch auf der der Schule nicht, sondern ein Mittel zu deren prägnanter Darstellung. Natürlich ist in diesem Buch, wo es um die Erlernung der formalen Sprache geht, diese Selbstzweck. Doch für den Nichtlogiker hat sie nur den Stellenwert eines Instrumentes, allerdings ist es nützlich, wenn man es beherrscht. Dabei versteht sich, daß auf einem weiter fortgeschrittenen Niveau auch Logik und Mengenlehre nichttriviale Probleme bieten.

Zur Kenntnis einer Sprache gehört nicht nur, daß man die Syntax beherrscht, man muß auch die Semantik kennen. Man muß wissen, was die sprachlichen Ausdrücke bedeuten oder bedeuten können. Und man muß in der Lage sein, Schlüsse durchzuführen.

Wir werden gleichsam als Formalisierung des intuitiven Schließens den Begriff des *formalen Beweises* einführen. Gewöhnlich schließt der Mathematiker (die Logiker machen da keine Ausnahme) inhaltlich und nicht formal. Wieder sei betont, daß inhaltliche Betrachtungsweisen nicht verdrängt und ersetzt werden sollen und formale Beweise nicht für die mathematische Praxis empfohlen werden. Aber die Kenntnis formaler Beweise kann auch das inhaltliche Schließen bewußter und sicherer machen und bei der Darstellung nichtformaler Beweise zu größerer Klarheit führen. Und ebenso wie eine umgangssprachliche Aussage von fragwürdigem Erkenntniswert ist, wenn niemand sagen kann, wie sie zu formalisieren ist, so braucht auch ein Freistilbeweis nicht überzeugend zu sein, wenn man ihn nicht formal führen könnte.

In diesem Buch soll nicht nur die formale Sprache eingeführt und der Beweisbarkeitsbegriff erläutert werden. Vielmehr sollen auch die wichtigsten Begriffe definiert und die wichtigsten Sätze darüber bewiesen werden.

Das läßt sich in einen mehr logischen und einen mehr mengentheoretischen Teil gliedern.

Im logischen Teil werden nur wenige Begriffe definiert, und die Sätze sind im wesentlichen in den Grundbegriffen der Sprache formuliert. Im mengentheoretischen Teil treten dann zahlreiche neue Begriffe auf. Die logisch-mengentheoretischen Begriffe und Sätze bilden natürlich selbst ein mathematisches Gebiet. Insofern ist unser System nicht nur Form, sondern auch Inhalt. Daraus wird allerdings erst bei weiterer Ausgestaltung eine mathematisch anspruchsvolle und gehaltvolle Theorie (Metamathematik, axiomatische Mengenlehre). Auf der Stufe, die in diesem Buch erreicht wird, bleibt es dabei, daß man elementare Logik und Mengenlehre als Mittel zur Darstellung anderer Inhalte auffassen sollte.

Dabei muß vor übersteigerten Erwartungen gewarnt werden, mit denen sich oft Studenten der Logik nähern. Durch die Beherrschung der formalen Sprache erhält man noch keine Hinweise, wie man fruchtbare Begriffe definieren und interessante Sätze aufstellen kann. Ebensowenig verhilft die Einsicht in die formalen Beweisstrukturen dazu, gute Beweisideen zu finden und nichttriviale mathematische Probleme tatsächlich zu lösen. Die Formalismen sind kein Ersatz für mathematische Originalität, sie stellen einen Rahmen dar, in dem man Mathematik gleichsam nachbauen und dadurch analysieren kann.

Der Anfänger kann die Lektüre dieses Paragraphen nach diesem Abschnitt abbrechen. Die folgenden Abschnitte im Kleindruck sind für Leser gedacht, die schon andere Darstellungen kennengelernt haben. Sie sollen im voraus über einige Eigenarten des hier verwendeten Systems unterrichtet werden. Auch später werden wir in Kleindruck gelegentlich Übersichten, Zusätze und solche Bemerkungen bringen, die aus systematischen Gründen notwendig erscheinen und die derjenige Leser überschlagen kann, der mehr am know how interessiert ist als am know why.

Elementare Logik und Mengenlehre sollen hier als ein einheitliches System nach dem Vorbild anderer logischer Systeme aufgebaut werden. Dabei wollen wir versuchen, einige Nachteile zu vermeiden, welche die in vielen Logikbüchern dargestellte Prädikatenlogik für die Zwecke der Formalisierung mathematischer Gebiete hat. Die formale Sprache ist für den Logiker ein Objekt (Objektsprache), das er untersucht. Es ist verständlich, daß er dieses Objekt möglichst einfach halten möchte. Dann können aber die Formulierungen sehr umständlich werden. Bisweilen werden z. B. im Prädikatenkalkül nur Relationszeichen zugelassen. Funktionen müssen dann durch Relationen umschrieben werden (das wird bei uns auch so sein), ohne daß man funktionstheoretische Schreibweisen benutzen kann (wie wir es tun wollen). Dadurch wird die Formalisierung auch einfacher algebraischer Begriffe recht qualvoll. Deshalb werden oft Funktionszeichen zugelassen, allerdings macht man dabei die Annahme, die Funktionen seien auf dem Gesamtbereich definiert. Für viele Anwendungen ist das nicht angemessen. Ferner benutzt man in der mathematischen Praxis fast immer mehrere Variablensorten, während die üblichen Logiksysteme nur eine Sorte von Individuenvariablen haben. Zwar gibt es auch mehrsortige Prädikatenlogiken. Diese haben aber eine komplizierte Syntax, da man gewöhnlich nur „sortenrecht“ gebildete Terme und Formeln zuläßt. Der bestimmte Artikel, der ja in zahlreichen mathematischen Definitionen vorkommt (dasjenige x mit ...), fehlt in vielen Darstellungen der Logik. Und schließlich werden die eigentlich mengentheoretischen Begriffsbildungen, die der Mathematiker vor allem braucht, meist nicht behandelt.

Wir wollen versuchen, alle oben erwähnten Nachteile zu vermeiden. Dadurch soll die Diskrepanz zwischen formal logischer Sprache und der mathematischen Formulierungspraxis verringert werden.

Unsere formale Sprache wird sehr einfach sein. Im Grunde ist es die Sprache der (widerspruchsvollen) naiven Mengenlehre. Es ist also eine mengentheoretisch aussehende Sprache mit leichten und bequemen Formalisierungsmöglichkeiten. Der Kennzeichnungsoperator und der Klassenbildungsoperator werden zur Verfügung stehen. Es können besondere Variablensorten eingeführt werden, ohne daß die Syntax mit Bedingungen der Sortenrechtheit belastet wird. Vielmehr sind auch Ausdrücke als sinnvoll zugelassen, die nicht sortenrecht gebildet sind. Es können darüber hinaus Prädikate mit variabler Stellenzahl gebraucht werden. Es wird kein syntaktischer Unterschied zwischen Individuentermen, Relationstermen und Funktionstermen gemacht. Vielemehr kann bei unserer liberaler Syntax jeder Term jede dieser Rollen spielen. Wir werden ferner – was in der Logik meist nicht üblich ist – die Bildung geordneter Paare als logischen Grundbegriff behandeln. Das ist für die Ausdrucksfähigkeit der Sprache wesentlich. Es gestattet uns, die gesamte elementare Theorie der Relationen und Funktionen auf dem Niveau der Logik der ersten Stufe (ohne Existenzforderungen für Mengen) zu behandeln. Charakteristisch für unsere Sprache ist ferner – und so entgehen wir den Widersprüchen der naiven Mengenlehre –, daß die Terme der Sprache nicht notwendigerweise Elemente des Individuenbereiches bezeichnen. Wir unterscheiden – in Anlehnung an Quine – reale und virtuelle Terme. Die letzteren bezeichnen keine Individuen.

Die scharfe Abgrenzung der *elementaren Logik* (oder Logik erster Stufe) von der darüber hinausgehenden Logik höherer Stufe ergibt sich dadurch, daß wir *nur* Individuenvariablen zulassen und keine generellen Variablen für Klassen, für Relationen oder für Funktionen (wenn auch natürlich in unserem System viele spezielle Klassen, Relationen und Funktionen Individuen sein können).

Die scharfe Abgrenzung der *elementaren Mengenlehre* (von der darüber hinausgehenden „eigentlichen", nicht elementaren Mengenlehre) ergibt sich dadurch, daß wir *keinerlei* Forderungen über die Realität von Klassentermen stellen (obwohl natürlich Existenzforderungen für Mengen als *Annahmen* jederzeit eingeführt und auch in unserer Sprache formuliert werden können). Das Wort „elementar" ist also durchaus als Fachausdruck zu verstehen.

Zwischen der formalen Logik und der mathematischen Praxis besteht eine Diskrepanz auch in bezug auf den Beweisbegriff. Man denke etwa an einen Beweiskalkül, dessen einzige Regeln Modus Ponens und Generalisierung sind und der logische Axiome hat, wie etwa: $p \rightarrow (q \rightarrow r). \rightarrow .(p \rightarrow q) \rightarrow (p \rightarrow r)$. Mit einem solchen Kalkül wird in der Praxis gewiß nicht gearbeitet. Wir wollen uns auch hier bemühen, einen möglichst eingängigen Beweiskalkül zu verwenden. Deshalb wählen wir einen Annahmenkalkül, der dem natürlichen Schließen angepaßt ist. Zusätzlich wollen wir viele eliminierbare Regeln angeben und auch einige weitere Beweistypen (indirekter Beweis, Äquivalenzbeweis, identische und äquivalente Umformungen usw.) vereinbaren. Dadurch wollen wir die Kluft zwischen formalen Beweisen und „Freistilbeweisen" verkleinern. Wir haben aber den Eindruck, daß diese Kluft immer noch größer bleibt als die zwischen Freistilformulierung und Formalisierung.

In diesem Buch soll die Rolle von elementarer Logik und Mengenlehre als einem Rahmen für die Mathematik deutlich werden. Es muß auch gesagt werden, was in dem Buch nicht zu finden ist. Einerseits werden fast keine Metatheoreme über die Logik bewiesen. Wieviel auf diesem Gebiet (bei Beschränkung auf prädikatenlogische Sprachen) geleistet werden kann, zeigt z.B. das Buch von Shoenfield, das als Vertiefung für mathematisch orientierte Logikstudenten nachdrücklich empfohlen wird. Andererseits geht unser Buch auch auf dem Gebiet der Mengenlehre nicht sehr weit. Die Theorie der Ordinal- und Kardinalzahlen und die umfangreiche Theorie der Modelle der Mengenlehre werden nicht behandelt.

Es sollte ein Wort zu dem eingenommenen Grundlagenstandpunkt gesagt werden. Dieser ist nicht konstruktiv, sondern klassisch. Charakteristisch für die Standpunkte ist die unterschiedliche Haltung zu zwei Fragen.

(1) In der klassischen Logik genügen Aussagen dem Zweiwertigkeitsprinzip, sie sind entweder wahr oder falsch, tertium non datur. Der Sinn der Aussagen besteht darin, daß sie einen Sachverhalt ausdrücken, mag er nun vorliegen (dann ist die Aussage wahr) oder nicht (dann ist sie falsch). Dabei ist unerheblich, ob man weiß, welcher dieser Fälle vorliegt, und ob man diese Frage effektiv entscheiden kann. Der Konstruktivist legt den Sinn von Aussagen in einer solchen Weise fest (etwa intuitionistisch oder operativ), daß es für den sinnvollen Gebrauch von Aussagen nicht notwendig ist, daß sie einen Wahrheitswert haben. Der operative Sinn einer Aussage ist eine Art Verpflichtung zu gewissen bedingten Handlungen (Verteidigung der Aussage, wenn sie angegriffen wird nach gewissen vorher zu vereinbarenden Regeln (Dialogregeln)). Wir werden hier das Zweiwertigkeitsprinzip zugrundelegen. Da es jedoch konstruktive Interpretationen der klassischen Logik gibt, ist das kein schwerwiegender Streitpunkt.

(2) Die Mathematik behandelt Mengen so, als existieren sie an sich. Insbesondere nimmt man an, daß die Teilmengen einer gegebenen Menge an sich festliegen, unabhängig von einer Sprache, in der man sie etwa definieren sollte. Durch diese Vorstellungen wird man zur Annahme überabzählbarer Mächtigkeiten genötigt. Für den Konstruktivisten sind Mengen nicht an sich existierend vorstellbar, sondern nur via Abstraktion mittels einer definierenden Formel in einer bereits konstruktiv interpretierten Sprache. Das bedingt den Verzicht auf imprädikative Definitionen und auf das Überabzählbare. Unsere Theorie, und darin liegt gerade die Bedeutung des Wortes „elementar", wird von diesem Streit gar nicht berührt, da sie ja überhaupt keine Voraussetzungen über die Existent von Mengen macht. Doch ich will nicht verhehlen, daß ich es für erlaubt und angebracht halte, solche Voraussetzungen beim weiteren Aufbau der Mathematik zu machen. Vgl. auch § 19. In Kapitel IV sind die Anfänge der eigentlichen Mengenlehre entwickelt.

Das Buch ist in Kapitel und Paragraphen eingeteilt, die manchmal in Abschnitte (a), (b), . . . weiter unterteilt sind. Innerhalb jedes Paragraphen oder Abschnitts sind Definitionen, Sätze, wichtige Formeln oder herauszuhebende Texte mit Nummern versehen. Verweise werden folgendermaßen gemacht: (§ . . .; . . .). Vor dem Semikolon steht die Nummer der Paragraphen, ggf. auch die Angabe des Unterabschnittes, hinter dem Semikolon die Nummer des zitierten Textes.

I. DIE FORMALEN SPRACHEN

In diesem Kapitel wird die logisch-mengentheoretische Sprache eingeführt. Genau genommen wird nicht nur *eine* formale Sprache definiert, sondern ein Typ von formalen Sprachen. Alle Sprachen haben dasselbe logische Vokabular, aber die speziellen Variablensorten und die nichtlogischen Konstanten können wechseln. In § 1 werden die Variablen und nichtlogischen Konstanten eingeführt. Dabei denken wir uns als Ausgangspunkt eine gewisse Anwendungssituation gegeben. Zur Verdeutlichung betrachten wir drei Beispiele (A, B, C), die wir im weiteren Verlauf immer wieder aufgreifen und weiter ausbauen. In § 2 werden die logischen Zeichen eingeführt, und § 3 bringt die Definition der Terme und Formeln für unsere formalen Sprachen. Viele übliche Ausdrucksweisen sind in den Sprachen nicht direkt enthalten, lassen sich aber definieren. § 4 enthält die wichtigsten dieser Abkürzungen und Vereinbarungen. § 5 bringt Formalisierungsbeispiele im Rahmen unserer durchgehenden Beispiele. Darin soll einerseits Sicherheit im Umgang mit formalen Sprachen vermittelt werden. Andererseits soll der Zusammenhang zwischen formalen und natürlichen Sprachen deutlich werden.

§ 1. Die nichtlogischen Grundbegriffe

(a) Der Grundbereich

Wir denken und gewisse Objekte gegeben, die wir auch als *Individuen* bezeichnen und die zusammen den *Individuenbereich* oder *Grundbereich* bilden, für den wir als systematische Bezeichnung ein geschriebenes Vau einführen:

(1) $\mathcal{V}$

Wir legen nicht fest, wie umfangreich $\mathcal{V}$ ist, was also als Individuum angesehen wird. Dieses bleibt vielmehr der jeweiligen Anwendungssituation überlassen.

So kann man etwa annehmen, daß Zahlen oder geometrische Objekte oder Menschen (etwa Schüler einer Klasse) oder irgendwelche anderen Objekte, die man untersuchen möchte, zum Individuenbereich gehören.

Wir wollen nicht annehmen, daß der Individuenbereich genau aus den Objekten besteht, für die man sich interessiert. Er darf noch mehr enthalten. Auf diese Weise ist man stets in der Lage, neue Objekte in den Kreis der Betrachtungen mit einzubeziehen. In der Mengenlehre im engeren Sinne ist der Bereich $\mathcal{V}$ so umfassend wie möglich intendiert. Für uns braucht er immer nur so umfassend wie nötig zu sein.

In der Mengenlehre nimmt man gewissermaßen auf Vorrat alles das in $\mathcal{V}$ hinein, was man möglicherweise gebrauchen könnte. Auf diese Weise werden alle Mengen, alle Mengen von Mengen usw. Elemente von $\mathcal{V}$. Dadurch wird $\mathcal{V}$ sehr groß und kann selbst nicht mehr als Menge (im Sinne des axiomatischen Mengenlehre) bezeichnet werden. So wird man dann zu der Unterscheidung von Mengen und Klassen genötigt, wobei jede Menge auch eine Klasse ist, aber nicht umgekehrt.

Wir wollen diese Unterscheidung hier nicht thematisieren. Der Leser mag getrost die Wörter „Menge" und „Klasse" als synonym ansehen. Wir werden den allgemeinen Ausdruck „Klasse" bevorzugen, aber auch „Menge" sagen, wenn sich aus den Axiomen der Mengenlehre beweisen läßt, daß die fragliche Klasse sogar eine Menge ist. In Kapitel IV werden wir die Anfänge der axiomatischen Mengenlehre entwickeln. Man braucht aber keineswegs immer $\mathcal{V}$ als All*klasse* der Mengenlehre anzusehen, in vielen Fällen genügt es, wenn $\mathcal{V}$ eine genügend umfangreiche *Menge* ist, wobei dann auch alle anderen vorkommenden Klassen Mengen sind. Im Hinblick hierauf kann man also auch nur das Wort „Menge" verwenden, wenn man es wünscht.

(b) Spezielle Sorten von Individuen

Der Individuenbereich $\mathcal{V}$ ist gewöhnlich so gegeben, daß er in einer gewissen Weise *strukturiert* ist.

Häufig unterscheidet man bestimmte *Sorten von Individuen.*

So interessiert man sich z.B. insbesondere für Zahlen, für Punkte, Geraden, Ebenen, für Menschen o.ä., die einen Teil des Individuenbereiches ausmachen. Welche und wieviele besondere Sorten von Individuen wir betrachten, wollen wir nicht festlegen. Das bleibt der jeweiligen Anwendungssituation überlassen.

Um über die Individuen in kontrollierter Weise reden zu können, wollen wir hier künstliche, *formale Sprachen* einführen. Das Zeichen für den Individuenbereich soll, wie schon erwähnt, $\mathcal{V}$ sein. Zur Kennzeichnung der Sorten führen wir hier Sortenindizes ein, die wir auch kurz Sorten nennen. Wir nehmen also an, daß es zu unserer formalen Sprache eine Mengen $\boldsymbol{S}$ gibt, die Menge der Sortenindizes.

Und für $s \in \boldsymbol{S}$ (*s ist Element der Menge* $\boldsymbol{S}$) soll das Zeichen

(1) $\mathcal{V}^s$

den *Individuenbereich* oder *Grundbereich der Sorte s* bezeichnen (gelesen: Vau oben *s*).

Dabei gilt natürlich stets:

(2) $\mathcal{V}^s \subseteq \mathcal{V}$ ($\mathcal{V}^s$ *ist Teilklasse von* $\mathcal{V}$).

Es kann z.B. $\mathcal{V}^s$ die Menge aller Zahlen einer bestimmten Sorte (natürliche, ganze o.ä.), die Menge aller Punkte einer Ebene, aller Schüler einer Klasse o.ä. sein.

Die $\mathcal{V}^s$ sind in vielen Anwendungssituationen *Mengen*, selbst wenn $\mathcal{V}$ keine Menge, sondern eine *eigentliche Klasse* ist.

Als Spezialfall ist zugelassen, daß ***S*** leer ist. Dann ist der Grundbereich nicht durch Auszeichnung verschiedener Sorten von Individuen strukturiert. Im allgemeinen wird es aber nützlich sein, besondere Sorten einzuführen. Ja, oft interessiert man sich *nur* für Individuen besonderer Sorten, und es kommt dann gar nicht darauf an, wie $\mathcal{V}$ außerhalb der interessierenden $\mathcal{V}^s$ aussieht.

Nachdem wir jetzt unsere speziellen Individuenbereiche $\mathcal{V}^s$ $(s \in S)$ eingeführt haben, liegt es nahe, den Gesamtbereich $\mathcal{V}$ als *universellen* Individuenbereich zu bezeichnen.

Wir betrachten drei Beispiele. Diese Beispiele werden später immer wieder aufgegriffen und weiter ausgebaut.

Beispiel A:

In der Mathematik spielen die Zahlenmengen eine zentrale Rolle.

$\mathbb{N}$ = *Menge der natürlichen Zahlen (einschließlich 0),*
$\mathbb{Z}$ = *Menge der ganzen Zahlen,*
$\mathbb{Q}$ = *Menge der rationalen Zahlen,*
$\mathbb{R}$ = *Menge der reellen Zahlen,*
$\mathbb{C}$ = *Menge der komplexen Zahlen.*

Jede dieser Mengen könnte man als Grundbereich einer entsprechenden Sorte nehmen. Und zwar nehmen wir die obigen Namen dieser Mengen selbst als Sortenindizes und setzen überdies abkürzend:

$\mathbb{N}$ *für* $\mathcal{V}^{\mathbb{N}}$,
$\mathbb{Z}$ *für* $\mathcal{V}^{\mathbb{Z}}$,
$\mathbb{Q}$ *für* $\mathcal{V}^{\mathbb{Q}}$
$\mathbb{R}$ *für* $\mathcal{V}^{\mathbb{R}}$
$\mathbb{C}$ *für* $\mathcal{V}^{\mathbb{C}}$

Auch in anderen Fällen wird man für $\mathcal{V}^s$ eine geeignete besondere Bezeichnung einführen können.

Beispiel B:

Wir nehmen als Sortenindex den Buchstaben G und setzen abkürzend:

$$G \ \text{für} \ \mathcal{V}^G .$$

In Beispiel A liegt die Interpretation der sprachlichen Zeichen nahe. Die Zeichen $\mathbb{N}$, $\mathbb{Z}$, $\mathbb{Q}$, $\mathbb{R}$, $\mathbb{C}$ werden in der Mathematik benutzt, um die oben beschriebenen Standardmengen zu bezeichnen, und sie sollen nicht noch irgendwie anders interpretiert werden.

Viele Zeichen der mathematischen Sprache sind aber einer mehrfachen Interpretation fähig, die eigentlich sogar die Regel ist. In algebraischen Untersuchungen betrachtet man z.B. irgendwelche Strukturen auf einer Menge, die man mit dem Buchstaben G bezeichnet. Dabei wird nur innerhalb gewisser Grenzen (durch Axiome etwa) festgelegt, was G bedeutet.

Wenn man in solchen Fällen eine besondere Sorte einführt, so mag man wie in Beispiel B verfahren. Als Sortenindex haben wir einfach das Zeichen G (das an „Grundmenge" erinnern soll) genommen, mit dem wir auch den Bereich abkürzend bezeichnen. Wenn man zwei Bereiche G_1, G_2 nebeneinander betrachten will, so kann man analog verfahren. Man führt die Zeichen G_1, G_2 als Sortenindizes ein und schreibt G_1 für $\mathcal{V}^{G_1}$ und G_2 für $\mathcal{V}^{G_2}$.

Beispiel C:

Unser letztes Beispiel soll nicht mathematisch sein.
Wir wählen zwei spezielle Sorten:

$$M \ (\textit{Menschen}) , \quad Z \ (\textit{Zeitpunkte}) ,$$

und die intendierte Interpretation sei folgendermaßen:

$\mathcal{V}^M$ *entspreche der Menge aller Menschen,*

$\mathcal{V}^Z$ *entspreche der Menge aller Zeitpunkte.*

Aus Übungsgründen führen wir für $\mathcal{V}^M$, $\mathcal{V}^Z$ keine Kurzbezeichnungen ein, sondern belassen es bei der systematischen Schreibweise.

Es sollen in $\mathcal{V}^M$ auch alle bereits toten und noch gar nicht geborenen Menschen liegen, so daß $\mathcal{V}^M$ nicht völlig bekannt sein kann. Entsprechend seien in $\mathcal{V}^Z$ alle vergangenen und zukünftigen Zeitpunkte. Man könnte einwenden, daß diese Mengen gar nicht mit mathematischer Präzision festliegen. Das stimmt gewiß, soll uns aber nicht hindern, dieses Beispiel zu betrachten. Jeder mag nach Belieben seine Idealisierungen und Festlegungen hinzufügen, die die nötige Präzision nachliefern.

Um den Faden nicht zu lange zu unterbrechen, wollen wir die Reihe der Beispiele hier abschließen. Später werden weitere Beispiele folgen. Wir geben nur einen kurzen Hinweis. Man könnte besondere Sorten einführen für Punkte, Geraden, Ebenen, Teilräume, Vektoren, Funktionen auf gewissen Mengen, Tiere, Pflanzen, Flüsse, Städte u. ä.

(c) Variablen

Um allgemeine Aussagen über Individuen zu machen, braucht man *Variablen,* deren mögliche Werte Individuen sind; wir reden dann von *Individuenvariablen.* Diese werden auch in natürlicher Weise in verschiedene Sorten eingeteilt. In die formalen Sprachen, die wir definieren werden, führen wir somit für jede Sorte s Variablen ein, deren Bereich gerade $\mathcal{V}^s$ ist. Wir nehmen dazu die Zeichen:

(1) $v_0^s, v_1^s, v_2^s, \ldots$ (*Individuenvariablen der Sorte s,* $s \in S$).

Daneben wollen wir noch universelle Individuenvariablen einführen, deren Bereich $\mathcal{V}$ ist.

Dafür nehmen wir die Zeichen:

(2) $v_0, v_1, v_2, \ldots$ (*universelle Individuenvariablen).*

Für gewisse Zwecke (wenn man sich für $\mathcal{V}$ gar nicht interessiert) kommt man mit Teilsprachen aus, in denen universelle Individuenvariablen fehlen. Wir wollen sie indessen hier immer mit hinzunehmen.

Um uns bequemer ausdrücken zu können, treffen wir folgende

(3) **Vereinbarung:**
$*$ sei ein nicht in S gelegenes Ding, das wir jetzt allen universellen Variablen als (uneigentliche) Sorte zuordnen. Wir setzen S^* gleich S, vermehrt um $*$, für $\mathcal{V}$ schreiben wir dann auch $\mathcal{V}^*$, für v_i schreiben wir v_i^* ($i \in \mathbb{N}$).

Durch diese Vereinbarung können wir Aussagen, die in gleicher Weise für spezielle Sorten und im universellen Bereich gelten, in einheitlicher Weise ausdrücken.

Im übrigen wird man für spezielle Variablen häufig noch andere Buchstabensorten vereinbaren. Wir kehren zu unseren Beispielen zurück. Da die universellen Individuenvariablen ein für allemal festliegen, brauchen wir nur die speziellen Variablen zu betrachten.

Beispiel A:

Für: $v_0^{\mathbb{N}}, v_1^{\mathbb{N}}, v_2^{\mathbb{N}}, \ldots$ *schreiben wir:* $n_0, n_1, n_2, \ldots$

für: $v_0^{\mathbb{Z}}, v_1^{\mathbb{Z}}, v_2^{\mathbb{Z}}, \ldots$ *schreiben wir:* $i_0, i_1, i_2, \ldots$

für: $v_0^{\mathbb{Q}}, v_1^{\mathbb{Q}}, v_2^{\mathbb{Q}}, \ldots$ *schreiben wir:* $r_0, r_1, r_2, \ldots$

für: $v_0^{\mathbb{R}}, v_1^{\mathbb{R}}, v_2^{\mathbb{R}}, \ldots$ *schreiben wir:* $x_0, x_1, x_2, \ldots$

für: $v_0^{\mathbb{C}}, v_1^{\mathbb{C}}, v_2^{\mathbb{C}}, \ldots$ *schreiben wir:* $z_0, z_1, z_2, \ldots$

In der Mathematik haben sich zwar Standardbezeichnungen für die Zahlenmengen durchgesetzt, aber nicht für die zugehörigen Variablensorten. Am ehesten ist noch üblich, Buchstaben wie n, m, i, j, k als Variablen für natürliche oder auch für ganze Zahlen zu verwenden. Für reelle Zahlen sind x, y, z häufig, doch werden diese Buchstaben auch oft anders gebraucht, z.B. z für komplexe Zahlen. Wir wollen für die Zwekke dieses Buches diese Vereinbarungen befolgen.

Beispiel B:

Für: $v_0^G, v_1^G, v_2^G, \ldots$ *schreiben wir:* $x_0, x_1, x_2, \ldots$

Natürlich vertragen sich nicht die reellen Variablen von Beispiel A und diese Variablen mit dem Bereich G von Beispiel B. Wenn man Variablen für beide Mengen nebeneinander benutzen möchte, so muß man für eine Unterscheidung sorgen, indem man etwa für die Variablen mit dem Bereich G ad hoc andere Zeichen vereinbart. Natürlich kann man auch stets zur „offiziellen Schreibweise" $v_i^{\mathbb{R}}, v_i^G$ zurückkehren.

Beispiel C:

Wir belassen es bei $v_0^M, v_1^M, v_2^M, \ldots$

sowie $v_0^Z, v_1^Z, v_2^Z, \ldots$

(d) Nichtlogische Konstanten

Der Grundbereich kann auch in der Weise strukturiert sein, daß gewisse *Gebilde* auf ihm ausgezeichnet sind. Mit dem vagen Wort „Gebilde" wollen wir dabei etwas bezeichnen, das nicht unbedingt selbst zu den Individuen gehört, aber diesen eine Struktur aufprägt. Als solche Gebilde kommen für uns in Frage *Funktionen* von Individuen in Individuen, *Relationen* auf Individuen, aber auch *ausgezeichnete Individuen* selbst. Man könnte auch an Gebilde höherer Stufe denken, wie Relationen von Relationen von Individuen o.ä. Doch kommen wir mit den oben erwähnten Möglichkeiten aus.

Wir wollen, damit man weiß, was in etwa gemeint ist, einige Beispiele erwähnen. Zahlen sind strukturiert durch Summe, Produkt (zweistellige Funktionen), Kleinerbeziehung (zweistellige Relationen), 0,1 (ausgezeichnete Elemente) u.ä. In der Geometrie tritt die Indidenzrelation auf.

Als Beispiel geben wir eine Formel an, in der einige Funktionen und Relationen genannt und auch einige besondere Variablen benutzt werden.

Für alle $\epsilon > 0$ *gibt es ein* n_0, *so daß für alle*
$m, n \geqslant n_0$ *und alle* x $|f_n(x) - f_m(x)| < \epsilon$.

In dieser Formel (die übrigens als Definiens für gleichmäßige Konvergenz brauchbar ist) treten die Relationszeichen $>$, $\geqslant$, $<$ und die Funktionszeichen f, $-$ (Minuszeichen), $|\ |$, (Betragsstriche) auf, das Zeichen 0 bezeichnet ein ausgezeichnetes Individuum. Ferner sind n, m, n_0 Variablen für natürliche Zahlen, und x ist Variable für reelle Zahlen. Auch der Buchstabe ϵ ist, dem mathematischen Brauch entsprechend (wenn auch nicht im Sinne unserer Konvention), eine Variable für reelle Zahlen.

Manche Begriffe sind auf andere reduzierbar, z.B. $<$ auf $\leqslant$ oder umgekehrt. Die Teilbarkeitsrelation kann man durch das Produkt definieren, die Primzahleigenschaft auf die Teilbarkeitsrelation zurückführen, 0, 1 lassen sich als neutrale Elemente der Addition und Multiplikation charakterisieren usw.

Es mag aber gewisse *Grundbegriffe* geben, die man nicht weiter analysieren will oder kann. In axiomatischen Theorien sind das diejenigen Begriffe, die in den Axiomen vorkommen.

Wenn wir eine formale Sprache einführen, um über Individuen zu reden, so müssen wir auch formale Zeichen für die Grundbegriffe einführen. Diese nennen wir die *nichtlogischen Konstanten.*

Wir nehmen also an, daß in jedem Anwendungsfall auch noch eine Menge *C*, die Menge der nichtlogischen Konstanten, gegeben ist.

Wir legen uns nicht fest, welche und wieviele nichtlogische Konstanten wir haben. Das bleibt wieder dem jeweiligen Anwendungsfall überlassen. *C* kann sogar leer sein.

Wir kehren zu den Beispielen zurück.

Beispiel A:

Als nichtlogische Konstanten nehmen wir die Zeichen:

$$+,\ \cdot,\ \leqslant,$$

deren Interpretation festliegt (Addition von Zahlen, Multiplikation von Zahlen, Kleiner-oder-gleich-Relation zwischen Zahlen).

Es wäre ohne weiteres möglich, noch nach Belieben Zahlnamen als nichtlogische Konstanten hinzuzufügen.

Wir wollen indessen, um die Sprache genau zu fixieren, uns auf die drei angegebenen Konstanten beschränken. Wir werden sehen, daß wir trotzdem viele Zahlen in dieser Sprache benennen können.

Die Hinzunahme weiterer Zahlnamen als nichtlogische Konstanten wäre eine Erweiterung der formalen Sprache.

Beispiel B:

Hier haben wir eine spezielle Variablensorte, deren Bereich noch beliebig ist. Je nach den Zwecken, die man verfolgt, kann man sehr verschiedenartige nichtlogische Konstanten verwenden. Wir wollen hier Konstanten angeben, mit deren Hilfe man Gruppentheorie, Ringtheorie, Körpertheorie und Ordnungstheorie formulieren kann. Zu dem Zweck nehmen wir dieselben Konstanten:

$$+,\ \cdot,\ \leqslant$$

wie in Beispiel A. Eigentlich müßte man gestaltlich verschiedene Zeichen nehmen, wenn man *zugleich* über Zahlen (und die auf ihnen definierten Operationen und Relationen) und über Elemente von *G* (und die auf ihnen definierten Operationen und Relationen) reden will. Man könnte dann etwa

$$+^G,\ \cdot^G,\ \leqslant^G$$

schreiben und dann in Beispiel A:

${}_{+}\mathbb{C}, {}_{\cdot}\mathbb{C}, {}_{\leqslant}\mathbb{R}$.

Doch läßt man die Indizes an den Verknüpfungszeichen gewöhnlich weg. Dann muß man natürlich einen Text mit etwas gutem Willen lesen und die fehlenden Indizes richtig ergänzen. Der Brauch, ein und dasselbe Zeichen auch im gleichen Kontext in verschiedener Weise zu verwenden, ist aber recht praktisch und führt meist nicht zu Konfusionen.

Auch hier wäre es möglich, die Sprache durch Hinzunahme von Namen bestimmter Individuen zu erweitern.

Beispiel C:

Als nichtlogische Konstanten nehmen wir die folgenden Zeichen:

♀, *Elt*, ⚭, *Lebt*, $\leqslant$.

Dabei haben wir auch eine fixierte Interpretation im Auge, die wir so angeben wollen:

$\mathcal{V}^M$	$\triangleq$	*Menge aller Menschen* ,
$\mathcal{V}^Z$	$\triangleq$	*Menge aller Zeitpunkte,*
♀	$\triangleq$	*. . . ist weiblich,*
Elt	$\triangleq$	*. . . hat . . . als Elternteil* ,
⚭	$\triangleq$	*. . . ist mit . . . zum Zeitpunkt . . . verheiratet* ,
Lebt	$\triangleq$	*. . . lebt zum Zeitpunkt . . .* ,
$\leqslant$	$\triangleq$	*Zeitpunkt . . . ist früher oder gleich Zeitpunkt . . .*

Das Zeichen $\triangleq$ lese man als ,,entspricht“. Die Interpretation der Sorten haben wir noch einmal mit aufgeführt.

In diesem Beispiel wollen wir zu der Sprache außerdem Eigennamen von Menschen und Eigennamen von Zeitpunkten (sog. Daten) als nichtlogische Konstanten hinzunehmen. Dazu zählen Wörter wie *Fritz, Erna* u.ä. (deren Bedeutung man noch besonders vereinbaren muß) und Ausdrücke wie *Julius Caesar, Karl der Große* u.ä., deren Bedeutung in der Umgangssprache eindeutig festliegt. Natürlich kann man für die formale Sprache auch Kurzzeichen vereinbaren.

Für die Darstellung einiger umgangssprachlicher Begriffe ist es ferner nützlich, eine Konstante *jetzt* einzuführen, die jeweils durch den Zeitpunkt zu interpretieren ist, zu dem ein Sprecher die betreffende Aussage macht.

Viele Daten, z.B. *7. April 1964, 1932* bezeichnen genaugenommen nicht Zeitpunkte, sondern Zeitspannen. Wir wollen diesen Unterschied, der für eine weitergehende Analyse zu beachten wäre, hier vernachlässigen.

(e) Übersicht

Wir wollen hiermit die Besprechnung der nichtlogischen Grundbegriffe abschließen und noch einmal zusammenfassen.

$\boldsymbol{S}$ ist die Menge der speziellen Sorten.

Für $s \in \boldsymbol{S}$ sind

$$v_0^s,\ v_1^s,\ v_2^s,\ \ldots$$

die Variablen der Sorte s.

Daneben haben wir universelle Individuenvariablen

$$v_0,\ v_1,\ v_2,\ldots$$

$\boldsymbol{C}$ ist die Menge der nichtlogischen Konstanten.

Die formalen Sprachen, die wir aufbauen, sind jeweils durch $\boldsymbol{S}$ und $\boldsymbol{C}$ restlos festgelegt. Im übrigen können $\boldsymbol{S}$ und $\boldsymbol{C}$ noch nach Belieben gewählt werden.

Unsere Beispiele, die wir immer wieder aufgreifen wollen, fassen wir noch einmal in einer Tabelle zusammen (siehe Seite 23).

Wir weisen ferner darauf hin, daß eine Sprache noch in verschiedener Weise interpretiert werden kann. In Beispiel A und C haben wir ganz bestimmte Interpretationen angegeben, die wir jetzt immer verwenden und die wir als *Standardinterpretationen* bezeichnen. In Beispiel B legen wir uns hinsichtlich der Interpretation nicht fest.

Aufgaben:

1. Man gebe Sorten und nichtlogische Konstanten für eine formale Sprache an, in der man über dreidimensionale Geometrie reden kann.
2. Man gebe Sorten und nichtlogische Konstanten für eine formale Sprache an, in der man die Theorie der Vektorräume formulieren kann.
3. Man gebe Sorten und nichtlogische Konstanten für eine formale Sprache an, in der man folgende Aussagen formalisieren kann:

   Der Mann, der den Einbruch beging, trug Handschuhe.
   Karl trug keine Handschuhe.
   Karl hat den Einbruch nicht begangen.

Übersicht über die Beispiele

Beispiel	*Sorten* s $(s \in S)$	*Bereiche ggf. Abkürzung für* $\mathcal{V}^s$	*Variablen ggf. Abkürzung für* $v_0^s, v_1^s, v_2^s, \ldots$	*nichtlogische Konstanten* **C** $(C \in \mathbf{C})$
A	$\mathbb{N}$ $\mathbb{Z}$ $\mathbb{Q}$ $\mathbb{R}$ $\mathbb{C}$	$\mathbb{N}$ $\mathbb{Z}$ $\mathbb{Q}$ $\mathbb{R}$ $\mathbb{C}$	$n_0, n_1, n_2, \ldots$ $i_0, i_1, i_2, \ldots$ $r_0, r_1, r_2, \ldots$ $x_0, x_1, x_2, \ldots$ $z_0, z_1, z_2, \ldots$	$+, \cdot, \leqslant$, *genauer:* $+^{\mathbb{C}}, \cdot^{\mathbb{C}}, \leqslant^{\mathbb{R}}$.
B	G	G	$x_0, x_1, x_2, \ldots$	$+, \cdot, \leqslant$, *genauer:* $+^G, \cdot^G, \leqslant^G$.
C	M Z	$\mathcal{V}^M$ $\mathcal{V}^Z$	$v_0^M, v_1^M, v_2^M, \ldots$ $v_0^Z, v_1^Z, v_2^Z, \ldots$	♀, *Elt*, ⚭, *Lebt*, $\leqslant$, *Eigennamen, Daten, jetzt.*

§ 2. Die logischen Grundbegriffe

Um über gewisse Objekte reden zu können, braucht man einmal Namen, um sie zu bezeichnen. Das sind bei uns die *nichtlogischen Konstanten.* Um allgemeine Aussagen über Objekte zu machen, verwenden wir ferner *Variablen.*

Daneben sind natürlich noch andere Zeichen in der Sprache nötig. Diese wollen wir jetzt vorstellen.

Neben technischen Zeichen wie Komma ",", Gliederungsklammern "(", ")" treten auch Wörter wie *nicht, und, für alle* u.ä. auf, die wir als *logische Konstanten* bezeichnen.

Wir wollen diese kurz besprechen und jeweils formale Kurzzeichen angeben, die wir in die formalen Sprachen aufnehmen wollen.

(1) Junktoren

Als Junktoren bezeichnen wir die folgenden Aussagenverknüpfungen:

nicht	,	*formales Zeichen* $\neg$,
und	,	*formales Zeichen* $\wedge$,
oder	,	*formales Zeichen* $\vee$,
wenn . . . so . . .	,	*formales Zeichen* $\longrightarrow$,
genau dann, wenn	,	*formales Zeichen* $\longleftrightarrow$.

Der Vollständigkeit halber führen wir noch formale Zeichen für eine stets wahre und für eine stets falsche Aussage ein, nämlich

$\top$ (*Verum*) , $\bot$ (*Falsum*) .

Man könnte viel darüber sagen, wie wir diese logischen Konstanten, die in der Umgangssprache in durchaus wechselnder Bedeutung auftreten, verwenden. Um den Faden nicht zu unterbrechen, sagen wir hier nur kurz, daß wir sie im Sinne der *Wahrheitstafeln* verwenden und verweisen auf § 7.

Wir erwähnen nur, daß das *oder* im einschließenden Sinne verwendet wird, d.h., eine Aussage der Art θ *oder* ψ ist auch wahr, wenn beide Aussagen θ, ψ wahr sind. Eine Aussage der Art *wenn* θ, *so* ψ, ist nur dann falsch, wenn θ wahr und ψ falsch ist und andernfalls wahr.

(2) Quantoren

Die Redeweisen *für alle, es gibt ein* bezeichnet man als *Quantoren* (*Allquantor* bzw. *Existenzquantor*). In die formalen Sprachen wollen wir dafür die folgenden Kurzzeichen einführen:

$\forall$, $\exists$.

In § 11 sind logische Sätze aufgeführt, die für diese Quantoren gelten.

Man beachte, daß wir den Existenzquantor $\exists$ im Sinne von *es gibt wenigstens ein* verwenden. Den Es-gibt-genau-ein-Quantor betrachten wir nicht als Grundbegriff, sondern definieren ihn (§ 4; 11).

(3) Elementzeichen und Gleichheitszeichen

Wenn ein Objekt *X Element einer Klasse Y* ist, so schreibt man:

$X \in Y$,

wenn Objekte *X, Y gleich* sind, so schreibt man:

$$X = Y.$$

Als Objekte kommen hier Individuen, Klassen oder Paare (s.u.) in Frage.

Wir werden die Zeichen:

$$\in, \; =$$

mit derselben Bedeutung in die formalen Sprachen übernehmen.

(4) Paarklammern

Geordnete Paare treten in der Umgangssprache gewöhnlich nicht auf. Aber in der Mathematik redet man z.B. von dem Punkt $\langle x, y \rangle$ (der als Zahlenpaar aufgefaßt wird) oder der Gruppe $\langle G, \cdot \rangle$ (die als Paar aus Trägermenge und Gruppenverknüpfung aufgefaßt wird). Die Paare sind für uns deshalb wichtig, weil sie die Möglichkeit eröffnen, Relationen auf Klassen zurückzuführen (indem man nämlich Relationen als Klassen von geordneten Paaren ansieht). Meist werden Paare auf mengentheoretische Weise definiert. Wir wollen die Paarbildung hier als logischen Grundbegriff ansehen und annehmen, daß je zwei Objekten X, Y eindeutig das geordnete Paar $\langle X, Y \rangle$ zugeordnet ist, aus dem sich umgekehrt die erste *Koordinate* X und zweite *Koordinate* Y wieder eindeutig zurückergeben. Dabei soll insbesondere das Paar von Individuen wieder ein Individuum sein.

Wir wollen die *Paarklammern*:

$$\langle \, , \rangle$$

mit dieser Bedeutung als logischen Grundbegriff in die formalen Sprachen übernehmen.

(5) Kennzeichnungsoperator

Man hat oft eine Eigenschaft, die auf genau ein Individuum zutrifft.

Beispiele:

x *ist längster rechter Nebenfluß des Rheins.*

$y \geqslant 0$ *und* $y^2 = 2$.

Nur der Main (als Wert für x) bzw. $\sqrt{2}$ (als Wert für y) erfüllen diese Bedingungen. Man möchte dann aus der kennzeichnenden Bedingung einen Namen für das eindeutig charakterisierte Individuum gewinnen. Das macht in der Umgangssprache der bestimmte Artikel, etwa in folgender Weise:

das x *mit* x *ist längster rechter Nebenfluß des Rheins.*

das y *mit* $y \geqslant 0$ *und* $y^2 = 2$.

In der Umgangssprache wird das aus grammatischen Gründen meist anders formuliert, doch soll uns das hier nicht interessieren. Jedenfalls soll ein entsprechendes sprachliches Zeichen in die formalen Sprachen aufgenommen werden. Wir wählen als *Kennzeichnungsoperator* den kleinen griechischen Buchstaben Jota:

Die Bedeutung des Kennzeichnungsoperators ist klar, wenn die betreffende Bedingung wirklich genau ein Individuum kennzeichnet. Wenn aber eine Bedingung benutzt wird, die auf gar kein Individuum (z.B. $x^2 + 2 = x^2 + 3$) oder auf mehr als ein Individuum (z.B. $x^2 + 6 = 5x$) zutrifft, so liegt keine natürliche Bedeutung fest. Man spricht in diesen Fällen von einer *uneigentlichen Kennzeichnung.* Wir sind dann frei, willkürlich eine Bedeutung festzusetzen.

Zu dem Zweck nehmen wir an, daß es ein ausgezeichnetes Gebilde gibt, das wir den *Joker* nennen und das als Wert für alle uneigentlichen Kennzeichnungsterme vereinbart wird.

Die Einführung des Jokers scheint vielleicht reichlich künstlich. Das ist zugegebenermaßen der Fall. Doch hat sie beträchtliche Vorteile. Wir erreichen dadurch nämlich, daß es in unseren formalen Sprachen keine sog. *undefinierten Terme* gibt. Auch der Term 0^{-1} wird uns keine Probleme bereiten; das ist einfach der Joker.

(6) *Klassenbildungsoperator*

Wenn man eine gewisse Eigenschaft hat, so kann man alle Individuen mit dieser Eigenschaft zu einer Klasse zusammenfassen, etwa so:

Klasse aller x *mit* x *ist rechter Nebenfluß des Rheines.*

Klasse aller y *mit* $y^2 = 2$.

In der Mathematik ist dafür der Abstraktionsoperator oder Klassenbildungsoperator geläufig:

$$\{x \mid \ldots\} \quad (\textit{Klasse der } x \textit{ mit } \ldots).$$

Wir wollen den Klassenbildungsoperator in derselben Form in die formalen Sprachen übernehmen.

(7) Die Interpretation der logischen Konstanten

Wir sagten in § 1, daß die nichtlogischen Konstanten und die Variablensorten noch interpretiert werden müssen, damit ihre Bedeutung festliegt. In gewissen Fällen hatten wir allerdings einige Interpretationen als Standardinterpretationen ausgezeichnet.

Die logischen Konstanten werden gewissermaßen nur in einem Standardsinne interpretiert. Sie sollen in jedem Fall, wie auch der Rest der Sprache interpretiert werden möge, in derselben Weise verstanden werden (gerade dadurch sind sie als „logische" Konstanten ausgezeichnet). Und zwar werden sie gemäß ihrem natürlichen Verständnis in der Umgangssprache gebraucht. Eine genauere Betrachtung zeigt allerdings, daß dieses nicht restlos festliegt; und in der Logik muß man noch eine genauere Fixierung der logischen Konstanten anstreben. Doch für uns genügt zunächst das Vorverständnis, das jeder mitbringt. Dieses wird im weiteren Verlauf noch präzisiert durch die formalen logischen Regeln.

(8) Übersicht

Wir wollen die in diesem Paragraphen eingeführten Zeichen noch einmal übersichtlich zusammenfassen.

Tabelle der logischen Konstanten

Junktoren	$\neg, \wedge, \vee, \rightarrow, \leftrightarrow, \top, \bot$
Quantoren	$\forall, \exists$
Elementzeichen	$\in$
Gleichheitszeichen	$=$
Paarklammern	$\langle\, , \rangle$
Kennzeichnungsoperator	ι
Klassenbildungsoperator	$\{ \mid \}$

§ 3. Die formalen mengentheoretischen Sprachen

Aus den angegebenen Zeichen wollen wir jetzt formale Sprachen aufbauen. Man nennt eine solche Sprache auch *Objektsprache,* weil sie ein präzise definiertes mathematisches Objekt ist, das man ebenso untersuchen kann wie andere mathematische Objekte.

Die Sprache, in der wir über die Objektsprache reden, heißt *Metasprache.* Sie ist in unserem Fall die (um mathematische Termini angereicherte) Umgangssprache. Wir wollen die Metasprache nicht direkt analysieren und ihr inhaltliches Verständnis voraussetzen.

Die Objektsprache ist eine Art Modellsprache, an der wir in präziser und überschaubarer Form das studieren können, was wir in der Metasprache in unreflektierter Weise voraussetzen und benutzen. Das hat Rückwirkungen auf die Metasprache, auch ihr Verständnis wird auf indirekte Weise präzisiert.

(a) Definition der Sprachen L (S; C)

Gegeben seien S und C. Die dadurch gegebene formale Sprache

$$L(S;C),$$

kurz L, hat zwei syntaktische Kategorien, nämlich *Terme* und *Formeln,* die wir zusammen auch *Ausdrücke* nennen und die man auch als wohlgeformte Zeichenreihen bezeichnet.

Die Formeln sind diejenigen Ausdrücke, die durch Wahrheitswerte (W oder F) interpretiert werden, Terme sind Ausdrücke, die Individuen, Klassen oder Paare bedeuten. An Formeln geht man mit der Frage „wahr oder falsch?“ heran, bei Termen fragt man, *was* sie benennen.

Die Definition der Ausdrücke ist rekursiv, d.h., es werden gewisse Anfangsausdrücke explizit genannt (Rekursionsanfänge) und Regeln angegeben (Rekursionsvorschriften), um aus bereits gewonnenen Ausdrücken weitere Ausdrücke zu gewinnen.

Ausdrücke sind dann genau diejenigen Zeichenreihen, die man ausgehend von den Anfangsausdrücken durch (u.U. wiederholte) Anwendung der Regeln gewinnt.

(1) Definition der Ausdrücke von L:

(a_1) $\top$ *und* $\bot$ *sind Formeln von* L.

(a_2) *Jede Variable* v *von* L *und jede nichtlogische Konstante* C *von* L *ist ein Term von* L.

(r_1) *Wenn* X, Y *Terme von* L *sind, so sind*
$X \in Y$, $X = Y$ *Formeln von* L.

(r_2) *Wenn* ϕ, ψ *Formeln von* L *sind, so sind*
$\neg\phi$, $(\phi \wedge \psi)$, $(\phi \vee \psi)$, $(\phi \longrightarrow \psi)$, $(\phi \longleftrightarrow \psi)$
Formeln von L.

(r_3) *Wenn* ϕ *Formel von* L *und* v *Variable von* L *ist, so sind*
$\forall v\, \phi$, $\exists v\, \phi$,
Formeln von L.

(r_4) *Wenn* X, Y *Terme von* L *sind, so ist*
$\langle X, Y \rangle$
Term von L.

(r_5) *Wenn* ϕ *Formel von* L *und* v *Variable von* L *ist, so sind*
$\iota v\, \phi$, $\{v \mid \phi\}$
Terme von L.

Man kann sagen, daß in dieser Definition, abgesehen von (allerdings unentbehrlichen) pragmatischen Abkürzungen, die gesamte Grammatik der mathematischen Sprache enthalten ist.

Man beachte, daß die Anfänge gewisse Zeichenreihen der Länge 1 als Ausdrücke (und zwar Formeln oder Terme) festlegen. Auch wenn eine nichtlogische Konstante aus mehreren Buchstaben der Metasprache besteht, so fassen wir sie hier jedoch als *ein* Zeichen der formalen Sprache auf. Die Regeln gehen stets von kürzeren Ausdrücken zu längeren Ausdrücken. Das bewirkt, daß die Rekursion fundiert ist. Man kann die Frage, ob eine gegebene Zeichenreihe

$$Z_0\, Z_1 \ldots Z_n$$

ein Ausdruck ist, mit Hilfe der Ausdrucksbildungsregeln (r_1), (r_2), (r_3), (r_4), (r_5) zurückzuführen auf die entsprechende Frage für kürzere Teilzeichenreihen und damit letztlich auf die Anfänge (a_1), (a_2).

Die durch $\boldsymbol{S}$ und $\boldsymbol{C}$ gegebene formale Sprache haben wir mit $L(\boldsymbol{S}\,;\boldsymbol{C})$ bezeichnet.

Zu dieser Sprache gehören also die Formeln und die Terme, die mit Hilfe der (durch $\boldsymbol{S}$ gegebenen) Variablen, der Konstanten (aus $\boldsymbol{C}$) sowie der logischen Zeichen gemäß (1) bestimmt sind.

Wenn $\boldsymbol{S}$ genau die Sorten $s_1, \ldots, s_n$ und $\boldsymbol{C}$ genau die Konstanten $C_1, \ldots, C_m$ enthält, so schreiben wir auch

$$L(s_1, \ldots, s_n;\ C_1, \ldots, C_m).$$

Wenn S_1 Teilmenge von S_2 und C_1 Teilmenge von C_2 ist, so sagen wir auch, daß

$L(S_1; C_1)$ *Teilsprache von* $L(S_2; C_2)$ ist

und schreiben

$$L(S_1, C_1) \subseteq L(S_2, C_2).$$

Oder wir sagen, daß $L(S_2, C_2)$ *Obersprache* von $L(S_1, C_1)$ ist und schreiben:

$$L(S_2, C_2) \supseteq L(S_1, C_1).$$

Beispiel A:

Als *arithmetische Sprache* L_{AR} bezeichnen wir die Sprache mit den Sorten $\mathbb{N}$, $\mathbb{Z}$, $\mathbb{Q}$, $\mathbb{R}$, $\mathbb{C}$ und den Konstanten $+, \cdot, \leqslant$.

$$L_{AR} = L(\mathbb{N}, \mathbb{Z}, \mathbb{Q}, \mathbb{R}, \mathbb{C}; +, \cdot, \leqslant).$$

Für manche Zwecke kommt man mit Teilsprachen aus, etwa:

$$L(\mathbb{N}; +, \cdot), L(\mathbb{N}, \mathbb{R}; +, \cdot), L(\mathbb{Q}; \leqslant) \text{ o.ä.}$$

Beispiel B:

Als *Sprache für geordnete Ringe* L_{ORI} bezeichnen wir:

$$L_{ORI} = L(G; +, \cdot, \leqslant)$$

und geben auch besondere Bezeichnungen für Teilsprachen an:

$L_O = L(G; \leqslant)$ *(Ordnungstheoretische Sprache),*

$L_{RI} = L(G; +, \cdot)$ *(Ringtheoretische Sprache),*

$L_{GR} = L(G; \cdot)$ *(Gruppentheoretische Sprache, multiplikative Form),*

$L_{AGR} = L(G; +)$ *(Gruppentheoretische Sprache, additive Form).*

Beispiel C:

Die in diesem Beispiel auftretende formale Sprache wollen wir die *Sprache für Verwandtschaftsbeziehungen* nennen:

$$L_{VW} = L(M, Z; ♀, Elt, ⚭, Lebt, \leqslant, \ldots, jetzt).$$

Die Punkte deuten weitere Namen oder Daten an.

Die hier eingeführten formalen Sprachen unterscheiden sich von den üblichen *prädikatenlogischen Sprachen* in verschiedener Hinsicht. Paarterme und Abstraktionsterme werden oft nicht behandelt. Dann müssen Funktionen und Relationen als eigenständige Objekte (neben Klassen) auftreten. Insbesondere sind dann die bei uns als Abkürzung eingeführten prädikativen Schreibweisen (s. § 4; 6) als primitive Schreibweisen einzuführen. Ferner sind die Funktionsschreibweisen (§ 4; 10) als primitive Schreibweisen einzuführen. Außerdem wird in anderen Logikbüchern meist nur eine Sorte von Individuenvariablen verwendet.

Schließlich weisen wir darauf hin, daß oft *Individuenterme, Klassenterme, Relationsterme* und *Funktionsterme* (bestimmter Stellenzahlen) unterschieden werden. Wir haben alle diese Arten von Termen zusammengeworfen. Dadurch wird unsere Sprache sehr flexibel, sie ist allgemeiner, als man vielleicht zunächst meint. Unsere Terme sind nicht nur Individuenterme, sondern bezeichnen auch andere mathematische Objekte, z.B. Relationen und Funktionen. Man möge sich nicht durch syntaktisch erlaubte Formeln wie $\langle +, \leqslant \rangle \in 1$, $0 = +$ (die in der üblichen Interpretation falsch sind) verwirren lassen.

Man beachte ferner, daß wir in unsere Sprachen nicht die sog. Sortenprädikate $\mathcal{V}, \mathcal{V}^s$ $(s \in \boldsymbol{S})$ als primitive Zeichen (nichtlogische Konstanten) aufgenommen haben, wir werden diese definieren können (§ 4; 15).

Die Formeln gemäß (a_1), (r_1) heißen *quasiatomar*, und zwar ist $X \in Y$ *prädikative Formel*, $X = Y$ *Gleichung*.

Die Formeln gemäß (r_2) heißen *molekulare*, die gemäß (r_3) *quantifizierte* Formeln.

Ein Term $\langle X, Y \rangle$ ist *Paarterm*, ein Term $\iota v \phi$ *Kennzeichnungsterm* (auch *Jotaterm*), ein Term $\{v \mid \phi\}$ *Abstraktionsterm*.

Wir geben einige Lesarten an:

Ausdruck	*Lesarten*
$\top$	*Verum*
$\bot$	*Falsum*
$X \in Y$	*X ist Element von Y* *X Epsilon Y*
$X = Y$	*X ist gleich Y*
$\neg \phi$	*nicht* ϕ. *Negation von* ϕ

$(\phi \wedge \psi)$	*ϕ und ψ* *Konjunktion von ϕ und ψ*
$(\phi \vee \psi)$	*ϕ oder ψ,* *Disjunktion von ϕ und ψ*
$(\phi \longrightarrow \psi)$	*Wenn ϕ, so ψ,* *ϕ Pfeil ψ,* *Subjunktion von ϕ und ψ*
$(\phi \longleftrightarrow \psi)$	*ϕ genau dann, wenn ψ,* *ϕ Doppelpfeil ψ,* *Äquijunktion von ϕ und ψ*
$\forall v \phi$	*Für alle v ϕ*
$\exists v \phi$	*Es gibt ein v mit ϕ*
$\langle X, Y \rangle$	*Paar von X, Y*
$\iota v \phi$	*das v mit ϕ* *Jota v ϕ*
$\{v \mid \phi\}$	*Klasse aller v mit ϕ*

Beispiele für Formeln und Terme:

Wir nehmen die Variablen und Konstanten aus Beispiel C, sind also in der Sprache L_{VW}. Die Zeichenreihen:

$$v_0 \in \perp, \ \forall \langle v_0, v_1 \rangle, \ \iota v_0^M \ \{v_0^Z \mid v_0^Z = v_0^Z\}$$

sind nicht wohlgeformt und keine Ausdrücke (weil $\perp$ kein Term ist, weil hinter $\forall$ eine Variable folgen muß, weil hinter ιv_0^M eine Formel stehen muß und kein Term stehen darf).

Dagegen sind die folgenden Zeichenreihen Ausdrücke:

$$(\langle v_0^M, v_1^M \rangle \in Elt \wedge v_1^M \in ♀) \qquad \text{(Formel)},$$

$$\iota v_1^M (\langle v_0^M, v_1^M \rangle \in Elt \wedge \neg v_1^M \in ♀) \qquad \text{(Term)},$$

$$\{v_0^M \mid \langle v_0^M, v_1^M \rangle \in Elt\} \qquad \text{(Term)},$$

$$\forall v_0^M \exists v_0^Z \exists v_1^Z (\langle v_0^Z, v_1^Z \rangle \in \leqslant \wedge \forall v_2^Z ((\langle v_0^Z, v_2^Z \rangle \in \leqslant \wedge \langle v_2^Z, v_1^Z \rangle \in \leqslant) \longleftrightarrow \langle v_0^M, v_2^Z \rangle \in \mathit{Lebt})) \quad \text{(Formel).}$$

Es ist durchaus nützlich, sich schon einmal die Bedeutung dieser Ausdrücke (bei der angegebenen Standardinterpretation) klarzumachen.

Die erste Formel drückt aus, daß der Mensch v_0^M den Menschen v_1^M als Mutter hat. Der Jotaterm gibt zu jedem Menschen v_0^M den Vater von v_0^M an. Der Abstraktionsterm gibt zu jedem Menschen v_1^M die Menge der Kinder (v_0^M) von v_1^M an. Die letzte Formel drückt aus, daß jeder Mensch (v_0^M) einen Geburtstag (v_0^Z) und einen Todestag (v_1^Z) hat, d.h., der Mensch lebt genau in den Zeitpunkten (v_2^Z), die dazwischen liegen.

Die Schreibweise ist noch etwas merkwürdig. Wir werden später (z.B. in § 4; 6) Abkürzungen einführen (z.B. $v_0^Z \leqslant v_1^Z$ für $\langle v_0^Z, v_1^Z \rangle \in \leqslant$), die besser lesbare Schreibweisen gestatten.

(b) Syntaktische Variablen

Wenn man über gewisse Objekte allgemeine Aussagen machen will, so braucht man Variablen, deren mögliche Werte diese Objekte sind. Dem hatten wir mit der Einführung von Individuenvariablen in die formalen Sprachen Rechnung getragen. Wir müssen aber auch (in der Metasprache) oft *über* die Ausdrücke der Objektsprache reden. Deshalb brauchen wir in der Metasprache Variablen für objektsprachliche Gebilde. Solche Variablen bezeichnet man als syntaktische Variablen, da sie sich auf syntaktische Objekte, nämlich Zeichenreihen, beziehen. Tatsächlich haben wir solche Variablen schon verwendet, und zwar X, Y, Z für Terme, ϕ, ψ, θ für Formeln, C für nichtlogische Konstanten, s für Sortenindizes, v für Individuenvariablen. Man lasse sich nicht dadurch verwirren, daß wir hier metasprachliche Variablen für objektsprachliche Variablen einführen.

In (1, r_3) kann v eine beliebige objektsprachliche Variable sein, also z.B. v_{17} oder $v_8^{♀}$ (sofern ♀ aus $\boldsymbol{S}$ ist), ähnlich kann ϕ eine beliebige Formel sein, also z.B. $v_{17} = \iota v_0 \neg v_0 = v_0$ oder $(\bot \vee v_8^{♀} \in \{v_0 \mid v_0 = v_0\})$, und $\forall v \phi$ kann dementsprechend $\forall v_{17}\, v_{17} = \iota v_0 \neg v_0 = v_0$ oder $\forall v_8^{♀} (\bot \vee v_8^{♀} \in \{v_0 \mid v_0 = v_0\})$ oder noch etwas anderes sein. Es müssen nur hinter dem Allquantor irgendeine Variable und dann irgendeine Formel folgen. Man beachte diese Allgemeinheit bei allen Definitionen und Sätzen, in denen syntaktische Variablen vorkommen.

Wir wollen noch weitere syntaktische Variablen verabreden und fassen alle syntaktischen Variablen für Referenzzwecke in der folgenden Tabelle zusammen:

Syntaktische Variablen	*Bereich der syntaktischen Variablen*
X, Y, Z	*alle Terme (gelegentlich auch alle Ausdrücke)*
ϕ, ψ, θ	*alle Formeln*
C	*nichtlogische Konstanten*
s	*Sortenindizes (einschließlich* $*$)
u	*universelle Individuenvariablen* $v_0, v_1, \ldots$
v^s, w^s	*Individuenvariablen der Sorte* s $v_0^s, v_1^s, \ldots$
v, w	*beliebige Individuenvariablen* $v_0, v_1, \ldots, v_0^s, v_1^s, \ldots$
n, m	*alle speziellen Variablen* $n_0, n_1, \ldots$ (d.h. $v_0^{\mathbb{N}}, v_1^{\mathbb{N}}, \ldots$)
i, j	*alle speziellen Variablen* $i_0, i_1, \ldots$ (d.h. $v_0^{\mathbb{Z}}, v_1^{\mathbb{Z}}, \ldots$)
x, y	*alle speziellen Variablen* $x_0, x_1, x_2, \ldots$ (d.h. $v_0^{\mathbb{R}}, v_1^{\mathbb{R}}, \ldots$ *oder* $v_0^G, v_1^G, \ldots$)

Syntaktische Variablen können bei Bedarf mit Unterscheidungsindizes versehen werden (doch vermeide man Kollosionen von syntaktischen Variablen und objektsprachlichen Variablen).

Nachdem wir oben die syntaktischen Variablen so vereinbart haben, brauchen wir im Grunde nicht immer zu sagen, daß X ein Term,, ϕ eine Formel, v eine Variable ist usw. Wir wollen es aber der Deutlichkeit halber oft dazusetzen, da Redundanz nicht schaden kann.

(c) Zur Bezeichnung sprachlicher Gebilde

Wenn man über Objekte redet, so braucht man Namen für diese Objekte. Ein Name ist dabei ein sprachliches Gebilde; die Bedeutung des Namens (das Objekt, von dem er ein Name ist) ist im allgemeinen ein außersprachliches Objekt. In der Aussage

Kiel liegt an der Ostsee

meint man die Stadt Kiel, über sie will man etwas aussagen. Man meint nicht das Wort, vielmehr *gebraucht* man es, um über die Stadt zu sprechen. Diesen Unterschied von Gebrauchen und Meinen mache man sich klar. Man gebraucht Namen (sprachliche Gebilde) und meint ihre Bedeutungen (i.a. außersprachlich).

Wir werden hier jedoch auch fortwährend über Sprache (und zwar vornehmlich die Objektsprache) reden müssen. Dann kann es zu einer Konfusion von Gebrauchen und Meinen kommen.

So sind die Terme $(\sqrt{6} + 3) \cdot (\sqrt{6} - 2)$ und $\sqrt{6}$ verschieden (als Zeichenreihen), aber die Zahlen $(\sqrt{6} + 3) \cdot (\sqrt{6} - 2)$ und $\sqrt{6}$ sind gleich. Wenn man also das Gleichheitszeichen zwischen die Terme (die Schreibfiguren) setzt:

$$(\sqrt{6} + 3) \cdot (\sqrt{6} - 2) = \sqrt{6},$$

so ist das falsch, wenn man auf beiden Seiten die Terme meint; aber wahr, wenn man die Terme gebraucht (und die Zahlen meint).

Im Grunde sollte man stets klar machen, ob man gerade eine Zeichenreihe meint (wobei man eigentlich einen Namen der Zeichenreihe gebrauchen müßte) oder ob man eine Zeichenreihe gebraucht (und mit ihrer Hilfe über gewisse Dinge etwas aussagen will). Üblicherweise gebraucht man in der Mathematik die sprachlichen Ausdrücke, hier meinen wir sie meistens.

Es gibt Konventionen, die hier Klarheit schaffen. So kann man sprachliche Gebilde in *Anführungszeichen* („ , “) oder auch sog. Quasianführungszeichen (⌜, ⌝) einschließen (das letztere bei Vorliegen syntaktischer Variablen) und so Namen für diese Gebilde gewinnen.

Wir haben aber Hemmungen, in dieser Hinsicht zu konsequent zu sein, da zu pedantische Unterscheidungen den Anfänger eher verwirren, als ihm zu helfen. Wir begnügen uns mit diesem Hinweis und verwenden im übrigen ohne weiteres sprachliche Gebilde als Namen für sich selbst (d.h., wir lassen Anführungszeichen fort). Die Verwechslungsgefahr wird vielleich auch dadurch verringert, daß wir feststellen, daß dieses Buch in der Metasprache geschrieben ist und die Ausdrücke der formalen Sprachen nur gemeint, aber nicht gebraucht werden.

Aufgaben:

1. Man zeige, daß die folgenden Zeichenreihen Ausdrück von L_{AR} bzw. von L_{ORI} sind. Man gebe an, wie sie gemäß Def. 1 erzeugt werden können.

(a) $\langle v_1^{\mathbb{R}}, v_0^{\mathbb{R}}\rangle \in \leqslant,$

(b) $\neg(\langle v_1^{\mathbb{R}}, v_0^{\mathbb{R}}\rangle \in \leqslant \wedge \neg v_1^{\mathbb{R}} = v_0^{\mathbb{R}}),$

(c) $\forall v_0^{\mathbb{R}} \forall v_1^{\mathbb{R}} (\langle v_0^{\mathbb{R}}, v_1^{\mathbb{R}}\rangle \in \leqslant \vee \langle v_1^{\mathbb{R}}, v_0^{\mathbb{R}}\rangle \in \leqslant),$

(d) $\iota v_0 \; \langle\langle v_0^G, v_1^G\rangle, v_0\rangle \in +,$

(e) $\forall v_0^G \forall v_1^G \; \iota v_0 \; \langle\langle v_0^G, v_1^G\rangle, v_0\rangle \in + = \iota v_0 \; \langle\langle v_1^G, v_0^G\rangle, v_0\rangle \in +,$

(f) $(\langle v_0^{\mathbb{R}}, v_1^{\mathbb{R}}\rangle \in \leqslant \longleftrightarrow \exists v_2^{\mathbb{R}} \; \iota v_0 \; \langle\langle v_0^{\mathbb{R}}, \iota v_0 \langle\langle v_2^{\mathbb{R}}, v_2^{\mathbb{R}}\rangle, v_0\rangle \in \cdot \rangle, v_0\rangle \in + = v_1^{\mathbb{R}}),$

(g) $\exists v_1^G \forall v_0^G \; (v_0^G \in \{v_0^G \mid v_0^G = v_0^G\} \longleftrightarrow v_0^G = v_1^G),$

(h) $(\exists v_1^G \forall v_0^G \; (v_0^G \in \{v_0^G \mid v_0^G = v_0^G\} \longleftrightarrow v_0^G = v_1^G)$
$\longrightarrow \forall v_0^G \forall v_1^G \; v_0^G = v_1^G),$

(i) $\iota v_0 \; \langle\langle v_1^{\mathbb{N}}, v_0^{\mathbb{N}}\rangle, v_0\rangle \in +,$

(j) $\exists v_1^{\mathbb{N}} \forall v_0^{\mathbb{N}} (\forall v_1^{\mathbb{N}} \; \iota v_0 \; \langle\langle v_1^{\mathbb{N}}, v_0^{\mathbb{N}}\rangle, v_0\rangle \in + = v_1^{\mathbb{N}} \longleftrightarrow v_0^{\mathbb{N}} = v_1^{\mathbb{N}}),$

(k) $\iota v_0^{\mathbb{N}} \forall v_1^{\mathbb{N}} \; \iota v_0 \; \langle\langle v_1^{\mathbb{N}}, v_0^{\mathbb{N}}\rangle, v_0\rangle \in + = v_1^{\mathbb{N}},$

(l) $\{v_0^{\mathbb{R}} \mid \langle \iota v_0^{\mathbb{N}} \forall v_1^{\mathbb{N}} \; \iota v_0 \; \langle\langle v_1^{\mathbb{N}}, v_0^{\mathbb{N}}\rangle, v_0\rangle \in + = v_1^{\mathbb{N}}, v_0^{\mathbb{R}}\rangle \in \leqslant\},$

(m) $\iota v_0 \; \langle\langle \iota v_0 \; \langle\langle \iota v_0 \langle\langle v_0^G, v_0^G\rangle, v_0\rangle \in \cdot, \iota v_0 \; \langle\langle v_1^G, v_0^G\rangle, v_0\rangle \in \cdot \rangle, v_0\rangle \in +,$
$v_2^G\rangle, v_0\rangle \in +,$

(n) $\iota v_1^{\mathbb{R}} (\langle \iota v_0^{\mathbb{N}} \forall v_1^{\mathbb{N}} \; \iota v_0 \; \langle\langle v_1^{\mathbb{N}}, v_0^{\mathbb{N}}\rangle, v_0\rangle \in + = v_1^{\mathbb{N}}, v_1^{\mathbb{R}}\rangle \in \leqslant \wedge$
$\iota v_0 \; \langle\langle v_1^{\mathbb{R}}, v_1^{\mathbb{R}}\rangle, v_0\rangle \in \cdot = v_0^{\mathbb{R}}).$

2. Welche der folgenden Zeichenreihen sind Ausdrücke von L_{AR}?

(a) $\in\in\in \;,$

(b) $\leqslant \in \leqslant,$

(c) $\forall v_0 \{v_1 \mid \langle v_0, v_1\rangle \in \leqslant\},$

(d) $(\langle \leqslant, \leqslant\rangle \in + \wedge \langle +, +\rangle = \leqslant),$

(e) $\forall v_0 \exists v_0 \exists v_0 \; \iota v_0 \; v_0 = v_0 = v_0,$

(f) $\forall v_1 \langle v_0, v_0 \rangle \in \leqslant$,

(g) $\{v_0 \mid \iota v_1 \langle v_1, v_1 \rangle \in \leqslant\}$,

(h) $\{v_0 \mid \iota v_1 \langle v_1, v_1 \rangle \in \leqslant \in \leqslant\}$,

(i) $\iota v_0^{\mathbb{R}} \iota v_1^{\mathbb{R}} \langle v_1^{\mathbb{R}}, v_0^{\mathbb{R}} \rangle \in \leqslant$,

(j) $\{v_0 \mid \{v_1 \mid v_0 = v_1\}\}$.

§ 4. Abkürzungen und Konventionen zur Schreibweise von Ausdrücken

Die offizielle Schreibweise von Formeln und Termen liegt eine für allemal fest. Hierdurch werden die formalen Sprachen mit mathematischer Präzision definierte Objekte.

Doch ist die offizielle Schreibweise oft recht umständlich. Darum wollen wir einige metasprachliche Abkürzungen und Konventionen einführen, durch die wir leichter Ausdrücke der formalen Sprachen angeben können. Durch diese Abkürzungen und Konventionen nähern wir uns mehr der üblichen mathematischen Schreibweise.

(1) Klammerersparungskonventionen

(a) *Außenklammern einer einzeln stehenden Formel können weggelassen werden.*

(b) $\rightarrow, \leftrightarrow$ *trennen stärker als* $\wedge, \vee$.

(c) $\rightarrow, \leftrightarrow$ *sind untereinander gleich stark, ebenso* $\wedge, \vee$ *untereinander.*

(d) *In iterierten Konjunktionen und Disjunktionen mit Klammerung nach links können diese Klammern weggelassen werden.*

Beispiel: Die Formel:

$$(((\phi_1 \wedge \phi_2) \wedge \phi_3) \rightarrow (\neg\, \phi_3 \rightarrow \phi_2))$$

kann auch abkürzend so geschrieben werden:

$$\phi_1 \wedge \phi_2 \wedge \phi_3 \rightarrow (\neg\, \phi_3 \rightarrow \phi_2).$$

Weitere Klammern können nicht weggelassen werden.

Wir erwähnen noch eine weitere Klammerersparungskonvention:

(2) Punktkonvention

Wird ein Junktor durch Punkte eingeschlossen, so trennt er stärker als andere Junktoren, die nicht durch Punkte eingeschlossen sind.

Die obenstehende Formel könnte man also auch so weiter abkürzen:

$$\phi_1 \wedge \phi_2 \wedge \phi_3 \;.\!\longrightarrow\!.\; \neg\phi_3 \to \phi_2 .$$

Wir wollen aber in einer Formel nur einen Junktor, der dann das Hauptverknüpfungszeichen ist, mit Punkten versehen, um nicht durch zu starke Abkürzung die Formeln wieder unübersichtlich zu machen. Es soll durchaus gute Lesbarkeit der Ausdrücke angestrebt werden. Wir wollen es deshalb auch erlauben, daß man zusätzliche Klammern einfügt (etwa um quasiatomare Formeln einzuschließen), wenn das die Gliederung des Ausdrucks besser hervortreten läßt.

(3) *Iterierte Konjunktionen und Disjunktionen*

Bisweilen möchte man iterierte Konjunktionen und Disjunktionen ohne Und-so-weiter-Pünktchen in ähnlicher Weise zusammenfassen, wie man iterierte Summen oder Produkte mit Summenzeichen oder Produktzeichen schreibt. Wir definieren:

$$\bigwedge_{0\leqslant i<1} \phi_i \textit{ sei } \phi_0, \text{ und } \bigvee_{0\leqslant i<1} \phi_i \textit{ sei } \phi_0 .$$

Wenn $\bigwedge_{0\leqslant i<n} \phi_i$ und $\bigvee_{0\leqslant i<n} \phi_i$ bereits definiert sind, so definieren wir:

$$\bigwedge_{0\leqslant i<n+1} \phi_i \textit{ sei } \bigwedge_{0\leqslant i<n} \phi_i \wedge \phi_n, \text{ und } \bigvee_{0\leqslant i<n+1} \phi_i \textit{ sei } \bigvee_{0\leqslant i<n} \phi_i \vee \phi_n .$$

Als Sonderfall definieren wir leere Konjunktionen und Disjunktionen:

$$\bigwedge_{0\leqslant i<0} \phi_i \textit{ sei } \top, \textit{ und } \bigvee_{0\leqslant i<0} \phi_i \textit{ sei } \bot .$$

Es handelt sich um eine rekursive Definition (in der Metasprache). Der Index n ist eine metasprachliche Variable für natürliche Zahlen. Mit Pünktchen geschrieben hat man:

$$\bigwedge_{0\leqslant i<n} \phi_i \textit{ ist } \phi_0 \wedge \phi_1 \wedge \ldots \wedge \phi_{n-1}, \text{ und } \bigvee_{0\leqslant i<n} \phi_i \textit{ ist } \phi_0 \vee \phi_1 \vee \ldots \vee \phi_{n-1}$$

(beidemale mit Linksklammerung). Man benutzt auch andere Konjunktionsvorschriften und Disjunktvorschriften, z.B.

$$\bigwedge_{i=1}^{n}, \quad \bigvee_{j=3}^{13}, \quad \bigwedge_{0 \leqslant i < k \leqslant n} \qquad \text{u.ä.}$$

Dadurch wird manchmal keine eindeutige Reihenfolge der zu verknüpfenden Formeln festgelegt. Dann wähle man irgendeine Reihenfolge.

(4) *Freie und gebundene Variablen*

Alle Variablenvorkommen in Formeln oder Termen sind entweder frei oder gebunden. Ein Vorkommen von v in einem Ausdruck X ist *gebunden,* wenn es innerhalb einer Teilformel $\forall v \, \phi$ oder $\exists v \, \phi$ oder innerhalb eines Teiltermes $\iota v \, \phi$ oder $\{v \mid \phi\}$ liegt. Anderenfalls ist das Vorkommen von v in X *frei.* Eine Variable ist frei (gebunden) in einem Ausdruck, wenn sie an wenigstens einer Stelle in dem Ausdruck frei (gebunden) vorkommt. Die freien Variablen und die Konstanten eines Ausdrucks sind auch seine *Parameter.*

Eine Formel ohne freie Variablen ist eine *Aussage,* ein Term ohne freie Variablen ist ein *konstanter Term.*

Man beachte, daß eine Variable in einem Ausdruck sowohl frei als auch gebunden vorkommen kann (an verschiedenen Stellen natürlich). In der folgenden Formel:

$$v_0 \in \{v_2 \mid \exists v_0 \langle v_0, v_2 \rangle \in \leqslant\} \rightarrow \exists v_1 \langle v_1, v_0 \rangle \in \leqslant$$

ist v_0 frei (an seinen ersten und vierten Vorkommen) und gebunden (an seinen zweiten und dritten Vorkommen).

Alle Vorkommen von v_2 und v_1 sind in der Formel gebunden.

Ein Variablenvorkommen, das unmittelbar nach $\forall$, $\exists$, ι oder $\{$ steht, ist ein Vorkommen als ***Operatorvariable.***

Gebundene Variable treten auch in mathematischen Formeln auf. Z.B. sind die Variablen x, n gebunden und die Variablen y, m frei in den Termen:

$$\int_0^y x^2 \, dx, \quad \sum_{n=0}^{m} n^2.$$

Die Operatorvariable steht im Integralterm ganz am Schluß, im Summenterm unter dem Summenzeichen.

(5) *Tupel*

Als 1-Tupel definieren wir für Terme $X_0, X_1, \ldots$:

$$\langle X_0 \rangle =_{\mathrm{Df}} X_0 .$$

Wenn n-Tupel bereits definiert sind, so seien $n + 1$-Tupel:

$$\langle X_0, \ldots, X_n \rangle =_{\mathrm{Df}} \langle\langle X_0, \ldots, X_{n-1} \rangle, X_n \rangle \; (n > 0) .$$

Darin ist der Index n eine metasprachliche Variable für natürliche Zahlen.

Wir benutzen von jetzt an das Zeichen $=_{\mathrm{Df}}$, um Abkürzungen von Termen einzuführen.

2-Tupel sind also die alten Paare $\langle X_0, X_1 \rangle$,

3-Tupel oder Tripel sind Paare $\langle\langle X_0, X_1 \rangle, X_2 \rangle$, deren erste Koordinate selbst ein Paar ist.

(6) *Schreibweisen prädikativer Formeln*

Wir werden n-stellige Relationen als Klassen von n-Tupeln auffassen. Z.B. ist die Kleiner-oder-gleich-Relation die Menge aller Paare von Zahlen, deren erste Koordinate jeweils kleiner oder gleich der zweiten Koordinate ist. Die üblichen prädikativen Schreibweisen werden hier Abkürzungen für Formeln sein, die aussagen, daß ein n-Tupel Element einer Klasse ist.

Statt $\langle X_1, \ldots, X_n \rangle \in X$ *schreibt man* $X_1 \ldots X_n . \in X$ *oder* $X \ni X_1 \ldots X_n$, *oder man vereinbart andere konventionelle Schreibweisen.*

Es muß aber stets klar sein, was dabei das Relationszeichen und was die Argumentzeichen sind. Für Relationszeichen wählt man oft Buchstaben wie R, Q o.ä.

Man lese $X_1 \ldots X_n . \in R$ als: $X_1, \ldots, X_n$ *stehen in der Relation* R und lese $R \ni X_1 \ldots X_n$ als: R *trifft zu auf* $X_1 \ldots X_n$.

Im zweistelligen Fall schreibt man für $X\,Y . \in R$ auch $X\,R\,Y$, gelesen: X *steht in der Relation* R *zu* Y.

In unseren Beispielen schreiben wir:

$X \leqslant Y$ für $\langle X, Y \rangle \in \leqslant$ (entsprechend für *Elt*, *Lebt*).

Wir schreiben:

X, Y ⚭ Z für $\langle X, Y, Z \rangle \in$ ⚭.

Wir haben in der Schreibweise $X_1 \ldots X_n . \in X$ an das Zeichen $\in$, das in diesem Zusammenhang auch als n-stelliges *Prädikationszeichen* bezeichnet wird, einen Punkt hinzugefügt (den wir auch weglassen können, wenn keine Mißverständnisse zu befürchten sind). Der Punkt soll Verwechslungen mit der folgenden, in der Mathematik sehr üblichen Schreibweise ausschließen, in der eine Konjunktion einstelliger Prädikationen gemeint ist.

(7) *Konjunktion von Elementbeziehungen*

$$X_1, \ldots, X_n \in X \longleftrightarrow_{\mathrm{Df}} X_1 \in X \wedge \ldots \wedge X_n \in X.$$

$$X \in X_1, \ldots, X_n \longleftrightarrow_{\mathrm{Df}} X \in X_1 \wedge \ldots \wedge X \in X_n.$$

Wir benutzen von jetzt an das Zeichen $\longleftrightarrow_{\mathrm{Df}}$, um Abkürzungen von Formeln einzuführen.

Beispiel:

$$2, 3 \in \{n \mid n \ \textit{ist Teiler von} \ 12\}.$$

(8) *Fortlaufende Schreibweise*

$$X_1 R X_2 Q X_3 \longleftrightarrow_{\mathrm{Df}} X_1 R X_2 \wedge X_2 Q X_3 \quad (\text{d.h. } (\langle X_1, X_2 \rangle \in R \wedge \langle X_2, X_3 \rangle \in Q)).$$

Entsprechend schreibe man auch längere Ketten, die auch mit Gleichungen gemischt sein können.

Beispiel:

$$X_0 \leqslant X_1 < X_2 = X_3.$$

(9) *Negation quasitomarer Formeln*

$$X_1 \ldots X_n \centerdot \notin R \longleftrightarrow_{\mathrm{Df}} \neg X_1 \ldots X_n . \in X.$$

$$X_1 \neq X_2 \longleftrightarrow_{\mathrm{Df}} \neg X_1 \neq X_2.$$

(10) *Schreibweisen für Funktionswerte*

Wir werden hier, wie später noch genauer ausgeführt wird, n-stellige Funktionen mit sog. rechtseindeutigen $n + 1$-stelligen Relationen gleichsetzen. Z.B. ist die Additionsfunktion die Menge aller Tripel von Zahlen, deren dritte Koordinate die Summe der beiden ersten Koordinaten ist. Hier soll nur die Schreibweise für den Funktionswert eingeführt wer-

den. Man stelle sich unter X eine Funktion, unter $X_1, \ldots, X_n$ Argumente vor. Der Funktionswert ist dann das eindeutig bestimmte u, so daß das $n+1$-Tupel $\langle X_1, \ldots, X_n, u \rangle$ Element von X ist. Dieses formalisieren wir jetzt. Ähnlich wie wir bei den prädikativen Formeln Prädikationszeichen $\in, \ni$ eingeführt haben, so wollen wir hier aus systematischen Gründen *Anwendungszeichen* -o, o- einführen, die man zwischen Argumente und Funktionszeichen setzt.
u sei eine universelle Individuenvariable, die nicht frei in $X_1, \ldots X_n, X$ vorkommt. Dann sei

$$X_1 \ldots X_n \multimap X =_{\mathrm{Df}} \iota\, u\, X_1 \ldots X_n\, u \,.\!\in X.$$

Dafür schreibe man auch

$$X \circ\!\!- X_1 \ldots X_n \quad \textit{oder} \quad X(X_1, \ldots, X_n) \quad \text{oder}$$

vereinbare noch andere konventionelle Schreibweisen.

Es muß stets klar sein, was Funktionszeichen und was Argumentzeichen sind. Für Funktionszeichen wählt man oft Buchstaben wie f, g o.ä.
Man lese $X_1 \ldots X_n \multimap f$ als: $X_1, \ldots, X_n$ *abgebildet mit* f und lese $f \circ\!\!- X_1 \ldots X_n$ als: f *angewendet auf* $X_1, \ldots, X_n$.

Genaugenommen geht aus der Abkürzung $X_1 \ldots X_n \multimap X$ nicht hervor, welche gebundene Variable u dabei verwendet wird. Man könnte, um Eindeutigkeit zu erzielen, verabreden, daß die Variable v_i mit kleinstem Unterscheidungsindex i zu nehmen ist, die im übrigen der Bedingung genügt, nicht frei in $X_1, \ldots, X_n, X$ zu sein. Aufgrund des später bewiesenen Umbenennungssatzes (§ 15; 4) kommt es aber (wenn man nur auf logische Äquivalenz achtet) gar nicht darauf an, welche Variable man nimmt. Deshalb ist der erwähnte Defekt der Abkürzung harmlos. Analoge Bemerkungen könnte man in allen anderen Fällen machen, in denen man mit Hilfe gebundener Variablen, die im Definiendum nicht in Erscheinung treten, eine Abkürzung definiert.

Die Anwendungszeichen -o, o- sind hier um der logischen Klarheit willen eingeführt worden. Sie sind im übrigen nicht üblich. Die häufigste Schreibweise für den Funktionswert ist $f(X_1, \ldots, X_n)$. Doch sind auch Indexschreibweisen üblich, z.B. bei Folgen: a_n ist der Wert an der Stelle n, das n-te Folgenglied. Bei zweistelligen Funktionen schreibt man (ähnlich wie bei zweistelligen Relationen) die Funktionszeichen oft zwischen die Argumentzeichen. Man schreibt also $(X\ f\ Y)$ für

$X\ Y \multimap f$ (gelesen: *X f-verknüpft mit Y*). Für zweistellige Funktionen (auch „Verknüpfungen" genannt) nimmt man Zeichen wie $+, \cdot$ o.ä.

In unseren Beispielen schreiben wir z.B. (in L_{AR}, L_{ORI}):

$(X + Y)$ statt $XY \multimap +$, d.h. für $\iota u \langle X, Y, u\rangle \in +$,

$(X \cdot Y)$ statt $XY \multimap \cdot$, d.h. für $\iota u \langle X, Y, u\rangle \in \cdot$.

Es ist also

$(z_0 + z_1)$ dasselbe wie $z_0 z_1 \multimap +$. Und das ist $\iota v_0 z_0 z_1 v_0 . \in +$. Wenn alle Abkürzungen eliminiert werden, so ist das

$$\iota v_0 \ \langle\langle v_0^{\mathfrak{C}}, v_1^{\mathfrak{C}}\rangle, v_0\rangle \in + .$$

In diesem Term sind z_0, z_1 frei, während v_0 kein Parameter ist, sondern nur gebunden darin vorkommt.

Bei $+, \cdot$ vereinbart man außerdem die üblichen Klammerersparungskonventionen (Punktrechnung geht vor Strichrechnung, d.h. $\cdot$ ist vor $+$ auszurechnen), sowie

Potenzschreibweisen:

$$X^1 =_{\mathrm{Df}} X,\ X^{n+1} =_{\mathrm{Df}} (X^n \cdot X) \text{ für } n \geqslant 1 \text{ und}$$

Vielfachschreibweisen:

$$1\,X =_{\mathrm{Df}} X, \quad (n+1)\,X =_{\mathrm{Df}} (n\,X + X) \ \textit{für } n \geqslant 1 .$$

Dabei sind die Zeichen $1, n, n+1$ oben als Bestandteile der Metasprache anzusehen.

(11) *Der Es-gibt-genau-ein-Quantor*

w sei eine von v verschiedene Variable derselben Sorte wie v und komme in ϕ nicht *frei vor. Dann sei*

$$\overset{1}{\exists}\, v\, \phi \longleftrightarrow_{\mathrm{Df}} \exists\, w\, \forall\, v\, (\phi \longleftrightarrow v = w)$$

(gelesen: *es gibt genau ein v mit* ϕ).

Man mache sich klar, daß das Definiens genau dann erfüllt ist, wenn ϕ durch genau einen Wert von v erfüllt wird.

(12) *Relativierte Operatoren*

v sei eine Variable, die in X nicht frei vorkommt. Dann sei:

$(\forall v \in X)\ \phi \longleftrightarrow_{\mathrm{Df}} \forall v\ (v \in X \rightarrow \phi)$ (Lesart: *Für alle v aus X* ϕ),

$(\exists v \in X)\ \phi \longleftrightarrow_{\mathrm{Df}} \exists v\ (v \in X \wedge \phi)$ (Lesart: *Es gibt ein v aus X* mit ϕ),

$(\overset{1}{\exists} v \in X)\ \phi \longleftrightarrow_{\mathrm{Df}} \overset{1}{\exists} v\ (v \in X \wedge \phi)$ (Lesart: *Es gibt genau ein v aus X mit* ϕ),

$(\iota v \in X)\ \phi \longleftrightarrow_{\mathrm{Df}} \iota v\ (v \in X \wedge \phi)$ (Lesart: *das v* aus *X mit* ϕ),

$\{v \in X \mid \phi\} \longleftrightarrow_{\mathrm{Df}} \{v \mid v \in X \wedge \phi\}$ (Lesart: *Klasse der v aus X mit* ϕ).

Oft kommen noch andere Relativierungen vor, etwa

$(\forall v > 0)\ \phi$ *für* $\forall v\ (v > 0 \rightarrow \phi)$,

$(\exists v > 0)\ \phi$ *für* $\exists v\ (v > 0 \wedge \phi)$.

Diese Relativierungen treten z.B. in der folgenden Formalisierung der Stetigkeitsdefinition (einer reellen auf A definierten Funktion) auf, wobei $A \subseteq \mathbb{R}$ vorausgesetzt sei:

$$(\forall x \in A)(\forall \epsilon > 0)(\exists \delta > 0)(\forall y \in A)(|x-y| < \delta \longrightarrow |f(x)-f(y)| < \epsilon).$$

(13) *Mehrstellige Quantoren*

$\forall w_1 \ldots w_n\ \phi \longleftrightarrow_{\mathrm{Df}} \forall w_1 \ldots \forall w_n\ \phi$,

$\exists w_1 \ldots w_n\ \phi \longleftrightarrow_{\mathrm{Df}} \exists w_1 \ldots \exists w_n\ \phi$.

Wenn unklar wird, wo das Präfix $\forall w_1 \ldots w_n$ bzw. $\exists w_1 \ldots w_n$ aufhört und die Formel ϕ anfängt, so kann man um das Präfix oder um die Formel runde Klammern setzen.

Bisweilen kürzt man die Variablenfolge $w_1 \ldots w_n$ durch $\vec{w}$ ab und schreibt:

$$\forall \vec{w}\ \phi \quad \text{bzw.} \quad \exists \vec{w}\ \phi\ .$$

(14) *Generalisierte und Partikularisierte*

$w_1, \ldots, w_n$ seien die freien Variabeln von ϕ. Dann sei:

$\forall \ldots \phi \longleftrightarrow_{\mathrm{Df}} \forall w_1 \ldots w_n \phi$ (*Generalisierte von* ϕ),

$\exists \ldots \phi \longleftrightarrow_{\mathrm{Df}} \exists w_1 \ldots w_n \phi$ (*Partikularisierte von* ϕ).

Generalisierte und Partikularisierte von ϕ sind Aussagen.

(15) *Einige besondere Terme*

$\mathcal{V} =_{\mathrm{Df}} \{v_0 \mid v_0 = v_0\}$ (Lesart: *Allklasse, universeller Bereich*),

$\mathcal{V}^s =_{\mathrm{Df}} \{v_0^s \mid v_0^s = v_0^s\}$ (Lesart: *Bereich der Sorte s*),

$\emptyset =_{\mathrm{Df}} \{v_0 \mid v_0 \neq v_0\}$ (Lesart: *Leere Menge*),

$\underline{\underline{|}} =_{\mathrm{Df}} \iota v_0\; v_0 \neq v_0$ (Lesart: *Joker*).

Das Wort Joker ist verständlich, wenn man sich klar macht, daß es sich hier um eine sog. uneigentliche Kennzeichnung handelt. Der Jota-Operator wird auf eine Bedingung angewendet, die nicht von genau einem Individuum erfüllt wird (nämlich von gar keinem).

In unseren Beispielen ist das Zeichen $\mathbb{N}$, wenn wir es als Term der Objektsprache verwenden, eine Abkürzung für den Term $\mathcal{V}^{\mathbb{N}}$, d.h. für $\{n_0 \mid n_0 = n_0\}$. In Wirklichkeit sieht dieser Term so aus: $\{v_0^{\mathbb{N}} \mid v_0^{\mathbb{N}} = v_0^{\mathbb{N}}\}$ (darin taucht dasselbe Zeichen als Sortenindex auf).

Außerdem ist natürlich das Zeichen $\mathbb{N}$ in der Metasprache Name für die Menge der natürlichen Sprache.

Entsprechend ist es mit $\mathbb{Z}$, $\mathbb{Q}$, $\mathbb{R}$, $\mathbb{C}$, G.

Dieser multiple Gebrauch derselben Zeichen (als Terme der Objektsprache, als Sortenindizes, als Zeichen der Metasprache) wird hoffensichtlich keine Verwirrung stiften. Wir gebrauchen sie meistens als Terme der Objektsprache.

(16) *Formale Definition von Individuen und Klassen*

Die Terme unserer formalen Sprachen können sowohl Individuen als auch Klassen bezeichnen. Man kann es einem Term i.a. nicht ansehen, welches der Fall ist, und im übrigen kann das auch mit der Interpretation wechseln. Wir können aber Formeln unsere formalen Sprache angeben, die aussagen, daß ein Term ein Individuum bzw. eine Klasse bezeichnet.

Daß X ein Individuum bezeichnet, können wir so ausdrücken:

$$X \in \mathcal{V}.$$

Daß X eine Klasse bezeichnet, können wir durch die in der folgenden Definition eingeführte Abkürzung ausdrücken:

$$Cls(X) \longleftrightarrow_{\mathrm{Df}} X = \{u \mid u \in X\}.$$

Dabei sei u eine universelle Variable, die in dem Term X nicht frei vorkommt.

Es sei darauf hingewiesen, daß eine Klasse durchaus zugleich auch ein Individuum sein kann. Wir kommen in § 19 darauf zurück.

Aufgaben:

1. Man schreibe die folgenden Abkürzungen von Ausdrücken unverkürzt:

(a) $x_0 \leqslant x_1$ (in L_{AR}),

(b) $\forall x_0 x_1 \, (x_0 \leqslant x_1 \vee x_1 \leqslant x_0)$ (in L_{AR}),

(c) $x_0 + x_1$ (in L_{AGR}),

(d) $\forall x_0 x_1 \, (x_0 + x_1 = x_1 + x_0)$ (in L_{AGR}),

(e) $x_0 \leqslant x_1 \longleftrightarrow \exists x_2 \, x_0 + x_2^2 = x_1$ (in L_{AR}),

(f) $(\forall v_0 \in G)(\forall v_1 \in G)(v_0 \leqslant v_1 \leqslant v_0 \longrightarrow v_0 = v_1)$ (in L_O),

(g) $\bigwedge_{0 \leqslant \nu < 3} \phi_\nu \longrightarrow \bigvee_{0 \leqslant \nu < 2} \psi_\nu \,.\!\longleftrightarrow\!. \bigvee_{\substack{0 \leqslant \nu < 3 \\ 0 \leqslant \mu < 2}} (\phi_\nu \longrightarrow \psi_\mu)$.

2. Man kürze geeignet ab:

(a) den Ausdruck aus Aufgabe 1g von § 3,

(b) den Ausdruck aus Aufgabe 1 h von § 3,

(c) den Ausdruck aus Aufgabe 1 i von § 3,

(d) den Ausdruck aus Aufgabe 1 j von § 3,

(e) den Ausdruck aus Aufgabe 1 m von § 3,

(f) $((\neg\, ((\phi_0 \wedge \phi_1) \wedge \phi_2) \wedge \phi_3) \vee \psi) \longleftrightarrow ((((\phi_0 \wedge \phi_1) \wedge \phi_2) \wedge \phi_3) \longrightarrow \psi))$.

3. Für die Ausdrücke aus Aufgabe 1 von § 3 gebe man jeweils die freien und die gebundenen Variablen an.

§ 5. Formalisierungen

Im letzten Paragraphen sind viele Definitionen und Konventionen eingeführt worden. Es sind jetzt dringend Beispiele nötig.

Wir geben sie zugleich als Beispiele für Formalisierungen.

Eine Formalisierung stellt eine Korrespondenz zwischen Ausdrücken der Umgangssprache und Ausdrücken einer formalen Sprache her.

Als *Basis der Formalisierung* dient dabei eine *Interpretation* der formalen Sprache, die die nichtlogischen Grundbegriffe in die Metasprache übersetzt, d.h. ihre Bedeutung angibt. Dann kann man Ausdrücke einer formalen Sprache, die mit diesen Grundbegriffen aufgebaut sind, unter Berücksichtigung der Bedeutung der logischen Konstanten in Ausdrücke der Umgangssprache übersetzen.

Den umgangssprachlichen Ausdruck bezeichnen wir als *Verbalisierung* des formalen Ausdrucks, diesen als *Formalisierung* des umgangssprachlichen Ausdrucks.

Bei einer Formalisierungsaufgabe ist gewöhnlich ein umgangssprachlicher Text gegeben. Die Formalisierung des Textes erfordert dann:

(a) *Die Angabe einer formalen Sprache,*
(b) *die Angabe einer Interpretation dieser formalen Sprache,*
(c) *die Angabe eines formalisierten Textes, als dessen Übersetzungsresultat (aus der formalen Sprache auf der Basis der gegebenen Interpretation) der gegebene Text herauskommt.*

Die Formalisierung eines metasprachlichen Ausdrucks ist allerdings nicht eindeutig bestimmt, selbst wenn (a), (b) fixiert sind. So kann man die Aussage:

Keine Frau ist bislang auf dem Mond gelandet

sowohl durch

$$\neg \exists v_0^M (v_0^M \in ♀ \wedge \exists v_0^Z (v_0^Z \leqslant \mathit{jetzt} \wedge \langle v_0^M, v_0^Z, \mathit{Mond} \rangle \in \mathit{landen\ auf}))$$

als auch durch

$$\forall v_0^M (v_0^M \in ♀ \longrightarrow \forall v_0^Z (v_0^Z \leqslant \mathit{jetzt} \longrightarrow \langle v_0^M, v_0^Z, \mathit{Mond} \rangle \notin \mathit{landen\ auf}))$$

formalisieren. Dabei wurde eine Erweiterung unserer Sprache L_{VW} durch die neuen Konstanten *Mond*, *landen auf* benutzt, deren Interpretation sich von selbst versteht.

Auch umgehrt bieten sich für die Verbalisierung eines formalen Ausdrucks gewöhnlich viele Möglichkeiten an.

Wir verlangen, daß Formalisierungen und Verbalisierungen *möglichst natürlich* sein sollen. Was das allerdings genau heißt, kann man heute noch nicht sagen. Die Beziehungen zwischen formalen und natürlichen Sprachen sind also nicht restlos geklärt. Man muß mit etwas gutem Willen an umgangssprachlichen Aussagen herangehen und sich fragen: „Was ist gemeint?" Doch genügt für uns die Genauigkeitsstufe, die man durch praktische Übung gewinnen kann.

Nachfolgend sind deshalb einige Formalisierungen und Verbalisierungen gegeben. Wir reden dabei nur von Formalisierungen, da das

Hauptinteresse bei der formalen Sprache liegt. Für sie wollen wir die Sprachkompetenzen erwerben, die für die natürlichen Sprachen bereits vorhanden ist.

Wir bleiben dabei in unseren permanenten Beispielen. Die formalen Sprachen sind also schon angegeben. In Beispiel A (arithmetische Sprache) und Beispiel C (Verwandtschaftssprache) ist auch klar, welche Interpretation jeweils zugrundzulegen ist. Wir nennen diese Interpretationen die *Standardinterpretationen*:

$$\mathfrak{J}_{St}.$$

Um mitzuteilen, daß eine Aussage ϕ (von L_{AR} oder L_{VW}) in $\mathfrak{J}_{St}$ wahr ist, schreiben wir:

$$\models_{\mathfrak{J}_{St}} \phi \text{ oder kürzer } \models_{St} \phi .$$

Generell führen wir folgende Bezeichnung ein.

$\mathfrak{J}$ sei Interpretation und ϕ Aussage einer formalen Sprache L. dann bedeute:

$$\models_{\mathfrak{J}} \phi \text{ oder } \mathfrak{J} \models \phi ,$$

daß ϕ in der Interpretation $\mathfrak{J}$ *wahr* ist.

(a) Formalisierungen im Bereich der Zahlen

Als formale Sprache nehmen wir L_{AR} oder Teilsprachen davon.

Als Interpretation nehmen wir die Standardinterpretation $\mathfrak{J}_{St}$.

Bekanntlich gibt es genau eine natürliche Zahl, die, zu einer beliebigen natürlichen Zahl addiert, diese nicht ändert. Formalisiert:

(1) $$\models_{St} \overset{1}{\exists}\, n_0\, \forall\, n_1 (n_1 + n_0 = n_1).$$

Hierauf gründet sich die Definition der *Null*

(2) $$0 =_{\mathrm{Df}} \iota\, n_0\, \forall\, n_1 (n_1 + n_0 = n_1).$$

Übrigens ist 0 nicht nur *neutrales Element der Addition* der natürlichen Zahlen, sondern auch für alle anderen Zahlen, insbesondere komplexe Zahlen:

(3) $$\models_{St} \forall z_0 (z_0 + 0 = z_0).$$

Für die Multiplikation gilt dasselbe, was oben für die Addition gesagt wurde:

(4) $\models_{St} \overset{1}{\exists} n_0 \forall n_1(n_1 \cdot n_0 = n_1)$.

Hierauf gründet sich die Definition der *Eins*

(5) $1 =_{\text{Df}} \iota n_0 \forall n_1(n_1 \cdot n_0 = n_1)$.

1 ist dann *neutrales Element der Multiplikation* für alle Zahlenbereiche.

(6) $\models_{St} \forall z_0(z_0 \cdot 1 = z_0)$.

Die konstanten Terme 0, 1 von L_{AR} bedeuten in der Standardinterpretation natürlich die Zahlen Null und Eins. Auch alle anderen natürlichen Zahlen können durch konstante Terme von L_{AR} benannt werden. Wir setzen

$$2 =_{\text{Df}} (1 + 1)\,,$$
$$3 =_{\text{Df}} (2 + 1)\,,$$
$$4 =_{\text{Df}} (3 + 1)$$

usw.

Alle Dezimaldarstellungen von Zahlen können wir so als Abkürzungen für konstante Terme von L_{AR} ansehen. Der Term 3 von L_{AR} ist also Abkürzung für $((1 + 1) + 1)$ (etwas ausführlicher geschrieben: $\iota v_0 \langle \iota v_0 \langle 1, 1, v_0 \rangle \in +\,, 1, v_0 \rangle \in +$). Und dieser Term hat die Zahl Drei als Bedeutung (in $\mathfrak{I}_{St}$).

Wir wollen jetzt die *Inklusionsbeziehung* definieren. Dieser Begriff hat eine allgemeine Bedeutung und ist nicht auf unsere Sprache L_{AR} beschränkt. Wir werden ihn im Rahmen der Klassenalgebra noch einmal systematisch untersuchen müssen.

(7) **Def.:** *X, Y seien Terme und u eine universelle, nicht in X, Y frei vorkommende Variable. Dann sei:*

$$X \subseteq Y \longleftrightarrow_{\text{Df}} Cls\,(X) \wedge \forall u\,(u \in X \rightarrow u \in Y).$$

Man lese die Formel $X \subseteq Y$ als: *X ist Teilklasse von Y* oder *X sub Y*. Man schreibt auch

(8) $Y \supseteq X \longleftrightarrow_{\text{Df}} X \subseteq Y$

und sagt, Y sei *Oberklasse* von X. Ferner setzt man:

(9) $X \underset{\neq}{\supset} Y \longleftrightarrow_{\text{Df}} X \subseteq Y \wedge X \neq Y\,,$

$Y \underset{\neq}{\supset} X \longleftrightarrow_{\text{Df}} X \underset{\neq}{\subset} Y$

und sagt, X sei *echte Teilklasse* von Y und Y sei *echte Oberklasse* von X.

Für die in (7), (8), (9) eingeführten Inklusionsrelationen verwendet man auch die fortlaufende Schreibweise, also z.B.:

(10) $X \subseteq Y \subseteq Z \longleftrightarrow_{\mathrm{Df}} X \subseteq Y \wedge Y \subseteq Z.$

Speziell für Zahlen gilt die folgende Kette von echten Inklusionen.

(11) $\models_{St} \mathbb{N} \underset{\neq}{\subseteq} \mathbb{Z} \underset{\neq}{\subseteq} \mathbb{Q} \underset{\neq}{\subseteq} \mathbb{R} \underset{\neq}{\subseteq} \mathbb{C}.$

Die *Addition* ist eine zweistellige Verknüpfung komplexer Zahlen. Zweistellige Funktionen werden bei uns besondere dreistellige Relationen, also Klassen von Tripeln, sein.

Wir formalisieren also zunächst die Aussage, daß + eine dreistellige Relation auf $\mathbb{C}$ ist, d.h., jedes Element von + ist ein Tripel komplexer Zahlen:

(12) $\models_{St} \forall v_0 (v_0 \in + \longrightarrow \exists z_0 z_1 z_2 (v_0 = \langle z_0, z_1, z_2 \rangle)).$

Man beachte, daß darin v_0 eine universelle und z_0, z_1, z_2 komplexe Variablen sind.

Diese dreistellige Relation + ist sogar eine Funktion, d.h., die dritte Koordinate jedes solchen Tripels ist durch die beiden ersten Koordinaten eindeutig bestimmt. Ferner ist diese Funktion für alle Paare komplexer Zahlen definiert, d.h., zu je zwei ersten Koordinaten gibt es eine – und also auch genau eine – dritte Koordinate, die zu den beiden ersten in der Relation + steht. Formal läßt sich das kurz so ausdrücken:

(13) $\models_{St} \forall z_0 z_1 \overset{1}{\exists} z_2 \langle z_0, z_1, z_2 \rangle \in + .$

Für (12), (13) zusammen schreibt man auch kurz

(14) $\models_{St} +: \mathbb{C} \times \mathbb{C} \rightarrow \mathbb{C},$

gelesen: + ist Abbildung von $\mathbb{C}$ kreuz $\mathbb{C}$ in $\mathbb{C}$.

Allgemein führt man folgende Redeweisen ein, wobei $u, w_1^{s_1}, \ldots, w_n^{s_n}$ verschiedene Variablen seien, u nicht frei in X:

(15) $X \subseteq \mathcal{V}^{s_1} \times \ldots \times \mathcal{V}^{s_n} \longleftrightarrow_{\mathrm{Df}} Cls\,(X) \wedge \forall u (u \in X \longrightarrow$
$\exists w_1^{s_1} \ldots w_n^{s_n} (u = \langle w_1^{s_1}, \ldots, w_n^{s_n} \rangle)).$

Man lese das als: *X ist eine Relation auf $\mathcal{V}^{s_1}, \ldots, \mathcal{V}^{s_n}$* oder, wenn

$s_1 = \ldots = s_n = s$ ist, als: *X ist n-stellige Relation auf* $\mathcal{V}^s$. In (12) ist $n = 3, s_1 = s_2 = s_3 = \mathbb{C}$ (als Sortenindex), und X ist die Konstante +.

Ferner definiert man

(16) $$X: \mathcal{V}^{s_1} \times \ldots \times \mathcal{V}^{s_n} \to \mathcal{V}^s \longleftrightarrow_{\mathrm{Df}} X \subseteq \mathcal{V}^{s_1} \times \ldots \times \mathcal{V}^{s_n} \times \mathcal{V}^s$$
$$\wedge \; \forall \, w_1^{s_1} \ldots w_n^{s_n} \overset{1}{\exists} \, w^s \left(\langle w_1^{s_1}, \ldots, w_n^{s_n}, w^s \rangle \in X \right).$$

Dabei seien $w_1^{s_1}, \ldots, w_n^{s_n}, w^s$ verschiedene Variablen, die nicht frei in X seien.

Man lese das als: *X ist Abbildung von* $\mathcal{V}^{s_1}, \ldots, \mathcal{V}^{s_n}$ *in* $\mathcal{V}^s$. Wenn $s_1 = s_2 = \ldots = s_n = s$ ist, so sagt man auch, *X sei n-stellige Verknüpfung auf* $\mathcal{V}^s$. (14) sagt also aus, daß + eine zweistellige Verknüpfung auf $\mathbb{C}$ ist.

Wir werden (15) und (16) im Rahmen der allgemeinen Behandlung von Relationen und Funktionen noch genauer zu betrachten haben. Für die Zwecke der Beispiele genügt diese vergleichsweise noch spezielle Form. Wir haben in (15) und (16) $\mathcal{V}^{s_1} \times \ldots \times \mathcal{V}^{s_n}$ nicht als selbständigen Term eingeführt. Das kommt erst viel später.

Die *Multiplikation* ist ebenfalls eine zweistellige Verknüpfung auf $\mathbb{C}$.

(17) $$\models_{St} \cdot : \mathbb{C} \times \mathbb{C} \to \mathbb{C}.$$

(Der erste der Punkte ist der Malpunkt, nichtlogische Konstante.) Dabei sind auch $\mathbb{N}, \mathbb{Z}, \mathbb{Q}, \mathbb{R}$ gegen Summen und Produkte abgeschlossen, formalisiert:

(18) $$\models_{St} \forall \, x_0 x_1 (x_0 + x_1 \in \mathbb{R}), \models_{St} \forall \, x_0 x_1 (x_0 \cdot x_1 \in \mathbb{R}),$$
$$\models_{St} \forall \, r_0 r_1 \, (r_0 + r_1 \in \mathbb{Q}), \models_{St} \forall \, r_0 r_1 \, (r_0 \cdot r_1 \in \mathbb{Q}),$$
$$\models_{St} \forall \, i_0 i_1 \, (i_0 + i_1 \in \mathbb{Z}), \models_{St} \forall \, i_0 i_1 (i_0 \cdot i_1 \in \mathbb{Z}),$$
$$\models_{St} \forall \, n_0 n_1 (n_0 + n_1 \in \mathbb{N}), \models_{St} \forall \, n_0 n_1 (n_0 \cdot n_1 \in \mathbb{N}),$$

Die Verknüpfungen sind *kommutativ*:

(19) $$\models_{St} \forall \, z_0 z_1 (z_0 + z_1 = z_1 + z_0), \models_{St} \forall \, z_0 z_1 (z_0 \cdot z_1 = z_1 \cdot z_0),$$

und *assoziativ*:

(20) $$\models_{St} \forall \, z_0 z_1 z_2 (z_0 + z_1) + z_2 ,= z_0 + (z_1 + z_2)$$
$$\models_{St} \forall \, z_0 z_1 z_2 \, (z_0 \cdot z_1) \cdot z_2 = z_0 \cdot (z_1 \cdot z_2).$$

Wegen (19), (20) schreibt man in iterierten Summen und iterierten

Produkten meist gar keine Klammern und stellt auch die Reihenfolge der Summanden bzw. der Faktoren nach Belieben um. Das sind alles (auf der Basis von $\mathfrak{J}_{St}$) identische Umformungen.

Es gilt ein *distributives Gesetz* (· in +):

(21) $\models_{St} \forall z_0 z_1 z_2 (z_0 \cdot (z_1 + z_2) = z_0 \cdot z_1 + z_0 \cdot z_2).$

Wir haben in (21) die für L_{AR} besprochene Klammerersparungskonvention verwendet.

Wir kommen zur Subtraktion. Die Gleichung $z_0 + z_1 = 0$ ist für jedes z_0 eindeutig nach z_1 auflösbar. Formalisiert:

(22) $\models_{St} \forall z_0 \overset{1}{\exists} z_1 (z_0 + z_1 = 0).$

Das ist die Basis der Definition der *Negativbildung:*

(23) $-X =_{\mathrm{Df}} \iota z(X + z = 0).$ (z nicht frei in X).

Man setzt:

(24) $Y - X =_{\mathrm{Df}} Y + (-X)$ (*Differenz*)

Dann gilt:

(25) $\models_{St} \forall z_0 (z_0 - z_0 = 0).$

Die Bereiche $\mathbb{Z}$, $\mathbb{Q}$, $\mathbb{R}$, $\mathbb{C}$ sind gegen Negativbildung abgeschlossen:

(26) $\models_{St} \forall z_0 (-z_0 \in \mathbb{C}),\ \models_{St} \forall x_0 (-x_0 \in \mathbb{R}),$

$\models_{St} \forall r_0 (-r_0 \in \mathbb{Q}),\ \models_{St} \forall i_0 (-i_0 \in \mathbb{Z}),$

Aber $\mathbb{N}$ ist nicht gegen Negativbildung abgeschlossen:

(27) $\models_{St} \exists n_0 (-n_0 \notin \mathbb{N})$, z.B. $\models_{St} 1 \in \mathbb{N} \wedge -1 \notin \mathbb{N}.$

Jedoch sind die Negativen natürlicher Zahlen ganze Zahlen und damit auch alle Differenzen von natürlichen Zahlen ganz. Und so läß sich jede ganze Zahl darstellen.

(28) $\models_{St} \forall n_0 (-n_0 \in \mathbb{Z}),\ \models_{St} \forall i_0 \exists n_0 n_1 (i_0 = n_0 - n_1).$

Analoges wie für Addition und Negativenbildung gilt für Multiplikation und Inversenbildung.

(29) $\models_{St} \forall z_0 (z_0 \neq 0 \rightarrow \overset{1}{\exists} z_1 (z_0 \cdot z_1 = 1)).$

Dieser Satz ist Grundlage der Definition der *Inversen*

(30) $X^{-1} =_{\mathrm{Df}} \iota z(X \cdot z = 1)$ (z nicht frei in X)

und der *Quotienten:*

(31) $\dfrac{Y}{X} =_{\mathrm{Df}} Y \cdot X^{-1}$.

Man wird vielleicht fragen, was denn 0^{-1} ist. In der Tat ist dann die Kennzeichnung uneigentlich, denn es gilt:

(32) $\models_{St} \neg \exists z_1 (0 \cdot z_1 = 1)$.

Wir sagten, daß eine uneigentliche Kennzeichnung das Ersatzobjekt, den Joker, bezeichnen soll. Somit gilt also:

(33) $\models_{St} 0^{-1} = \underline{\perp}$.

Viele werden damit die Frage noch nicht beantwortet finden. Was ist denn $\underline{\perp}$?

Das kann jeder nach Belieben festsetzen, da es auf den Wert des Terms $\underline{\perp}$ in „vernünftigen Kontexten" gar nicht ankommt. Wenn man wollte, so könnte man den Joker mit Null identifizieren. Dann würde gelten:

(34) $\models_{St} 0^{-1} = 0$.

Man kann aus dieser Gleichung, die nur dafür sorgt, daß der Term 0^{-1} sinnvoll ist (in unseren Sprachen gibt es keine undefinierten Terme), allerdings nicht viel deduzieren, insbesondere kann man daraus nicht $0 \cdot 0^{-1} = 1$ schließen, denn es gilt nur:

(35) $\models_{St} \forall z_0 (z_0 \neq 0 \rightarrow z_0 \cdot z_0^{-1} = 1)$.

Wir werden allerdings später eine von (34) abweichende Festlegung des Jokers vorschlagen (§ 19).

Die Bereiche $\mathbb{Q}$, $\mathbb{R}$, $\mathbb{C}$ sind (abgesehen von 0) gegen Inversenbildung abgeschlossen:

(36) $\models_{St} \forall z_0 \; (z_0 \neq 0 \rightarrow z_0^{-1} \in \mathbb{C})$,

$\models_{St} \forall x_0 \; (x_0 \neq 0 \rightarrow x_0^{-1} \in \mathbb{R})$,

$\models_{St} \forall r_0 \; (r_0 \neq 0 \rightarrow x_0^{-1} \in \mathbb{Q})$,

Aber $\mathbb{Z}$, $\mathbb{N}$ sind nicht gegen Inversenbildung abgeschlossen:

(37) $\models_{St} \exists n_0 \, (n_0 \neq 0 \wedge n^{-1} \notin \mathbb{Z})$, z.B. $\models_{St} 2 \in \mathbb{N} \wedge 2 \neq 0 \wedge 2^{-1} \notin \mathbb{Z}$.

Jedoch sind die Inversen von Null verschiedener ganzer Zahlen rational und damit auch die Quotienten ganzer Zahlen. Und so läßt sich jede rationale Zahl darstellen.

(38) $$\models_{St} \forall i_0 i_1 \, (i_0 \neq 0 \rightarrow \frac{i_1}{i_0} \in \mathbb{Q}),$$

$$\models_{St} \forall r_0 \, \exists i_0 \, i_1 \, (i_0 \neq 0 \wedge r_0 = \frac{i_1}{i_0}).$$

Der Zusammenhang zwischen $\mathbb{Q}$ und $\mathbb{R}$ ist komplizierter, der Zusammenhang zwischen $\mathbb{R}$ und $\mathbb{C}$ aber wieder einfach, wenn die Konstante i zur Verfügung steht. Mit den hier angegebenen Mitteln läßt sich aber i nicht definieren, da jede in L_{AR} formulierbare Eigenschaft, die auf i zutrifft, auch auf $-$i zutrifft.

Das einfachste ist es, die Sprache L_{AR} um eine weitere Konstante, den Buchstaben i, zu erweitern, die in $\mathfrak{J}_{St}$ durch die komplexe Zahl i interpretiert wird. Dann gelten für i folgende Sätze.

(39) $$\models_{St} \mathrm{i} \in \mathbb{C} \wedge \mathrm{i} \notin \mathbb{R} \wedge \mathrm{i}^2 = -1.$$

Ferner ist jede komplexe Zahl in der bekannten Weise durch Realteil und Imaginärteil darstellbar.

(40) $$\models_{St} \forall z_0 \, \exists x_0 x_1 \, (z_0 = x_0 + \mathrm{i} \cdot x_1).$$

Dabei sind x_0, x_1 eindeutig bestimmt, man könnte mit dem Jotaoperator dafür wieder besondere Bezeichnungen einführen. Das sind natürlich die Bezeichnungen für *Realteil* und *Imaginärteil*:

(41) $$\mathrm{Re}\,(X) =_{\mathrm{Df}} \iota x \, \exists y \, (X = x + \mathrm{i} \cdot y).$$

$$\mathrm{Im}\,(X) =_{\mathrm{Df}} \iota y \, \exists x \, (X = x + \mathrm{i} \cdot y).$$

Dabei seien x, y verschiedene reelle Variablen, die in dem Term X nicht frei vorkommen mögen.

Für natürliche Zahlen gelten folgende Sätze:

(42) $$\models_{St} 0, 1 \in \mathbb{N}, \quad \models_{St} \forall n_0 (n_0 + 1 \in \mathbb{N}).$$

Axiome über den Nachfolger:

(43) $$\models_{St} \forall n_0 (n_0 + 1 \neq 0), \quad \models_{St} \forall n_0 n_1 \, (n_0 + 1 = n_1 + 1 \rightarrow n_0 = n_1$$

Rekursionsgleichungen für Addition und Multiplikation:

(44) $\models_{St} \forall n_0 (n_0 + 0 = n_0)$, $\models_{St} \forall n_0 n_1 (n_0 + (n_1 + 1) = (n_0 + n_1) + 1)$,

$\models_{St} \forall n_0 (n_0 \cdot 0 = 0)$, $\models_{St} \forall n_0 n_1 (n_0 \cdot (n_1 + 1) = n_0 \cdot n_1 + n_0)$.

Induktionsschema:

(45) $\models_{St} \forall \ldots (0 \in X \wedge \forall n\, (n \in X \rightarrow n + 1 \in X) \rightarrow \forall n\; n \in X)$.

(Dabei sei n nicht frei in X.)

Diese Aussagen könnte man als Axiome einer axiomatischen Arithmetik der natürlichen Zahlen nehmen.

Die natürlichen Zahlen sind wohlgeordnet, d.h., jede nichtleere Menge von natürlichen Zahlen enthält eine kleinste Zahl. Diese ist eindeutig bestimmt und kann mit einem besondern Namen versehen werden. Es hat sich dafür der μ-Operator eingebürgert.

(46) $\mu n \phi(n) =_{\mathrm{Df}} \iota n\, (\phi(n) \wedge \forall m\, (\phi(m) \rightarrow n \leqslant m))$.

Dabei seien n, m verschiedene Variablen für natürliche Zahlen. Man lese $\mu n \varphi(n)$ als: *das kleinste* n *mit* $\varphi(n)$.

Anders als beim Jotaoperator braucht beim μ-Operator im eigentlichen Fall ϕ nicht nur auf *genau* ein Ding zuzutreffen. Es genügt, wenn ϕ auf *wenigstens* ein Ding zutrifft. Dann ist $\mu n \phi$ das kleinste solche n. D.h., es gilt

(47) $\models_{St} \exists n\, \phi(n) \rightarrow \phi(\mu n\, \phi(n)) \wedge \forall m\, (\phi(m) \rightarrow \mu n\, \phi(n) \leqslant m)$.

Wenn es allerdings kein n mit $\phi(n)$ gibt, so ist der μ-Operator uneigentlich. Dann kommt der Joker heraus.

(48) $\models_{St} \neg \exists n\, \phi(n) \rightarrow \mu n\, \phi(n) = \perp$

Wir geben zum Schluß noch einige Sätze über die *Kleiner-oder-gleich-Beziehung* an. Zunächst sei

(49) $X < Y \leftrightarrow_{\mathrm{Df}} X \leqslant Y \wedge X \neq Y$ (*kleiner*),

$X \geqslant Y \leftrightarrow_{\mathrm{Df}} Y \leqslant X$ (*größer oder gleich*),

$X > Y \leftrightarrow_{\mathrm{Df}} Y < X$ (*größer*)

Die Ordnungsrelation ist nur auf $\mathbb{R}$ erklärt:

(50) $\models_{St} \leqslant \subseteq \mathbb{R} \times \mathbb{R}.$

Sie erfüllt dort folgende Gesetze:

(51) $\models_{St} \forall x_0(x_0 \leqslant x_0)$ (*Reflexivität*),

$\models_{St} \forall x_0 x_1 x_2 \,(x_0 \leqslant x_1 \leqslant x_2 \longrightarrow x_0 \leqslant x_2$ (*Transitivität*),

$\models_{St} \forall x_0 x_1 \,(x_0 \leqslant x_1 \leqslant x_0 \longrightarrow x_0 = x_1)$ (*Antisymmetrie oder Identitivität*)

$\models_{St} \forall x_0 x_1 \,(x_0 \leqslant x_1 \vee x_1 \leqslant x_0)$ (*Konnexität*)

Die Monotoniegesetze verbinden die Ordnungsrelation mit den Verknüpfungen.

(52) $\models_{St} \forall x_0 x_1 x_2 \,(x_0 \leqslant x_1 \longrightarrow x_0 + x_2 \leqslant x_1 + x_2),$

$\models_{St} \forall x_0 x_1 \quad (0 \leqslant x_1 \wedge 0 \leqslant x_2 \longrightarrow 0 \leqslant x_1 \cdot x_2).$

Ferner gilt:

(53) $\models_{St} 0 < 1\,.$

Wir haben hier nur Sätze konstatiert und nichts bewiesen. Das geschieht an anderer Stelle in der Mathematik.

Der Zweck dieses Abschnittes war es, ein Gefühl dafür zu vermitteln, was man in den formalen Sprachen ausdrücken kann und wie die Ausdrücke der formalen Sprachen aussehen.

(b) Formalisierung algebraischer Begriffe

Wir legen jetzt die Sprache L_{ORI} und Teilsprachen davon zugrunde. Freilich haben wir noch nichts über die Interpretation dieser Sprachen gesagt. Man hat in der Mathematik viele verschiedenartige Interpretationen dieser Sprachen, die im Grunde mit mathematischen Strukturen wie Gruppen, Ringen, Körpern usw. gleichgesetzt werden können.

Wir brauchen uns beim Formalisieren aber zunächst gar nicht darum zu kümmern. Die interessierenden Interpretationen werden nämlich erst nachträglich bestimmt, und zwar dadurch, daß gewisse Aussagen, die man in dem Zusammenhang auch als *Axiome* bezeichnet, wahr sein sollen. Eine Gruppe ist eine Struktur, in der die Gruppenaxiome wahr sind, ein Körper eine Struktur, in der die Körperaxiome wahr sind usw.

Uns geht es hier nur um eine Formalisierung solcher Axiome. Die Axiome werden häufig in einer halbformalen Schreibweise angegeben (die man als Verbalisierung unserer Formalisierungen ansehen könnte), die wir hier gar nicht mehr notieren wollen.

Viele algebraische Begriffe entstehen durch Abstraktion von speziellen Strukturen, namentlich Zahlbereichen. Aussagen, die für diese speziellen Bereiche wahr sind, werden als Axiome genommen. Viele der folgenden Axiome sind uns deshalb (in analoger Form in L_{AR} formuliert) im vorigen Abschnitt schon begegnet.

Die Zahlbereiche bestimmen Interpretationen von L_{ORI}, die wir auch als Standardinterpretationen bezeichnen. Und zwar haben wir die Standardinterpretation $\mathfrak{J}_{\mathbb{N}}$ über $\mathbb{N}$, d.h.

(1)
$$G \mathrel{\hat{=}} \mathbb{N},$$
$$+ \mathrel{\hat{=}} \textit{Addition natürlicher Zahlen},$$
$$\cdot \mathrel{\hat{=}} \textit{Multiplikation natürlicher Zahlen},$$
$$\leqslant \mathrel{\hat{=}} \textit{Ordnungsrelation natürlicher Zahlen.}$$

Rechts vom Entsprechungszeichen $\hat{=}$, das wir zur Mitteilung von Interpretationen benutzen, sind Angaben der Metasprache gemeint, links stehen Ausdrücke der Objektsprache.

Ebenso haben wir

(1′)
$$\mathfrak{J}_{\mathbb{Z}} \ (\textit{Standardinterpretation von } L_{ORI} \textit{ über } \mathbb{Z}),$$
$$\mathfrak{J}_{\mathbb{Q}} \ (\textit{Standardinterpretation von } L_{ORI} \textit{ über } \mathbb{Q}),$$
$$\mathfrak{J}_{\mathbb{R}} \ (\textit{Standardinterpretation von } L_{ORI} \textit{ über } \mathbb{R}),$$
$$\mathfrak{J}_{\mathbb{C}} \ (\textit{Standardinterpretation von } L_{ORI} \textit{ über } \mathbb{C}).$$

Bei Teilsprachen von L_{ORI} benutzen wir dieselben Bezeichnungen.

Es sei aber darauf hingewiesen, daß neben diesen Interpretationen noch viele andere für die Algebra interessant sind.

Als Beispiel geben wir hier eine solche Interpretation für L_{RI} an. Sei $\mathbb{Z}_m$ die Menge aller natürlichen Zahlen, die kleiner als m sind. Es ist also $\mathbb{Z}_m = \{0, 1, \ldots, m-1\}$, insbesondere ist $\mathbb{Z}_0$ leer. Für $m > 0$ definieren wir die Addition $+_m$ und die Multiplikation $\cdot_m$ modulo m: Man rechnet zunächst wie in $\mathbb{N}$ und reduziert dann modulo m, d. h., man teilt mit Rest durch m und nimmt den Rest (der in $\mathbb{Z}_m$ liegt) als Verknüpfungsresultat. Einige Beispiele werden das verdeutlichen:

$$3 +_6 3 = 0, \text{ denn } 3 + 3 = 6 \text{ und } 6 = 1 \cdot 6 + 0,$$
$$3 +_6 4 = 1, \text{ denn } 3 + 4 = 7 \text{ und } 7 = 1 \cdot 6 + 1,$$
$$3 \cdot_6 3 = 3, \text{ denn } 3 \cdot 3 = 9 \text{ und } 9 = 1 \cdot 6 + 3,$$
$$3 \cdot_6 4 = 0, \text{ denn } 3 \cdot 4 = 12 \text{ und } 12 = 2 \cdot 6 + 0.$$

Die Interpretation $\mathfrak{J}_{\text{mod } m}$ von L_{RI} sieht dann so aus:

$$G \triangleq \mathbb{Z}_m,$$
$$(2) \qquad + \triangleq +_m,$$
$$\cdot \triangleq \cdot_m .$$

Diese Interpretation heißt *Restklassenring modulo* $m\,(m \geqslant 1)$.

Wir wollen einige in der Algebra auftretende Axiome angeben. Die Axiome lassen sich oft auf natürliche Weise in zwei Gruppen teilen. Durch *Rahmenaxiome* wird festgelegt, ob die nichtlogischen Konstanten als Individuenkonstanten, Relationskonstanten oder Funktionskonstanten fungieren sollen. Der Inhalt dieser Axiome wird in der Algebra oft rein verbal beschrieben (z.B. „Es sei eine Menge von Dingen mit einer zweistelligen Verknüpfung und einem ausgezeichneten Element gegeben"). Durch *eigentliche Axiome* werden dann diese Daten weiter spezifiziert. Die eigentlichen Axiome werden in der Algebra häufig formal oder halbformal gegeben.

Wir formulieren zunächst in der Sprache L_O ein Rahmenaxiom.

(3) *Rahmenaxiom:* $\leqslant \, \subseteq G \times G.$

Eine Interpretation $\mathfrak{J}$ von L_O, in der dieses Axiom wahr ist, besteht (neben einem universellen Bereich, um den wir uns nicht weiter kümmern) aus einem Bereich $G^{\mathfrak{J}}$ für die Sorte G und einer zweistelligen Relation $\leqslant^{\mathfrak{J}}$ auf $G^{\mathfrak{J}}$.

Eine solche Interpretation heißt *Halbordnung*, wenn die folgenden Axiome darin wahr sind.

Halbordnungsaxiome:

(4) *Reflexivität:* $\forall x_0\,(x_0 \leqslant x_0)$,

(5) *Transitivität:* $\forall x_0 x_1 x_2\,(x_0 \leqslant x_1 \leqslant x_2 \longrightarrow x_0 \leqslant x_2)$,

(6) *Antisymmetrie:* $\forall x_0 x_1\,(x_0 \leqslant x_1 \leqslant x_0 \longrightarrow x_0 = x_1)$.

Die Standardinterpretation $\mathfrak{J}_{\mathbb{N}}, \mathfrak{J}_{\mathbb{Z}}, \mathfrak{J}_{\mathbb{Q}}, \mathfrak{J}_{\mathbb{R}}$ von L_O sind Halbordnungen. $\mathfrak{J}_{\mathbb{C}}$ ist keine Halbordnung, weil die Reflexivität verletzt ist (beachte $\models_{St} \leqslant \subseteq \mathbb{R} \times \mathbb{R}$).

Eine weitere Interpretation $\mathfrak{J}_t$ wird durch die Teilbarkeitsbeziehung auf $\mathbb{N}$ geliefert:

(7) $G \triangleq \mathbb{N}$,

$\leqslant \triangleq \ldots$ *teilt* $\ldots$

(Dabei teilt jede Zahl 0, und 0 teilt nur sich selbst.)

Weitere Interpretationen wollen wir durch Graphen angeben.

Wir zeichnen einen *Punkthaufen* auf die Zeichenebene und verbinden einige Punkte durch nicht horizontal verlaufende Strecken (Kanten). Die Punkte des Punkthaufens bilden die Interpretation von G. Die Relation $\leqslant$ wird interpretiert durch die folgende Beziehung zwischen Punkten: *Die Punkte sind gleich oder können durch einen stets steigenden Kantenzug verbunden werden.*

Man überzeuge sich davon, daß eine solche Interpretation eine Halbordnung ist.

(8)

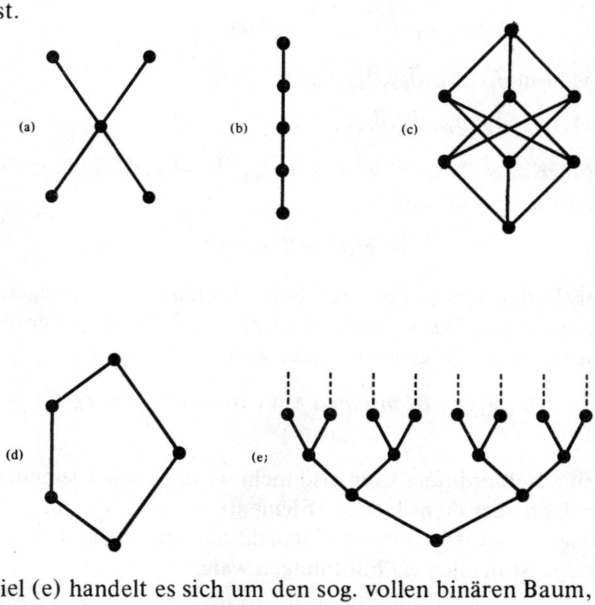

(Bei Beispiel (e) handelt es sich um den sog. vollen binären Baum, der an jedem Punkt zwei Verzweigungen nach oben hat.)

Wir beziehen uns auf diese Interpretation von L_O als $\mathfrak{I}_{8a}, \ldots, \mathfrak{I}_{8e}$. Wie bei Zahlen definiert man in L_O:

$$X < Y \longleftrightarrow_{Df} X \leqslant Y \wedge X \neq Y \qquad \textit{(kleiner)},$$

(9) $$Y \geqslant X \longleftrightarrow_{Df} X \leqslant Y \qquad \textit{(größer oder gleich)},$$

$$Y > X \longleftrightarrow_{Df} X < Y \qquad \textit{(größer)}.$$

Ferner definieren wir

$$X \textit{ ist kleinstes Element} \longleftrightarrow_{Df} \forall x\, X \leqslant x,$$

(10) $$X \textit{ ist größtes Element} \longleftrightarrow_{Df} \forall x\, x \leqslant X,$$

$$X \textit{ ist minimal} \longleftrightarrow_{Df} \neg \exists x\, x < X,$$

$$X \textit{ ist maximal} \longleftrightarrow_{Df} \neg \exists x\, X < x,$$

Dabei sei x eine nicht in dem Term X vorkommende Variable der Sorte G.

Die Aussage

(11) $$\exists x_0\, x_0 \textit{ ist kleinstes Element}$$

ist wahr in $\mathfrak{I}_{\mathbb{N}}, \mathfrak{I}_{8b}, \mathfrak{I}_{8c}, \mathfrak{I}_{8d}, \mathfrak{I}_{8e}, \mathfrak{I}_t$ und

falsch in $\mathfrak{I}_{\mathbb{Z}}, \mathfrak{I}_{\mathbb{Q}}, \mathfrak{I}_{\mathbb{R}}, \mathfrak{I}_{8a}$.

Ein größtes Element gibt es in $\mathfrak{I}_{8b}, \mathfrak{I}_{8c}, \mathfrak{I}_{8d}, \mathfrak{I}_t$, d. h., in diesen Interpretationen ist die Aussage

(12) $$\exists x_0\, x_0 \textit{ ist größtes Element}$$

wahr. In den anderen bis jetzt betrachteten Halbordnungen ist diese Aussage falsch. Das kleinste Element von $\mathfrak{I}_t$ ist 1, das größte 0.

In $\mathfrak{I}_{8a}$ ist die folgende Aussage wahr:

(13) $$\exists x_0 x_1 (x_0 \textit{ ist minimal} \wedge x_1 \textit{ ist minimal} \wedge x_0 \neq x_1).$$

Eine Halbordnung kann also mehrere minimale Elemente haben. Diese sind dann aber nicht kleinste Elemente.

Dagegen ist jedes kleinste Element auch minimal, d.h., die folgende Aussage ist in allen Halbordnungen wahr.

(14) $$\forall x_0 (x_0 \textit{ ist kleinstes Element} \longrightarrow x_0 \textit{ ist minimal}).$$

Daß eine Aussage in allen Halbordnungen wahr ist, ist gleichbedeutend damit, daß sie aus den Halbordnungsaxiomen *logisch folgt.* Zur Mitteilung der logischen Folgerungsbeziehungen benutzt man auch das Zeichen $\models$. Wenn Γ eine Menge von Aussagen und ϕ eine Aussage ist, so bedeute

(15) $\Gamma \models \phi$,

daß ϕ *aus* Γ *logisch folgt.*

Mit Ax_{HO} bezeichnen wir die Menge von Aussagen, die die Aussagen (3), (4), (5), (6) enthält. Dann können wir also auch sagen:

(16) $Ax_{HO} \models \forall x_0 (x_0 \textit{ kleinstes Element} \longrightarrow x_0 \textit{ minimal})$.

Wir sagen auch, daß die fragliche Aussage ein *Satz* oder ein *Theorem* der *Theorie der Halbordnung* ist.

Ein weiterer Satz besagt, daß es höchstens ein kleinstes Element gibt, formalisiert:

(17) $Ax_{HO} \models \forall x_0 x_1 (x_0 \textit{ ist kleinstes Element} \wedge x_1 \textit{ kleinstes Element} \longrightarrow x_0 = x_1)$.

Entsprechende Sätze gelten für maximale und größte Elemente.

Wir definieren jetzt die *Unvergleichbarkeitsrelation*:

(18) $X \parallel Y \longleftrightarrow_{\mathrm{Df}} \neg X \leqslant Y \wedge \neg Y \leqslant X$.

In $\mathfrak{J}_{8a}, \mathfrak{J}_{8c}, \mathfrak{J}_{8d}, \mathfrak{J}_{8e}$ ist die folgende Aussage wahr:

(19) $\exists x_0 x_1 \ (x_0 \parallel x_1)$.

Die Negation von (19) ist gleichbedeutend mit dem

(20) *Konnexitätsaxiom:* $\forall x_0 x_1 \ (x_0 \leqslant x_1 \vee x_1 \leqslant x_0)$.

Dieses Axiom gilt in $\mathfrak{J}_{\mathbb{N}}, \mathfrak{J}_{\mathbb{Z}}, \mathfrak{J}_{\mathbb{Q}}, \mathfrak{J}_{\mathbb{R}}, \mathfrak{J}_{8b}$.

Eine Halbordnung, in der das Axiom (20) wahr ist, heißt *Ordnung,* auch *lineare* oder *totale Ordnung.* Als Ax_O bezeichnen wir die Menge Ax_{HO}, vermehrt um die Aussage (20) (Ordnungsaxiome). Die Ordnungstheorie besteht aus allen Folgerungen aus Ax_O. Das sind gerade die Aussagen, die in allen Ordnungen wahr sind.

In Ordnungen gibt es keinen Unterschied zwischen minimalen und kleinsten Elementen:

(21) $Ax_O \models \forall x_0 \, (x_0 \textit{ minimal} \longleftrightarrow x_0 \textit{ kleinstes Element})$.

Ferner kann man die Negation von Ungleichungen in der folgenden Weise umformen:

(22) $Ax_O \models \forall x_0 x_1 (\neg\, x_0 \leqslant x_1 \longleftrightarrow x_1 < x_0)$.

Wir kommen jetzt zur Sprache L_{GR}.
Als Rahmenaxiom nehmen wir:

(23) *Rahmenaxiom:* $\cdot : G \times G \longrightarrow G$.

Die eigentlichen Axiome seien:

(24) *Assoziativitätsaxiom:* $\forall x_0 x_1 x_2 (x_0 \cdot (x_1 \cdot x_2) = (x_0 \cdot x_1) \cdot x_2)$.

(25) *Auflösbarkeitsaxiome* $\forall x_0 x_1 \; \exists x_2 \, (x_0 \cdot x_2 = x_1)$.
(26) *für Gleichungen* $\forall x_0 x_1 \; \exists x_2 \, (x_2 \cdot x_0 = x_1)$.

Als *Gruppenaxiome* Ax_{GR} bezeichnet man die Menge des Aussagen (23), (24), (25), (26), ihre Folgerungen bilden die Gruppen*theorie,* ihre Modelle, d.h. die Interpretationen, in denen sie wahr sind, die *Gruppen.*

Ein Satz der Gruppentheorie ist:

(27) $Ax_{GR} \models \overset{1}{\exists} x_0 \; \forall x_1 (x_0 \cdot x_1 = x_1 \cdot x_0 = x_1)$.

Deshalb kann man definieren

(28) $\underline{1} =_{\mathrm{Df}} \iota x_0 \; \forall x_1 (x_0 \cdot x_1 = x_1 \cdot x_0 = x_1)$(*neutrales Element*),

und es gilt dann:

(29) $Ax_{GR} \models \forall x_1 (\underline{1} \cdot x_1 = x_1 \cdot \underline{1} = x_1)$.

Wir haben $\underline{1}$ mit Unterstreichung geschrieben, um es von der Zahl 1 zu unterscheiden.

Ferner gilt in allen Gruppen:

(30) $Ax_{GR} \models \forall x_0 \; \overset{1}{\exists} x_1 (x_0 \cdot x_1 = x_1 \cdot x_0 = \underline{1})$.

Deshalb definiert man

(31) $X^{-1} =_{\mathrm{Df}} \iota x (X \cdot x = x \cdot X = \underline{1})$ (*Inverses von* X).

(Dabei sei x Variable der Sorte G, die nicht frei in x ist.)

Dann gilt:

(32) $Ax_{GR} \models \forall x_0(x_0 \cdot x_0^{-1} = x_0^{-1} \cdot x_0 = 1)$.

Eine kommutative oder abelsche Gruppe ist ein Gruppe, in der auch das folgende Axiom wahr ist:

(33) *Kommutativitätsaxiom:* $\forall x_0 x_1(x_0 \cdot x_1 = x_1 \cdot x_0)$.

Die Theorie der abelschen Gruppen wird oft in der Sprache L_{AGR} formuliert, in der + statt · vorkommt. Dort lauten die Axiome folgendermaßen.

(34) *Rahmenaxiom:* $+ : G \times G \longrightarrow G$.

Axiome für abelsche Gruppen:

(35) $\forall x_0 x_1 x_2 (x_0 + (x_1 + x_2) = (x_0 + x_1) + x_2)$,

(36) $\forall x_0 x_1(x_0 + x_1 = x_1 + x_0)$,

(37) $\forall x_0 x_1 \; \exists x_2(x_0 + x_2 = x_1)$,

Ferner schreibt man $\underline{0}$, $-$ für $\underline{1}$, $^{-1}$, also

(38) $\underline{0} =_{\text{Df}} \iota x_0 \; \forall x_1(x_0 + x_1 = x_1)$ (*neutrales Element, Nullelement*),

(39) $-X =_{\text{Df}} \iota x(X + x = \underline{0})$ (*Negatives von* X).

Wir kommen zur Sprache L_{RI}.

Als *Ringaxiome* Ax_{RI} bezeichnen wir die Menge, die die folgenden Aussagen enthält: die Rahmenaxiome (23), (34), die abelschen Gruppenaxiome (35), (36), (37), das Assoziativitätsaxiom (24) sowie die folgenden *distributiven Gesetze*:

(40) $\forall x_0 x_1 x_2(x_0 \cdot (x_1 + x_2) = x_0 \cdot x_1 + x_0 \cdot x_2)$,

(41) $\forall x_0 x_1 x_2((x_0 + x_1) \cdot x_2 = x_0 \cdot x_2 + x_1 \cdot x_2)$.

Die *Ringtheorie* enthält alle Folgerungen aus Ax_{RI}, die *Ringe* sind genau die Modelle von Ax_{RI}.

Spezielle Ringe erhält man durch Zusatzaxiome:
unitäre Ringe (d.h. Ringe mit Einselement), *nullteilerfreie Ringe, kommutative Ringe, Integritätsbereiche, Divisionsringe, Körper.*

In der Sprache L_{ORI} kann man die Theorie der *halbgeordneten* und *geordneten Ringe* formulieren. Zu den Ringaxiomen treten die Halbordnungsaxiome (bzw. Ordnungsaxiome) sowie die folgenden *Verträglichkeitsbedingungen*:

(42) $\forall x_0 x_1 x_2 \; (x_0 \leqslant x_1 \longrightarrow x_0 + x_2 \leqslant x_1 + x_2)$,

(43) $\forall x_0 x_1 x_2 \; (x_0 \leqslant x_1 \wedge \underline{0} \leqslant x_2 \longrightarrow x_0 \cdot x_2 \leqslant x_1 \cdot x_2 \wedge x_2 \cdot x_0 \leqslant x_2 \cdot x_1)$.

Die Zahlenbereiche $\mathfrak{J}_{\mathbb{Z}}, \mathfrak{J}_{\mathbb{Q}}, \mathfrak{J}_{\mathbb{R}}$ bilden übrigens Beispiele für geordnete Ringe, $\mathfrak{J}_{\mathbb{N}}$ ist kein Ring, sondern nur ein sog. *Halbring*.

In der Algebra stellt man solche und ähnliche Axiomensysteme auf und zieht aus ihnen logische Folgerungen.

Es geht uns hier nur darum, daß und wie wir solche Aussagen in unseren formalen Sprachen formulieren können. Einige Beweise werden in § 20 vorgeführt.

(c) Formalisierungen in der Sprache L_{VW}

Für L_{VW} legen wir die schon vorher erörterte Standardinterpretation zugrunde. Wir wollen einige Aussagen zusammenstellen, die man als Axiome einer entsprechenden Theorie nehmen könnte und die in der Standardinterpretation wahr sind.

Der Inhalt der folgenden *Rahmenaxiome* ist klar.

$$\models_{St} \; ♀ \subseteq \mathcal{V}^M,$$
$$\models_{St} \; Elt \subseteq \mathcal{V}^M \times \mathcal{V}^M,$$
(1) $$\models_{St} \; ⚭ \subseteq \mathcal{V}^M \times \mathcal{V}^M \times \mathcal{V}^Z,$$
$$\models_{St} \; Lebt \subseteq \mathcal{V}^M \times \mathcal{V}^Z,$$
$$\models_{St} \; \leqslant \; \subseteq \mathcal{V}^Z \times \mathcal{V}^Z.$$

Wir führen die Begriffe *männlich, Vater, Mutter* ein:

(2) $♂ =_{\mathrm{Df}} \{v_0^M \mid v_0^M \notin ♀\}$ (*Klasse der männlichen Menschen*).

(3) $Va =_{\mathrm{Df}} \{v_0 \mid \exists v_0^M v_1^M (v_0 = \langle v_0^M, v_1^M \rangle \wedge v_0^M \; Elt \; v_1^M \wedge v_1^M \in ♂)\}$
(die *hat-als-Vater-Relation*)

(4) $Mu =_{\mathrm{Df}} \{v_0 \mid \exists v_0^M v_1^M (v_0 = \langle v_0^M, v_1^M \rangle \wedge v_0^M \, Elt \, v_1^M \wedge v_1^M \in ♀)\}$
(die *hat-als-Mutter-Relation*)

Dann gilt, daß jeder Mensch entweder männlich oder weiblich ist:

(5) $\models_{St} \forall v_0^M ((v_0^M \in ♂ \vee v_0^M \in ♀) \wedge \neg (v_0^M \in ♂ \wedge v_0^M \in ♀))$.

Jeder Mensch hat genau einen Vater und genau eine Mutter. Diese beiden zweistelligen Relationen sind also sogar einstellige Funktionen.

(6) $\models_{St} Va \colon \mathcal{V}^M \longrightarrow \mathcal{V}^M, \models_{St} Mu \colon \mathcal{V}^M \longrightarrow \mathcal{V}^M$.

Jeder Vater ist männlich, und jede Mutter ist weiblich:

(7) $\models_{St} \forall v_0^M (v_0^M \multimap Va) \in ♂, \models_{St} \forall v_0^M (v_0^M \multimap Mu) \in ♀$

Für die Zeit schieben wir die Ordnungsaxiome ein:

(8)
$$\models_{St} \forall v_0^Z (v_0^Z \leqslant v_0^Z).$$
$$\models_{St} \forall v_0^Z v_0^Z v_2^Z (v_0^Z \leqslant v_1^Z \leqslant v_2^Z \longrightarrow v_0^Z \leqslant v_2^Z),$$
$$\models_{St} \forall v_0^Z v_1^Z (v_0^Z \leqslant v_1^Z \leqslant v_0^Z \longrightarrow v_0^Z = v_1^Z),$$
$$\models_{St} \forall v_0^Z v_1^Z (v_0^Z \leqslant v_1^Z \vee v_1^Z \leqslant v_0^Z).$$

Nach Wunsch und philosophischer Einstellung kann man die Zeitaxiome noch ergänzen um Axiome über Anfang und Ende der Zeit, Dichtheit, Stetigkeit oder Diskretheit sei wie in (6,9) definiert.

Jeder Mensch lebt eine gewisse Zeitspanne:

(9) $\models_{St} \forall v_0^M \exists v_0^Z v_1^Z (v_0^Z \leqslant v_1^Z \wedge \forall v_2^Z (v_0^M \, Lebt \, v_2^Z \longleftrightarrow v_0^Z \leqslant v_2^Z \leqslant v_1^Z))$.

Geburtstag und *Todestag* lassen sich durch Kennzeichnungsterme benennen, da diese Zeitpunkte eindeutig bestimmt sind.

(10) $GT(X) =_{\mathrm{Df}} \iota v^Z (X \, Lebt \, v^Z \wedge \forall w^Z (w^Z < v^Z \longrightarrow \neg X \, Lebt \, w^Z))$

(11) $TT(X) =_{\mathrm{Df}} \iota v^Z (X \, Lebt \, v^Z \wedge \forall w^Z (v^Z < w^Z \longrightarrow \neg X \, Lebt \, w^Z))$

(Dabei sind v^Z, w^Z verschiedene Variablen der Sorte Z, die nicht frei in X sind.)

Die *Älter-Relation* läßt sich so definieren:

(12) $X \, \ddot{A}lter \, Y \longleftrightarrow_{\mathrm{Df}} GT(X) < GT(Y)$.

Man beachte, daß nach dieser Definition die Älter-Relation nicht nur auf Zeitgenossen beschränkt ist. Z.B. ist hiernach Mozart älter als Russell, obwohl er nicht so alt wurde.

Die Eltern eines Menschen haben vor seinem Geburtstag gemeinsam gelebt:

(13) $\models_{St} \forall v_0^M \exists v_0^Z (v_0^Z < GT(v_0^M) \wedge (v_0^M \multimap Va)\, Lebt\, v_0^Z \wedge (v_0^M \multimap Mu)\, Lebt\, v$

Daraus ergibt sich, daß Eltern älter als ihre Kinder sind:

(14) $\models_{St} \forall v_0^M v_1^M (v_0^M\ Elt\ v_1^M \longrightarrow v_1^M\ \ddot{A}lter\ v_0^M)$.

Kinder werden zu Lebzeiten ihrer Mutter geboren:

(15) $\models_{St} \forall v_0 (v_0^M \multimap Mu)\, Lebt\, GT(v_0^M)$.

Für die *Verheiratetenrealtion* fordern wir:

$\models_{St} \forall v_0^M v_1^M v_0^Z\ (v_0^M v_1^M \infty\, v_0^Z \longleftrightarrow v_1^M v_0^M \infty\, v_0^Z)$,

(16) $\models_{St} \forall v_0^M v_1^M v_0^Z\ (v_0^M v_1^M \infty\, v_0^Z \longrightarrow$
$(v_0^M \in ♂ \wedge v_1^M \in ♀) \vee (v_0^M \in ♀ \wedge v_1^M \in ♂))$,

$\models_{St} \forall v_0^M v_1^M v_0^Z\ (v_0^M v_1^M \infty\, v_0^Z \longrightarrow$
$(v_0^M\ Lebt\ v_0^Z \wedge v_1^M\ Lebt\ v_0^Z)$.

Die Verbalisierung ist wohl klar.

Wir formalisieren einige weitere Begriffe:

Geschwister (nicht Halbgeschwister):

(17) $v_0^M\, G\, v_1^M \longleftrightarrow_{\mathrm{Df}} \forall v_2^M (v_0^M\ Elt\ v_2^M \longleftrightarrow v_1^M\ Elt\ v_2^M) \wedge v_0^M \neq v_1^M$.

Ist Bruder von (nicht Halbbruder):

(18) $v_0^M\, Br\, v_1^M \longleftrightarrow_{\mathrm{Df}} v_0^M\ G\ v_1^M \wedge v_0^M \in ♂$.

Ist Schwester von (nicht Halbschwester):

(19) $v_0^M\ Sch\ v_1^M \longleftrightarrow_{\mathrm{Df}} v_0^M\ G\ v_1^M \wedge v_0^M \in ♀$.

Ist Sohn von:

(20) $v_0^M\ So\ v_1^M \longleftrightarrow_{\mathrm{Df}} v_0^M\ Elt\ v_1^M \wedge v_0^M \in ♂$.

Ist Tochter von:

(21) $v_0^M\ To\ v_1^M \longleftrightarrow_{\mathrm{Df}} v_0^M\ Elt\ v_1^M \wedge v_0^M \in ♀$.

Ist Onkel von (nicht angeheiratet):

(22) $v_0^M \, On \, v_1^M \longleftrightarrow_{Df} \exists v_2^M (v_1^M \, Elt \, v_2^M \wedge v_0^M \, Br \, v_2^M)$.

Ist Tante von (nicht angeheiratet):

(23) $v_0^M \, Ta \, v_1^M \longleftrightarrow_{Df} \exists v_2^M (v_1^M \, Elt \, v_2^M \wedge v_0^M \, Sch \, v_2^M)$.

Ist Neffe von:

(24) $v_0^M \, Ne \, v_1^M \longleftrightarrow_{Df} \exists v_2^M (v_0^M \, So \, v_2^M \wedge v_2^M \, G \, v_1^M)$.

Ist Nichte von:

(25) $v_0^M \, Ni \, v_1^M \longleftrightarrow_{Df} \exists v_2^M (v_0^M \, To \, v_2^M \wedge v_2^M \, G \, v_1^M)$.

Ist Schwiegermutter von (im Zeitpunkt v_0^Z):

(26) $v_0^M \, v_1^M \, SMu \, v_0^Z \longleftrightarrow_{Df} \exists v_2^M (v_1^M \, v_2^M \, \infty \, v_0^Z \wedge v_2^M \, Mu \, v_0^M)$.

Ist Bigamist (im Zeitpunkt v_0^Z):

(27) $v_0^M \, Bigam \, v_0^Z \longleftrightarrow_{Df} \exists v_1^M \, v_2^M (v_1^M \neq v_2^M \wedge v_0^M \, v_1^M \, \infty \, v_0^Z \wedge v_0^M \, v_2^M \, \infty \, v_0^Z)$.

Übrigens können wir in unserer Sprache nicht die Zeit*dauer* (die Länge von Zeitintervallen) messen. Wir können z. B. nicht ausdrücken, daß Russell länger gelebt hat als Mozart.

Eine Möglichkeit dazu bestünde darin, daß man die Sprache erweiterte. Man müßte die Zahlensprache L_{AR} mit einbeziehen und ein Funktion, die Zeitpunkte auf reelle Zahlen abbildet, als nichtlogische Konstante hinzunehmen. Dann wäre die $\leqslant$-Beziehung zwischen Zeitpunkten als Grundbegriff entbehrlich.

Unsere Axiome sind, so offensichtlich sie erscheinen, keineswegs selbstverständlich. So gibt es bekanntlich Fälle von Geschlechtsumwandlung. Ferner folgt aus unseren Axiomen, daß es unendlich viele Menschen gegeben hat (weil die Reihe der Vorfahren nicht abbricht). Es stecken also Idealisierungen in unserem Beispiel. Restlos stimmen nur die rein mathematischen Beispiele. Das liegt natürlich daran, daß die Idealisierungen bereits in der Mathematik enthalten sind.

Aufgaben:

1. Man schreibe die folgenden Abkürzungen von Ausdrücken unverkürzt:

(a) $\neg x_1 < x_0$ (in L_{AR}),

(b) $\{x_0 \mid 0 \leqslant x_0\}$ (in L_{AR}).

Man kürze geeignet ab:

(c) den Ausdruck aus Aufgabe 1 k von § 3,

(d) den Ausdruck aus Aufgabe 1 n von § 3.

2. Man formalisiere in L_{AR} auf der Basis der Standardinterpretation:

(a) n_0 ist Teiler von n_1.

(b) n_0 ist g.g.T. von n_1, n_2 (größter gemeinsamer Teiler)

(c) n_0 ist k.g.V. von n_1, n_2 (kleinstes gemeinsames Vielfaches).

(d) n_0 ist Primzahl.

(e) $|z_0|$ (in L_{AR} mit der weiteren Konstanten i).

3. Man formalisiere in L_{RI}:

(a) Jedes Polynom n-ten Grades hat eine Nullstelle (dabei sei $n \geqslant 1$).

(b) Die Charakteristik (eines Ringes) ist n (dabei sei $n \geqslant 1$).

4. Man formalisiere in L_{VW} auf der Basis der Standardinterpretation

(a) Der zweite Mann von Frieda ist gestorben.

(b) Hans ist Stiefbruder von Martha.

(c) v_0^M ist Zeitgenosse von v_1^M.

(d) Karl ist jüngster Sohn von Kurt.

5. Man formalisiere die drei Aussagen von Aufgabe 3 von § 1.

II. LOGIK

Im vorigen Kapitel wurden nur die formalen Sprachen genau definiert. Die Begriffe der Interpretation und der logischen Folgerung, die bisher naiv benutzt wurden, sollen jetzt analysiert werden. In § 6 werden diese und weitere semantische Begriffe besprochen. Zunächst betrachten wir Interpretationen und Belegungen (von Variablen). Daran schließt sich die Definition der Bewertung der Ausdrücke an. Insbesondere werden dabei den Formeln Wahrheitswerte zugeordnet. Hierauf gründet sich die Definition der Erfüllungsrelation, der Gültigkeit, der Wahrheit, der Allgemeingültigkeit sowie des logischen Folgerungsbegriffs. Ferner wird in § 6 der Begriff der formalen Theorie eingeführt.

In §§ 7, 8 besprechen wir spezielle allgemeingültige Formeln, nämlich Tautologien. Wir zeigen, daß die Menge der Tautologien entscheidbar ist. Deshalb können wir später bei Bedarf auf Tautologien zurückgreifen und brauchen die Aussagenlogik nicht weiter zu untersuchen.

In § 9 bis § 18 führen wir einen Ableitungskalkül zur Gewinnung logischer Folgerungen ein. In § 9 analysieren wir typische Schlußweisen in mathematischen Beweisen. In § 10 wird dann der inhaltliche Beweisbegriff formal gefaßt. Die logischen Grundregeln sind in verschiedenen Gruppen zusammengefaßt. Wir geben jeweils zugehörige Sätze und eliminierbare Regeln an, bevor wir zu einer neuen Gruppe von Regeln übergehen. Die Aussagenlogik wird dabei mit Hilfe der tautologischen Regel pauschal behandelt. § 11 enthält eine Liste aussagenlogischer eliminierbarer Regeln sowie prädikatenlogische Regeln und Sätze. § 12 behandelt die Identitätslogik, § 16 Kennzeichnungslogik, § 18 Klassenlogik (wobei der Reichtum der Begriffe und Sätze, die damit gewonnen werden können, erst in den nächsten Kapiteln deutlich wird). In § 13 behandeln wir ausführlich die Ersetzungsregeln sowie äquivalente und identische Umformungen, die ja in mathematischen Beweisen außerordentlich häufig vorkommen.

In § 19 diskutieren wir die Frage, ob Klassen Individuen sein können. Wir vollziehen die Überlegung nach, die in der naiven Mengenlehre zur Russellschen Antinomie führt. Für unser System ergibt sich aber kein Widerspruch, sondern es zeigt sich nur, daß nicht alle Klassen zum Grundbereich gehören können. Hier eröffnet sich ein Ausblick auf die axiomatische Mengenlehre.

Den Abschluß des Kapitels bildet ein Paragraph (§ 20), in dem Beispiele für Beweise und weitere Formalisierungen gegeben werden.

§ 6. Semantische Begriffe

(a) Interpretationen

Wir haben im Vorangehenden schon öfters über Interpretationen gesprochen, wollen diesen Begriff aber jetzt noch näher betrachten.

Allgemein gesagt ist die Interpretation einer Sprache die Zuordnung, die den Ausdrücken der Sprache ihre Bedeutung zuordnet. Man meint oft, daß mit der Umgangssprache *genau eine* solche Interpretation verbunden ist, die alle kompetenten Benutzer der Sprache gemeinsam verwenden und auf der die Verständigungsfunktion der Umgangssprache beruht. Genauere Betrachtung zeigt aber, daß viele Ausdrücke der Umgangssprache noch einer mehrfachen Interpretation fähig sind. Welche gerade gemeint ist, muß aus dem Kontext oder anderen Umständen erraten werden. Ein Mann, der gerade eine Lampe repariert, wird das Wort *Birne* in einer anderen Bedeutung verwenden als ein Obsthändler. Und ob die Aussage „*Paul ist jünger als Gustav*" wahr oder falsch ist, kann man erst sagen, wenn man die Interpretation kennt, die ich hier verwende.

Diese Variationsbreite ist bei den formalen Sprachen, die künstlich eingeführt werden, noch viel größer.

Während immerhin für viele Wendungen der Umgangssprache die Bedeutungen festliegen (vgl. in dem Beispiel oben den Ausdruck „*ist jünger als*"), ist bei den formalen Sprachen mit der syntaktischen Definition der Ausdrücke noch gar nichts über die Interpretation gesagt. Zwar legen Lesarten und die Art der eingeführten formalen Zeichen bisweilen besondere Interpretationen nahe. Aber alle Interpretationen müssen für formale Sprachen besonders vereinbart werden.

Dabei brauchen wir nur die Interpretation der nichtlogischen Grundbegriffe (einschließlich der Bereiche der Variablen) festzulegen, da man die logischen Grundbegriffe, die beim Aufbau von längeren Ausdrücken aus kürzeren verwendet werden, immer in derselben Weise interpretiert (s. § 2; 7).

Bei unseren mengentheoretischen formalen Sprachen besteht eine Interpretation aus dem, was wir in § 1 als Ausgangspunkt genommen hatten, nämlich aus Bereichen für die Sorten (aus S^*) und Bedeutungen für die Konstanten (aus C).

Somit kommen wir zu folgender Festlegung.

(1) **Definition:**

Eine Interpretation $\mathfrak{I}$ *einer Sprache* $L(\mathbf{S}; \mathbf{C})$ *ist eine Zuordnung mit folgenden Eigenschaften.*

(a) *Jeder Sorte s aus* $\mathbf{S}^*$ *wird durch* $\mathfrak{I}$ *ein nichtleerer Bereich* $I^s_{\mathfrak{I}}$ *zugeordnet.*

Dabei soll $I_{\mathfrak{I}}$ (d.i. $I^*_{\mathfrak{I}}$) *gegen Paarbildung abgeschlossen sein und*

$$I^s_{\mathfrak{I}} \subseteq I_{\mathfrak{I}}$$

gelten.

(b) *Jeder nichtlogischen Konstanten C aus* $\mathbf{C}$ *wird durch* $\mathfrak{I}$ *ein Gebilde* $C^{\mathfrak{I}}$ *als Bedeutung zugeordnet. Dabei ist* $C^{\mathfrak{I}}$ *ein Element von* $I_{\mathfrak{I}}$ *oder eine Teilklasse von* $I_{\mathfrak{I}}$ *oder etwas, das sich durch Paarbildung aus solchen Gebilden gewinnen läßt.*

Im übrigen kann aber die Interpretation unter Beachtung von (a), (b) beliebig sein. Jedenfalls wollen wir aus *logischen* Gründen keine weiteren Einschränkungen vorschreiben. Das schließt nicht aus, daß man aus anderen Gründen gewisse Interpretationen auszeichnet, etwa Standardinterpretationen nennt, und vorzugsweise oder ausschließlich verwendet. Aber vom logischen Standpunkt aus, darauf sei noch einmal hingewiesen, sind alle Interpretationen gleichberechtigt. Und ohne die Angabe einer Interpretation sind die Ausdrücke der formalen Sprachen bedeutungsleer.

Wir hatten in § 5 das Gültigkeitszeichen $\models_{\mathfrak{I}}$ vor Aussagen gesetzt, um mitzuteilen, daß die dahinterstehende Aussage der formalen Sprache wahr in der Interpretation $\mathfrak{I}$ ist.

Oft läßt man das Zeichen $\models_{\mathfrak{I}}$ weg und benutzt die formalen Aussagen direkt zur Mitteilung (wobei die Interpretation aus dem Kontext zu erraten ist). Das bedeutet, daß man die Objektsprache zur Metasprache macht. Dagegen ist in der mathematischen Praxis nichts einzuwenden. Wir wollen aber hier doch die Unterschiede von Objektsprache und Metasprache beachten.

Bei Interpretationen gibt man oft den universellen Bereich $I_{\mathfrak{I}}$ gar nicht an, weil man sich nur für die speziellen Bereiche interessiert. $I_{\mathfrak{I}}$ kann dann irgend eine genügend umfangreiche Klasse sein, die gegen Paarbildung abgeschlossen ist.

Wir weisen darauf hin, daß wir nicht meinen, Individuen und Klassen seien grundsätzlich verschiedene Dinge. Sie dürfen verschieden sein, können aber auch teilweise übereinstimmen. In dieser Hinsicht legen wir uns gar nicht fest. In der sog. ***Logik der ersten Stufe*** legt man oft Interpretationen zugrunde, in denen keine Klasse zugleich ein Individuum ist, dabei wird auch syntaktisch zwischen Individuentermen und Klassentermen unterschieden. Unser Interpretationsbegriff ist allgemeiner intendiert, und auch unsere formalen Sprachen sind umfassender.

(b) Belegungen der Variablen

Die Kenntnis der Interpretation reicht nicht aus, um allen Formeln einen Wahrheitswert zuschreiben zu können. Betrachten wir etwa die folgende Formel von L_{AR} bei der Standardinterpretation $\mathfrak{J}_{St}$:

$$\exists x_0 \; x_0^2 = x_1 .$$

Die Frage, ob das wahr oder falsch ist, führt unweigerlich zu der Rückfrage, was denn x_1 sein soll.

Eine Interpretation ordnet aber den Variablen keine Werte zu. Durch die Interpretation sind nur die Bereiche der Variablen festgelegt. Das reicht bei den gebundenen Variablen völlig aus. Die freien Variablen sind aber Parameter, die auch bewertet werden müssen.

Eine solche Bewertung der Variablen nennen wir eine *Belegung.*

Wir können oben etwa die Variable x_1 mit der Zahl 2 belegen, dann ist der Formel der Wahrheitswert W (wahr) zuzuordnen, wir könnten die Variablen x_1 auch mit -1 belegen, dann erhielte die Formel den Wahrheitswert F (falsch). Man beachte, daß in $\mathfrak{J}_{St}$ x_0 eine Variable für reelle Zahlen ist.

Natürlich kommt als Wert für eine Variable v^s nur ein Element von $I^s_{\mathfrak{J}}$ in Frage, denn $I^s_{\mathfrak{J}}$ ist ja der Bereich der möglichen Werte für die Variablen der Sorte s.

Damit kommen wir zu folgender Defintion der Belegungen:

(1) **Definition:**

$\mathfrak{J}$ sei eine Interpretation einer Sprache $L(S, C)$. Eine Belegung $\mathfrak{B}$ über I ist eine Zuordnung, die jeder Variablen v^s_i (für $s \in S^*$) ein Element $v_i^{s\mathfrak{B}}$ von $I^s_{\mathfrak{J}}$ zuordnet.

Die Interpretation einer Sprache ist oft in längeren Kontexten, in ganzen Theorien etwa, konstant. Mancher Schüler wird die für das Verständnis der modernen Strukturmathematik wesentliche Erkenntnis, nämlich, daß man ein und dieselbe Sprache in verschiedener Weise interpretieren kann, gar nicht erfahren. Dagegen wird die Belegung der Variablen oft gewechselt, und die Tatsache, daß man dieselben Variablen verschieden belegen kann, ist allen geläufig. Die freien Variablen eines Ausdrucks sind gewissermaßen die schnell veränderlichen, die Konstanten die langsam (bis gar nicht) veränderlichen Parameter. Es ist einleuchtend, daß man hier fließende Übergänge hat. Gleichungen kann man z.B. sowohl behandeln, indem man die Koeffizienten als Konstanten (in einer Erweiterung von L_{AR} etwa) auffaßt, als auch, indem man sie als Variablen (oft Formvariablen genannt) ansieht.

(c) Die Bewertung der Ausdrücke

Wenn eine Interpretation $\mathfrak{J}$ und eine Belegung $\mathfrak{B}$ zu einer Sprache L gegeben sind, so wird jedem Ausdruck X von L ein *Wert*

(1) $X^{\mathfrak{J}, \mathfrak{B}}$

zugeordnet. Der Wert einer Formel ist ein Wahrheitswert (d.h. einer der Werte W oder F), der Wert eines Terms ist ein Individuum oder eine Klasse von Individuen oder etwas, das durch Paarbildung aus solchen Gebilden erhalten werden kann.

Man kann sich diese Wertzuordnung anschaulich etwa so klarmachen:

(2) *Ein formaler Ausdruck erhält das als Wert, was seine Verbalisierung in der Metasprache bedeutet.*

Wenn wir z. B. L_{AR} mit $\mathfrak{J}_{St}$ betrachten, so erhält die Formel

$$\exists n_0 \; n_0^2 = x_1$$

(verbal: x_1 *ist Quadrat einer natürlichen Zahl*)

den Wert W genau dann, wenn die Variable x_1 mit einer Quadratzahl belegt wird. Die Formel

$$\exists x_0 \; x_0^2 = x_1$$

(verbal: x_1 *ist Quadrat einer reellen Zahl*)

erhält den Wert W genau dann, wenn die Variable x_1 durch eine reelle, nicht negative Zahl belegt wird.

Der Abstraktionsterm

$$\{x_0 \mid 0 \leqslant x_0 \leqslant 1\}$$

(verbal: *Menge der* x_0 *zwischen* 0 *und* 1)

bezeichnet das Einheitsintervall,

der Kennzeichnungsterm

$$\iota i_0 \, (i_0 \leqslant x_0 < i_0 + 1)$$

(verbal: *das* i_0, *das kleiner oder gleich* x_0 *ist, während* $i_0 + 1$ *größer als* x_0 *ist*)

bezeichnet die größte ganze Zahl, die kleiner oder gleich dem Wert von x_0 ist.

Der Paarterm

$$\langle \mathbb{C}, + \rangle$$

bezeichnet die additive Gruppe der komplexen Zahlen.

Man sieht auch, daß es nur auf die Belegung der Variablen ankommt, die in dem betreffenden Ausdruck *frei* vorkommen. Wenn gar keine Variablen frei vorkommen, wie in dem Abstraktionsterm oben, so spielt die Belegung keine Rolle, und der Wert (der oben eine Menge von reellen Zahlen ist) ist durch die Interpretation bereits festgelegt.

Dann schreiben für den Wert einfach

(3) $X^{\mathfrak{J}}$

und unterdrücken die Angabe der Belegung. Wir nennen $X^{\mathfrak{J}}$ dann auch die *Bedeutung* des konstanten Ausdrucks X in der Interpretation $\mathfrak{J}$.

Die Bewertung der Ausdrücke ist die Grundlage der semantisch aufgefaßten Logik.

Man kann die Definition dieser Zuordnung noch etwas genauer angeben. Es handelt sich um eine *rekursive Definition über den Aufbau der Ausdrücke.*

Für die nicht zusammengesetzten Ausdrücke sind die Werte explizit anzugeben. Das leistet bei den nichtlogischen Konstanten die Interpretation, bei den Variablen die Belegung, und es wird $\top$ stets mit W und $\bot$ stets mit F bewertet.

Dann ist anzugeben, wie sich die Werte zusammengesetzter Ausdrücke bestimmen, wenn die Werte kürzerer Teilausdrücke bereits definiert sind. Da die zusammengesetzten Ausdrücke mit Hilfe logischer Zeichen aus kürzeren Ausdrücken aufgebaut sind, verwendet man für die Fortsetzung der Bewertung die entsprechenden logischen Prozesse der Metasprache.

Wir wollen die rekursive Definition der Bewertung der Ausdrücke jetzt angeben. Zuvor müssen wir noch die folgende Abkürzung einführen. *$\mathfrak{B}$ sei eine Belegung, v^s eine Variable der Sorte s und $\mathbf{x}$ ein Individuum der Sorte s,* d.h. $\mathbf{x} \in I^s_{\mathfrak{J}}$ *(dies ist eine metasprachliche Formel!). Dann sei $\mathfrak{B}^{v^s}_{\mathbf{x}}$ diejenige Belegung, die v^s mit $\mathbf{x}$ belegt und sonst mit $\mathfrak{B}$ übereinstimmt.*

(4) **Definition der Bewertung der Ausdrücke:**

(a₁) $C^{\mathfrak{J},\mathfrak{B}} =_{\mathrm{Df}} C^{\mathfrak{J}}$ *für jede Konstante C aus* $\mathbf{C}$.

(a₂) $v^{\mathfrak{J},\mathfrak{B}} =_{\mathrm{Df}} v^{\mathfrak{B}}$ *für jede Variable v.*

$$(a_3)\quad \mathsf{T}^{\mathfrak{J},\mathfrak{B}} =_{\mathrm{Df}} W\,,\ \bot^{\mathfrak{J},\mathfrak{B}} = F.$$

$$(r_1)\quad (X = Y)^{\mathfrak{J},\mathfrak{B}} =_{\mathrm{Df}} \begin{cases} W, \text{ wenn } X^{\mathfrak{J},\mathfrak{B}} = Y^{\mathfrak{J},\mathfrak{B}}, \\ F, \text{ sonst.} \end{cases}$$

$$(r_2)\quad (X \in Y)^{\mathfrak{J},\mathfrak{B}} =_{\mathrm{Df}} \begin{cases} W, \text{ wenn } X^{\mathfrak{J},\mathfrak{B}} \in Y^{\mathfrak{J},\mathfrak{B}} \\ F \text{ sonst.} \end{cases}$$

$$(r_3)\quad (\neg\,\phi)^{\mathfrak{J},\mathfrak{B}} =_{\mathrm{Df}} \begin{cases} W, \text{ wenn } \phi^{\mathfrak{J},\mathfrak{B}} = F, \\ F \text{ sonst.} \end{cases}$$

$$(r_4)\quad (\phi \wedge \psi)^{\mathfrak{J},\mathfrak{B}} =_{\mathrm{Df}} \begin{cases} W, \text{ wenn } \phi^{\mathfrak{J},\mathfrak{B}} = \psi^{\mathfrak{J},\mathfrak{B}} = W, \\ F \text{ sonst.} \end{cases}$$

$$(r_5)\quad (\phi \vee \psi)^{\mathfrak{J},\mathfrak{B}} =_{\mathrm{Df}} \begin{cases} W, \text{ wenn } \phi^{\mathfrak{J},\mathfrak{B}} = W \text{ oder } \psi^{\mathfrak{J},\mathfrak{B}} = W, \\ F \text{ sonst.} \end{cases}$$

$$(r_6)\quad (\phi \rightarrow \psi)^{\mathfrak{J},\mathfrak{B}} =_{\mathrm{Df}} \begin{cases} W, \text{ wenn } \phi^{\mathfrak{J},\mathfrak{B}} = F \text{ oder } \psi^{\mathfrak{J},\mathfrak{B}} = W, \\ F \text{ sonst.} \end{cases}$$

$$(r_7)\quad (\phi \longleftrightarrow \psi)^{\mathfrak{J},\mathfrak{B}} =_{\mathrm{Df}} \begin{cases} W, \text{ wenn } \phi^{\mathfrak{J},\mathfrak{B}} = \psi^{\mathfrak{J},\mathfrak{B}}, \\ F \text{ sonst.} \end{cases}$$

$$(r_8)\quad (\forall v^s\,\phi)^{\mathfrak{J},\mathfrak{B}} =_{\mathrm{Df}} \begin{cases} W, \text{ wenn für alle } \boldsymbol{x} \in I^s_{\mathfrak{J}} \quad \phi^{\mathfrak{J},\mathfrak{B}\,{v^s \atop \boldsymbol{x}}} = W, \\ F \text{ sonst.} \end{cases}$$

$$(r_9)\quad (\exists\, v^s\,\phi)^{\mathfrak{J},\mathfrak{B}} =_{\mathrm{Df}} \begin{cases} W, \text{ wenn es ein } \boldsymbol{x} \in I^s_{\mathfrak{J}} \text{ gibt, mit } \phi^{\mathfrak{J},\mathfrak{B}\,{v^s \atop \boldsymbol{x}}} = \\ F \text{ sonst.} \end{cases}$$

$$(r_{10})\quad (\iota\, v^s\,\phi)^{\mathfrak{J},\mathfrak{B}} =_{\mathrm{Df}} \begin{cases} \text{das } \boldsymbol{x} \in I^s_{\mathfrak{J}} \text{ mit } \phi^{\mathfrak{J},\mathfrak{B}\,{v^s \atop \boldsymbol{x}}} = W, \text{ wenn es genau ein solches } \boldsymbol{x} \text{ gibt,} \\ \{v_0 \mid v_0 \notin v_0\}^{\mathfrak{J},\mathfrak{B}} \text{ sonst.} \end{cases}$$

$$(r_{11})\quad \{v^s \mid \phi\}^{\mathfrak{J},\mathfrak{B}} =_{\mathrm{Df}} \{\boldsymbol{x} \in I^s_{\mathfrak{J}} \mid \phi^{\mathfrak{J},\mathfrak{B}\,{v^s \atop \boldsymbol{x}}} = W\}$$

$$(r_{12})\quad \langle X, Y\rangle^{\mathfrak{J},\mathfrak{B}} =_{\mathrm{Df}} \langle X^{\mathfrak{J},\mathfrak{B}}, Y^{\mathfrak{J},\mathfrak{B}}\rangle.$$

Auf der linken Seite dieser Definitionsgleichungen sind jeweils die Ausdrücke der formalen Sprache gemeint, auf der rechten Seite ist ein inhaltlich zu verstehender Text der Metasprache gemeint. In (r_8), (r_9) tauchen die metasprachlichen Quantoren, in (r_{10}) der metasprachliche Kennzeichnungsoperator auf. In (r_{11}) ist der metasprachliche Klassenbildungsoperator und in (r_{12}) sind die metasprachlichen Paarbildungsklammern gemeint. In (r_8), . . . , (r_{11}) ist der Buchstabe $\boldsymbol{x}$ eine metasprachliche Variable für Individuen, d.h. Elemente von $I_{\mathfrak{J}}$.

Man sieht, daß der Wert einer Formel stets einer der Wahrheitswerte ist, der Wert eines Terms ist ein Individuum, eine Klasse von Individuen oder etwas, das durch Paarbildung aus solchen Gebilden erhalten wird.

Wir betrachten als Beispiele die Werte der Terme $\mathcal{V}^s$ $(s \in S^*)$. Die Formeln $v_0^s = v_0^s$ sind bei jeder Belegung erfüllt. Damit ist $\{x \in I_{\mathfrak{J}}^s \mid (v_0^s = v_0^s)^{\mathfrak{J}, \mathfrak{B}_x^v} = W\}$ der gesamte Bereich der Sorte s. Das zeigt, daß $\mathcal{V}^{s\,\mathfrak{J}, \mathfrak{B}} = I_{\mathfrak{J}}^s$.

Wir halten fest:

(5) **Satz:** $\mathcal{V}^{s\,\mathfrak{J}, \mathfrak{B}} = I_{\mathfrak{J}}^s$,

In (r_{10}) erfolgt auch die Festlegung der Werte der uneigentlichen Kennzeichnungen. Im Augenblick braucht man noch gar nicht zu vestehen, *wie* diese Festlegung erfolgt. Es genügt festzuhalten, daß jedenfalls irgendwie über die Werte der uneigentlichen Kennzeichnungen verfügt wurde (so daß es also keine sinnlosen Terme in unserer Sprache gibt) und zwar in einer solchen Weise, daß alle uneigentlichen Kennzeichnungen denselben Wert erhalten (Joker). In § 19 kommen wir auf diesen Wert zurück.

Man kann leicht zeigen (durch Induktion über den Aufbau der Ausdrücke), daß der Wert bei konstanten Ausdrücken nicht von der Belegung $\mathfrak{B}$ abhängt. Das haben wir in (3) schon vorweggenommen. Allgemeiner gilt:

(6) **Koinzidenztheorem:** *L_1, L_2 seien formale Sprachen, $\mathfrak{J}_1$, $\mathfrak{B}_1$ Interpretation und Belegung zu L_1 und $\mathfrak{J}_2$, $\mathfrak{B}_2$ Interpretation und Belegung zu L_2. X sei ein Ausdruck, der sowohl zu L_1 als auch zu L_2 gehört.*
Für jede nichtlogische Konstante C von X sei $C^{\mathfrak{J}_1} = C^{\mathfrak{J}_2}$. Für jede gebundene Variable v^s von X sei $I_{\mathfrak{J}_1}^s = I_{\mathfrak{J}_2}^s$. Für jede freie Variable v von X sei $v^{\mathfrak{B}_1} = v^{\mathfrak{B}_2}$. Dann

$$X^{\mathfrak{J}_1, \mathfrak{B}_1} = X^{\mathfrak{J}_2, \mathfrak{B}_2}.$$

Den Beweis von (6) wollen wir hier nicht bringen, zumal wir die semantische Definition der Formelbewertung doch nicht systematisch auswerten wollen. Den interessierten Leser verweisen wir auf eine Übungsaufgabe.

Aus (6) folgt insbesondere, daß es für den Wert von X nicht auf die Interpretation solcher Konstanten ankommt, die in X gar nicht vorkommen. Ferner kommt es nur auf die Belegung solcher Variablen an, die in X frei vorkommen, und bei konstanten Ausdrücken kommt es, wie schon festgestellt, überhaupt nicht auf die Belegung an.

Man beachte, daß in Def. 4 die logischen Begriffe in der Metasprache bereits inhaltlich vorausgesetzt werden. Es liegt also keine Begründung im Sinne einer Zurückführung auf einfachere Begriffe vor. Es handelt sich eher um eine Verdeutlichung. Durch die Übertragung in die formalen Sprachen geraten die logischen Begriffe der Metasprache in das Gesichtsfeld, und ihre Eigenschaften können klar ausgedrückt und studiert werden.

Wir stellen nun noch einmal schematisch zusammen, was vorliegen muß, damit formalen Ausdrücken Werte zugeordnet sind.

(7)

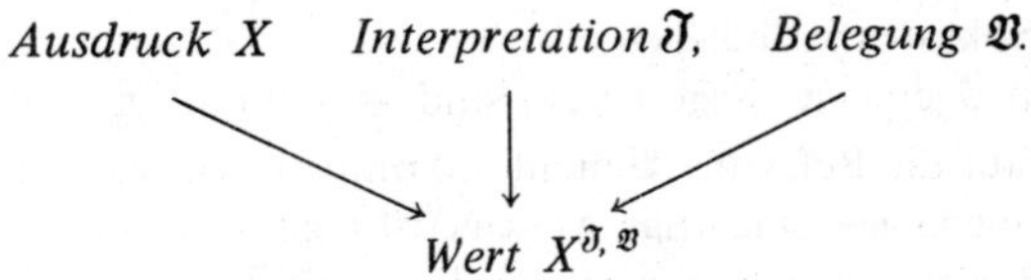

(8)

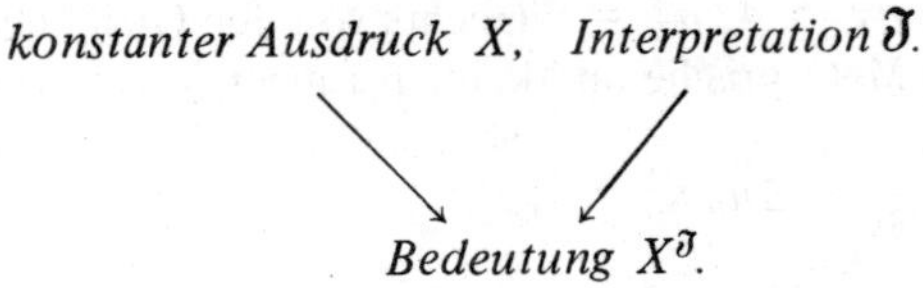

(d) Erfüllungsrelation, Gültigkeit, Wahrheit

Die Werte von Formeln sind Wahrheitswerte W oder F. Wenn $\phi^{\mathfrak{I},\mathfrak{B}} = W$ ist, so sagen wir, daß $\mathfrak{I}$, $\mathfrak{B}$ die Formel ϕ *erfüllen* oder ein *Modell* von ϕ sind.

Wir schreiben dann

(1) $\models_{\mathfrak{I},\mathfrak{B}} \phi$ oder $\mathfrak{I} \models \phi\ [\mathfrak{B}]$.

Wenn Γ eine Menge von Formeln ist und $\mathfrak{I}$, $\mathfrak{B}$ jede Formel aus Γ erfüllen, so sagen wir auch, daß $\mathfrak{I}$, $\mathfrak{B}$ die *Formelmenge* Γ *erfüllen* oder ein *Modell* von Γ sind.

Wenn $\models_{\mathfrak{I},\mathfrak{B}} \phi$ für jede Belegung $\mathfrak{B}$ über $\mathfrak{I}$, so sagen wir, daß ϕ *gültig* ist in $\mathfrak{I}$ und schreiben

(2) $\models_{\mathfrak{J}} \phi$ oder $\mathfrak{J} \models \phi$.

Wenn $\models_{\mathfrak{J}} \phi$ für jede Interpretation $\mathfrak{J}$, so sagen wir, ϕ sei *allgemeingültig* und schreiben

(3) $\models \phi$.

Die Formel $\forall v_1^M v_0^Z\ (v_0^M \in \male \wedge v_0^M v_1^M \circledcirc v_0^Z \longrightarrow v_1^M \in \female)$
ist gültig in $\mathfrak{J}_{St}$ von L_{VW}, d.h.

$$\models_{\mathfrak{J}_{St}} \forall v_1^M v_0^Z (v_0^M \in \male \wedge v_0^M v_1^M \circledcirc v_0^Z \longrightarrow v_1^M \in \female),$$

aber diese Formel ist nicht allgemeingültig.

Wenn wir die unübliche (aber logisch erlaubte) Interpretation $\mathfrak{J}^*$ von L_{VW} nehmen, die sich von $\mathfrak{J}_{St}$ nur dadurch unterscheidet, daß ♀ im Sinne von „ist eine friedfertige Frau" verstanden wird, so gibt es Belegungen von v_0^M, die die Formel falsifizieren. Man braucht nur v_0^M durch Sokrates zu belegen.

Wenn ϕ eine Aussage ist, so sind $\models_{\mathfrak{J},\mathfrak{B}} \phi$ und $\models_{\mathfrak{J}} \phi$ gleichbedeutend weil es auf die Belegung $\mathfrak{B}$ nicht ankommt), wir sagen dann, ϕ sei *wahr* in $\mathfrak{J}$. Eine allgemeingültige Aussage ist *logisch wahr*.

Als Beispiel wählen wir wieder L_{AR} mit $\mathfrak{J}_{St}$.

Ferner sei $n_1^{\mathfrak{A}} = 4$, $n_2^{\mathfrak{A}} = 5$ (rechts von den Gleichheitszeichen sind Angaben der Metasprache und keine formalen Terme von L_{AR} gemeint).

Dann

$$\models_{\mathfrak{J}_{St}, \mathfrak{A}} \exists n_0\ n_0^2 = n_1,$$

nicht $\models_{\mathfrak{J}_{St}, \mathfrak{A}} \exists n_0\ n_0^2 = n_2$.

Ferner $\models_{\mathfrak{J}_{St}} \exists n_1 (n_0^2 = 4n_1 \vee n_0^2 = 4n_1 + 1)$.

(e) Folgerungsbeziehung

Es sei Γ eine Menge von Formeln und ϕ eine Formel.

(1) Def. (*Folgerungsbeziehung*):

Wenn jede Interpretation und Belegung, die Modell von Γ sind, auch Modell von ϕ sind, so sagen wir, daß aus der Formelmenge Γ die Formel ϕ logisch folgt. Wir schreiben dann:

$$\Gamma \models \phi.$$

Γ ist die *Prämissenmenge* oder *Menge der Annahmen*, ϕ die *Conclusio* der Folgerung (1).

Einige Varianten der Schreibweise sind üblich.

Wenn die Prämissenmenge aus den Formeln von Γ und denen von Δ besteht, so schreibt man:

(2) $\Gamma, \Delta \models \phi$,

wenn die Prämissenmenge aus Γ sowie $\phi_1, \ldots, \phi_n$ besteht, so schreibt man:

(3) $\Gamma, \phi_1, \ldots, \phi_n \models \phi$,

wenn sie nur aus $\phi_1, \ldots, \phi_n$ besteht, so schreibt man:

(4) $\phi_1, \ldots, \phi_n \models \phi$,

und wenn die Prämissenmenge leer ist, so schreibt man einfach

(5) $\models \phi$,

denn eine Folgerung aus der leeren Menge von Formeln ist dasselbe wie eine allgemeingültige Formel.

Die Definition des Folgerungsbegriffs trifft genau die intuitive Vorstellung des logischen Folgerns. ϕ folgt logisch aus Γ, wenn in jedem Falle, welche Bedeutung auch die nichtlogischen Grundbegriffe haben, also kurz: wie auch die Interpretation und die Belegung beschaffen ist, aus dem Erfülltsein aller Prämissen (d.h. aller Formeln von Γ) sich auch das Erfülltsein der Conlusio (d.h. ϕ) ergibt.

Allerdings ist der Folgerungsbegriff auf eine Weise definiert, mit der man in vielen Fällen wenig anfangen kann. Wer kann schon alle Interpretationen und Belegungen überblicken? Eine Hauptaufgabe der Logik ist es deshalb, effektivere Methoden anzugeben, um logische Folgerungen ziehen zu können. Eine solche, allerdings sehr spezielle Methode ist die Methode der Wahrheitstafeln. Eine andere universelle Methode ist das formale Ableiten.

Man verwechselt oft den Junktor $\rightarrow$ und das Folgerungszeichen $\models$. Der Junktor $\rightarrow$ wird zwischen Formeln der Objektsprache gesetzt, und es entsteht wieder eine Formel der Objektsprache. Die Bedeutung ist durch eine Wahrheitstafel festgelegt. Wenn man das Folgerungszeichen $\models$ zwischen Formeln der Objektsprache gesetzt hat, so ergibt sich eine Aussage der Metasprache, die besagt, daß aus der ersten Formel die zweite logisch folgt.

Wenn die Formel $\phi \longrightarrow \psi$ bei einer Interpretation $\mathfrak{J}$ und Belegung $\mathfrak{B}$ erfüllt ist, so heißt das noch nicht $\phi \models \psi$. Das ist vielmehr der Fall, wenn $\phi \longrightarrow \psi$ stets, d. h. für jedes $\mathfrak{J}$, $\mathfrak{B}$ erfüllt ist, also allgemeingültig ist. Es gilt also:

(6) **Satz:** $\phi \models \psi$ *genau dann, wenn* $\models \phi \longrightarrow \psi$.

Die Formeln, die in mathematischen Beweisen auftreten, sind häufig gültig, wobei man jedoch kein Gültigkeitszeichen schreibt. Es ist klar, daß Verwechslungen der sehr verschiedenen Begriffe $\models$, $\longrightarrow$ vorkommen können, wenn man in (6) auf der rechten Seite das Zeichen $\models$ wegläßt.

Ein analoger Unterschied besteht zwischen dem Junktor $\longleftrightarrow$ und der *logischen Äquivalenz*, die folgendermaßen erklärt ist:

(7) **Def.:** $\phi \dashv\models \psi$ *sei gleichbedeutend mit* $\models \phi \longleftrightarrow \psi$.

Man lese $\phi \dashv\models \psi$ als: ϕ *ist logisch äquivalent zu* ψ.

Natürlich gilt:

(8) **Satz:** $\phi \dashv\models \psi$ *genau dann, wenn* $\phi \models \psi$ *und* $\psi \models \phi$.

Wir wollen den in (6) ausgesprochenen Zusammenhang in etwas allgemeinerer Form noch einmal formulieren und beweisen.

(9) **Deduktionstheorem:** Γ *sei Menge von Formeln und* $\phi_1, \ldots, \phi_n, \phi$ *seien Formeln von L. Dann:*

$\Gamma, \phi_1, \ldots, \phi_n \models \phi$ *genau dann, wenn* $\Gamma \models \phi_1 \wedge \ldots \wedge \phi_n \longrightarrow \phi$.

Zum Beweis leiten wir aus der linken Seite die rechte Seite her und umgekehrt. Wir verwenden schon die Wahrheitstafeln aus § 7.

Annahme: $\Gamma, \phi_1, \ldots, \phi_n \models \phi$.

Um $\Gamma \models \phi_1 \wedge \ldots \wedge \phi_n \rightarrow \phi$ zu zeigen, nehmen wir an, daß $\mathfrak{J}$, $\mathfrak{B}$ Modell von Γ ist. (Wir schreiben ist statt sind, weil uns das sprachlich glatter erscheint.)

1. Fall: $\mathfrak{J}$, $\mathfrak{B}$ ist nicht Modell von $\phi_1 \wedge \ldots \wedge \phi_n$. Dann ist $\mathfrak{J}$, $\mathfrak{B}$ nach der Wahrheitstafel für $\rightarrow$ Modell von $\phi_1 \wedge \ldots \wedge \phi_n \longrightarrow \phi$.

2. Fall: $\mathfrak{J}$, $\mathfrak{B}$ ist Modell von $\phi_1 \wedge \ldots \wedge \phi_n$. Dann ist $\mathfrak{J}$, $\mathfrak{B}$ Modell aller Formeln $\phi_1, \ldots, \phi_n$ nach der Wahrheitstafel für $\wedge$.
Wegen $\Gamma, \phi_1, \ldots, \phi_n \models \phi$ ist $\mathfrak{J}$, $\mathfrak{B}$ dann Modell von ϕ, also nach der Wahrheitstafel für $\rightarrow$ auch von $\phi_1 \wedge \ldots \wedge \phi_n \rightarrow \phi$.

Also in jedem Falle:

Wenn $\mathfrak{J}$, $\mathfrak{B}$ Modell von Γ, so $\mathfrak{J}$, $\mathfrak{B}$ Modell von $\phi_1 \wedge \ldots \wedge \phi_n \to \phi$.

Das heißt: $\Gamma \models \phi_1 \wedge \ldots \wedge \phi_n \to \phi$.
Damit haben wir aus der linken Seite die rechte Seite hergeleitet.

Annahme: $\Gamma \models \phi_1 \wedge \ldots \wedge \phi_n \to \phi$.

Um $\Gamma, \phi_1, \ldots, \phi_n \models \phi$ zu zeigen, nehmen wir an, daß $\mathfrak{J}$, $\mathfrak{B}$ Modell von Γ sowie von $\phi_1, \ldots, \phi_n$ ist. Dann ist $\mathfrak{J}$, $\mathfrak{B}$ auch Modell von $\phi_1 \wedge \ldots \wedge \phi_n$ nach der Wahrheitstafel für $\wedge$.

Da $\mathfrak{J}$, $\mathfrak{B}$ Modell von Γ ist, ist wegen unserer Annahme $\mathfrak{J}$, $\mathfrak{B}$ Modell von $\phi_1 \wedge \ldots \wedge \phi_n \to \phi$.

Nach der Wahrheitstafel für $\longrightarrow$ muß $\mathfrak{J}$, $\mathfrak{B}$ dann auch Modell von ϕ sein.

Insgesamt:

Wenn $\mathfrak{J}$, $\mathfrak{B}$ Modell von Γ und von $\phi_1, \ldots, \phi_n$, so $\mathfrak{J}$, $\mathfrak{B}$ Modell von ϕ.
Das heißt: $\Gamma, \phi_1, \ldots, \phi_n \models \phi$.

Damit haben wir aus der rechten Seite die linke Seite hergeleitet, und der Satz ist bewiesen.

Der logische Folgerungsbegriff war bereits in § 5b angesprochen worden. Wir hatten Folgerungen aus Mengen von Aussagen betrachtet, die als Axiome bezeichnet worden waren.

Z. B. war Ax_{HO} die Menge der Halbordnungsaxiome (ein Rahmenaxiom, drei spezielle Axiome).

Ein Modell von Ax_{HO} ist dabei nichts weiter als eine Halbordnung im mathematischen Sinne (zusammen mit einem umfassenden universellen Bereich).

Wir hatten als Sätze der Theorie der Halbordnung genau die in diesen Modellen wahren Aussagen bezeichnet. Das sind gerade die logischen Folgerungen aus den Axiomen Ax_{HO}. Entsprechend ist es bei den anderen axiomatischen Theorien in § 5, b.

(f) Formale Theorien

Es ist schon einigemale der Begriff der *Theorie* angesprochen worden. Wir wollen diesen Begriff jetzt einführen.

(1) **Def.** (*Formale Theorien*):

> *L sei eine formale Sprache und T eine Menge von Aussagen von L.*
> *T ist eine formale Theorie in L genau dann, wenn T gegen logische Folgerungen abgeschlossen ist. Das heißt, daß für jede Aussage ϕ von L, wenn $T \models \phi$, so $\phi \in T$. Die Aussagen aus T sind die Sätze oder Theoreme von T.*

Diese Defintion ist sehr allgemein. Es ist gar nicht vorgeschrieben, *wie* die Sätze der Theorie festgelegt sind.

Wir wollen zwei Methoden kennenlernen, die axiomatische Methode und die Methode ausgezeichneter Interpretationen.

Nach der axiomatischen Methode greift man sich irgendeine Menge von Aussagen Ax heraus und definiert T als die Menge aller Folgerungen daraus.

(2) **Def.** (*Axiomatische Theorien*):

> *Ax sei eine Menge von Aussagen einer Sprache L, und T die Menge der Aussagen ϕ von L mit $Ax \models \phi$. Dann ist T eine formale Theorie. Man sagt, Ax sei ein Axiomensystem für T und T sei durch Ax axiomatisiert.*

Es ist leicht zu sehen, daß T in der Tat eine Theorie ist. Denn sei $T \models \phi$ und $\mathfrak{I}$ irgendein Modell von Ax. Nach Definition von T ist dann $\mathfrak{I}$ auch ein Modell T und wegen $T \models \phi$ auch von ϕ. Somit $Ax \models \phi$ und deshalb $\phi \in T$. Insgesamt:

$$\text{wenn } T \models \phi, \text{ so } \phi \in T,$$

d.h., T ist gegen Folgerungen abgeschlossen.

Im Grunde ist jede Theorie T axiomatisch, denn man braucht ja nur T selbst als Axiomensystem zu nehmen. In den interessanten Fällen ist das Axiomensystem aber eine kleine oder überschaubare Menge von Aussagen, selbst wenn T sehr kompliziert ist.

B e i s p i e l e liefern die algebraischen Theorien (vgl. § 5, b).

Wir setzen:

T_{HO} (*Theorie der Halbordnungen*) für alle Folgerungen in L_O aus Ax_{HO},

T_O (*Theorie der Ordnungen*) für alle Folgerungen in L_O aus Ax_O,

T_{GR} (*Gruppentheorie*) für alle Folgerungen in L_{GR} aus Ax_{GR},
T_{RI} (*Ringtheorie*) für alle Folgerungen in L_{RI} aus Ax_{RI}
usw.

Ein wichtiges Beispiel liefert aber auch die *axiomatische Arithmetik der natürlichen Zahlen* (bisweilen Peanoarithmetik genannt). Die Theorie T_{PA} besteht aus allen Folgerungen der Axiome (42), (43), (44), (45) von § 5a.

(3) **Def.** (*Theorien von Interpretationen*):

$\mathfrak{K}$ sei eine Klasse von Interpretationen einer Sprache L, und T sei die Menge der Aussagen ϕ von L, so daß $\models_{\mathfrak{J}} \phi$ für jede Interpretation $\mathfrak{J}$ aus $\mathfrak{K}$.
Dann ist T eine formale Theorie. Man sagt, daß T die Theorie der Klasse $\mathfrak{K}$ von Interpretationen ist.

Es ist wieder leicht zu sehen, daß T eine Theorie ist. Denn sei $T \models \phi$ und $\mathfrak{J}$ ein Modell aus $\mathfrak{K}$. Dann ist $\mathfrak{J}$ Modell von T nach Definition von T und somit auch Modell von ϕ wegen $T \models \phi$. Folglich ist $\models_{\mathfrak{J}} \phi$ für jedes $\mathfrak{J}$ aus $\mathfrak{K}$, d. h. $\phi \in T$. Insgesamt:

$$\text{wenn } T \models \phi\,, \quad \text{so } \phi \in T,$$

d. h., T ist gegen Folgerungen abgeschlossen.

Wieder kann jede Theorie T auf diese Weise gegeben werden, denn man braucht ja für $\mathfrak{K}$ nur die Klasse aller Modelle von T zu nehmen. In interessanten Fällen ist aber $\mathfrak{K}$ klein oder überschaubar und oft im wesentlichen durch eine Interpretation gegeben.

Beispiele liefern die Theorien, die durch sog. Standardinterpretationen gegeben werden, etwa $\mathfrak{J}_{St}$ von L_{AR} (vgl. 5, a).

Wir wollen folgende Bezeichnungen vereinbaren:

$T_{\mathbb{N},\mathbb{Z},\mathbb{Q},\mathbb{R},\mathbb{C};+,\cdot,\leqslant}$ sei die Menge aller in $\mathfrak{J}_{St}$ von L_{AR} wahren Aussagen von L_{AR}, entsprechend für Teilsprachen: $T_{\mathbb{Q};\leqslant}$ o. ä. Dabei kann man die Angaben der Konstanten noch weglassen, wenn diese sich aus dem Kontext ergeben. $T_{\mathbb{N}}$ ist dann also die Menge aller wahren Aussagen über natürliche Zahlen der Sprache $L(\mathbb{N}; \ldots)$, die *volle Arithmetik der natürlichen Zahlen*.

Man beachte, daß in unserer Sprache mit universellen Variablen die Standardinterpretation genau genommen nicht eine einzige Interpretation ist (weil wir die

Wahl des universellen Bereiches noch offen gelassen haben). Im Grunde ist damit eine Klasse von Interpretationen angegeben, die sich nur durch die Wahl des universellen Bereiches unterscheiden. Man könnte diese Vielfalt dadurch beseitigen, daß man sich auf Fragmente der vollen Sprache L_{AR} beschränkt, in denen die universellen Variablen fehlen.

Da wir aber hier keine Modelltheorie betreiben wollen, in der die Verhältnisse zwischen formalen Sprachen und Interpretationen systematisch untersucht werden, werden wir darauf nicht weiter eingehen.

Wir erläutern zum Schluß noch den Begriff des Folgerns in einer Theorie:

(4) **Def.** (*Folgern in einer Theorie*):

T sei eine Theorie in einer Sprache L. Dann sei für jede Formelmenge Γ von L und Formel ϕ von L:
$\Gamma \models_T \phi$ gleichbedeutend mit $\Gamma, T \models \phi$.

Lesart: *Aus Γ folgt in T die Formel ϕ.*

Den Hinweis auf die Theorie T am Folgerungszeichen kann man auch durch den Hinweis auf Axiome (wenn T dadurch im Sinne von (2) gegeben ist) oder durch den Hinweis auf eine Klasse von Interpretationen (wenn T dadurch im Sinne von (3) gegeben ist) oder durch andere vereinbarte Indizes ersetzen.

Beim Folgern in der Gruppentheorie z. B. erspart man sich das stereotype Hinschreiben der Gruppenaxiome in den Annahmen und löst das durch einen entsprechenden Index am Folgerungszeichen ab. Entsprechend verfährt man bei anderen Theorien. Wir wollen hier etwa vereinbaren:

Man schreibe: $\models_{HO}$ *für* $\models_{T_{HO}}$, *für* $\models_{O}$ *für* $\models_{T_O}$, $\models_{GR}$ *für* $\models_{T_{GR}}$, $\models_{RI}$ *für* $\models_{T_{RI}}$, usw.

Man schreibe: $\models_{\mathbb{Q},\leqslant}$ *für* $\models_{T_{\mathbb{Q},\leqslant}}$, $\models_{\mathbb{N}}$ *für* $\models_{T_{\mathbb{N}}}$ usw.

In der Praxis schreibt man aber meist gar keine Folgerungszeichen und muß jeweils wissen, in welcher Theorie man gerade ist und welche Sätze man ohne Beweis annehmen kann.

Im täglichen Leben ist man es auch gewohnt, selbstverständliche Prämissen (wie z. B. Jeder Dackel ist ein Hund, auf Montag folgt Dienstag, das Jahr hat zwölf Monate usw.) wegzulassen. Die Schlüsse des täglichen Lebens sind deshalb fast niemals wirklich logische Schlüsse. Sie wimmeln von verborgenen Prämissen, die dem Sprecher oft gar nicht bewußt sind und die häufig durchaus strittig sind (man denke z. B. an politische Diskussionen).

Es sei an dieser Stelle erwähnt, daß auch in den Grundlagen der semantisch aufgebauten Logik selbst gewisse Prämissen verborgen sind, die nicht von allen Logikern akzeptiert werden. Wir greifen nur einen Punkt heraus.

$\phi(v)$ sei eine Formel mit einer freien Variablen, die in einer gewissen Interpretation $\mathfrak{J}$ bei jeder Belegung $\mathfrak{B}$ über $\mathfrak{J}$ einen wohlbestimmten Wahrheitswert hat. (Man sagt, daß $\phi(v)$ über $\mathfrak{J}$ wahrheitsdefinit ist.) Dann *nehmen wir an*, daß auch $\forall v\phi(v)$ wahrheitsdefinit über $\mathfrak{J}$ ist. In (c; 4, r_8) ist das benutzt worden.

$\phi(n)$ sei etwa Formalisierung von: wenn n_0 gerade und $\geqslant 4$ ist, so ist n_0 die Summe zweier Primzahlen. Dieses ist wahrheitsdefinit; für jedes gegebene n_0 kann man durch Zerlegung von n_0 in Summanden und Nachprüfen in endlich vielen Schritten feststellen, ob die Formel erfüllt ist oder nicht. $\forall n_0\ \phi(n_0)$ wäre dann Formalisierung der Goldbachschen Vermutung, daß j e d e gerade Zahl ab 4 Summe zweier Primzahlen ist. Man weiß bis heute nicht, ob das wahr oder falsch ist. Man muß also einräumen, daß man kein *Verfahren* hat, um den Wahrheitswert von $\forall v\phi(v)$ zu bestimmen, nichtsdestoweniger nimmt man an, daß der Wahrheitswert *an sich* feststeht. Die konstruktivistischen Strömungen der Logik bestreiten diese Annahme (aber das ist ihr Verlust). Jedenfalls halte ich diese Annahme für wissenschaftlich legitim. Man sollte sich jedoch bewußt sein, daß der An-sich-Standpunkt nicht zwingend vorgeschrieben, ganz gewiß aber auch nicht verboten ist.

Aufgaben:

1. Eine Formel ϕ ist in einer Interpretation $\mathfrak{J}$ erfüllbar, wenn es eine Belegung $\mathfrak{B}$ über $\mathfrak{J}$ gibt mit $\phi^{\mathfrak{J},\mathfrak{B}} = W$. Wie hängen die folgenden Begriffe zusammen?

   ϕ ist in $\mathfrak{J}$ erfüllbar,

   ϕ gilt in $\mathfrak{J}$,

   $\forall \ldots \phi$ ist wahr in $\mathfrak{J}$,

   $\exists \ldots \phi$ ist wahr in $\mathfrak{J}$.

2. (a) ϕ folge aus jeder Formelmenge. Was läßt sich über ϕ aussagen?

   (b) Aus Γ folge jede Formel. Was läßt sich über Γ aussagen?

   (c) Man zeige: $\Gamma \models \phi$ genau dann, wenn Γ vermehrt um $\neg\phi$ in keiner Interpretation erfüllbar ist.

3. Man beweise das Koinzidenztheorem (§ 6 c; 6).

4. Die semantische Definition des Folgerungsbegriffs nimmt eigentlich auch auf die zugrundegelegte Sprache L Bezug, so daß man genauer $\models_L$ statt $\models$ schreiben sollte.

Man überlege sich jedoch: L sei Teilsprache von L', Γ sei Formelmenge von L, ϕ Formel von L. Dann:

$$\Gamma \models_L \phi \text{ genau dann, wenn } \Gamma \models_{L'} \phi.$$

5. Folgt die letzte der drei Aussagen aus Aufgabe 3 von § 1 aus den beiden ersten? Man ergänze ggf. unausgesprochene Prämissen.

6. Man zeige, daß für jede Theorie T von L die folgenden Bedingungen äquivalent sind:

   (a) $\bot \notin T$.

   (b) Es gibt keine Aussage ϕ von L mit $\phi \in T$ und $\neg\phi \in T$.

   (c) Es gibt eine Aussage ϕ von L mit $\phi \notin T$.

   (d) T hat ein Modell.

   Eine Theorie, die diese Bedingungen erfüllt, heißt widerspruchsfrei.

§ 7. Aussagenlogik

Wir wollen in diesem Kapitel einige logische Sätze und Schlußregeln zusammenstellen, die wir zweckmäßigerweise zur Verfügung haben sollten, wenn wir an die mehr mengentheoretischen Begriffe herangehen. Zunächst wollen wir kurz die Aussagenlogik behandeln.

Die *Aussagenlogik* ist der Teil der Logik, der sich mit den Junktoren befaßt.

Ein *n-stelliger Junktor* verbindet jeweils n Formeln zu einer neuen Formel. *Dabei hängt der Wahrheitswert der Gesamtformel nur von den Wahrheitswerten der n Teilformeln ab.* Ein Junktor ist also durch eine *Wahrheitstafel* festgelegt.

Für unsere Junktoren (unter die wir jetzt auch $\top$, $\bot$ als nullstellige Junktoren rechnen) haben wir folgende Wahrheitstafeln (vgl. (§ 6 c: a_3, r_3, ..., r_7)):

(1) *Nullstellige Junktoren* (d. h. *Verum und Falsum*):

$\top$
W

$\bot$
F

(2) *Einstelliger Junktor*:

ϕ	$\neg\phi$
W	*F*
F	*W*

(3) *Zweistellige Junktoren*:

ϕ	ψ	$(\phi \wedge \psi)$	$(\phi \vee \psi)$	$(\phi \longrightarrow \psi)$	$(\phi \longleftrightarrow \psi)$
W	*W*	*W*	*W*	*W*	*W*
F	*W*	*F*	*W*	*W*	*F*
W	*F*	*F*	*W*	*F*	*F*
F	*F*	*F*	*F*	*W*	*W*

Es gibt nun Formeln, die schon auf Grund dieser Wahrheitstafeln in jeder Interpretation und Belegung den Wert *W* erhalten müssen, also allgemeingültig sind. Ein Beispiel ist

$$\phi \longrightarrow \psi \vee \neg \psi .$$

Das kann man etwa als Formalisierung der folgenden Wetterregel auffassen: *Wenn der Hahn kräht auf dem Mist, so ändert sich das Wetter, oder es bleibt, wie es ist.* Welche Werte ϕ und ψ bei $\mathfrak{I}$ und $\mathfrak{B}$ auch erhalten (es kommen ja nur *W* oder *F* in Frage), stets erhält die Gesamtformel den Wert *W*.

Das rechnet man mit Hilfe einer Wahrheitstafel aus:

ϕ	ψ	$\phi \longrightarrow \psi \vee \neg\, \psi$
W	*W*	*W W W W F W*
F	*W*	*F W W W F W*
W	*F*	*W W F W W F*
F	*F*	*F W F W W F*
		1 6 2 5 4 3

Die Ziffern unter den Spalten geben an, in welcher Reihenfolge man die Spalten ausfüllt. Zum Schluß wird die Spalte 6 unter dem Hauptverknüpfungszeichen ausgefüllt, in der nur *W* auftaucht.

Eine Formel, die man mit Hilfe einer solchen Wahrheitstafel als allgemeingültig erkennen kann, heißt *Tautologie.*

Man kann von einer beliebig gegebenen Formel ϕ stets in endlich vielen Schritten feststellen, ob sie eine Tautologie ist oder nicht.

Zunächst suche man diejenigen Teilformen auf, die nicht weiter aussagenlogisch zerlegt werden können (also von der Form $X \in Y$, $X = Y$, $\forall v\, \theta$, $\exists v\, \theta$ sind) und nicht innerhalb aussagenlogisch unzerlegbarer Formeln als echter Teil vorkommen. Die gefundenen Teilformeln seien $\phi_1, \ldots, \phi_n$ (jede, wenn sie mehrmals in dieser Weise in ϕ vorkommt, nur einmal gerechnet).

Dann lege man eine Wahrheitstafel mit n Eingängen und 2^n Zeilen an, in der ϕ selbst als Tabellenkopf fungiert. In die 2^n Zeilen trage man in den Eingangsspalten alle Möglichkeiten ein, die $\phi_1, \ldots, \phi_n$ mit Wahrheitswerten W oder F belegen.

ϕ_1	ϕ_2	$\cdots$	ϕ_n	ϕ
W	W	$\cdots$	W	
F	W	$\cdots$	W	
W	F	$\cdots$	W	
$\vdots$	$\vdots$	$\vdots$	$\vdots$	
F	F	$\cdots$	F	

2^n Zeilen

Dann rechne man in jeder solchen Zeile den zugehörigen Wert von ϕ aus. Dazu überträgt man zunächst die Werte von $\phi_1, \ldots, \phi_n$, d. h., man schreibt sie unter die entsprechenden Stellen von ϕ. Dann rechnet man mit den Wahrheitstafeln den Wert der Gesamtformel ϕ aus. Dabei rechnet man von den $\phi_1, \ldots, \phi_n$ ausgehend, dem aussagenlogischen Aufbau von ϕ aus $\phi_1, \ldots, \phi_n$ folgend. Man schreibt jeweils den Wert einer Teilformel unter das Hauptverknüpfungszeichen dieser Teilformel in ϕ.

Schließlich prüft man nach, ob in der Spalte unter dem Hauptverknüpfungszeichen von ϕ nur W auftaucht. Wenn das der Fall ist, so sagen wir, daß das Wahrheitstafelverfahren für ϕ *positiv ausgeht.*

(4) Def.: *Als Tautologien definieren wir diejenigen Formeln, für die das Wahrheitstafelverfahren positiv ausgeht. Wenn ϕ tautologisch ist, so schreiben wir*

$$\models_{AL} \phi .$$

Die Buchstaben AL sollen an Aussagenlogik erinnern.

Wir betrachten ein Beispiel.

Die Formel $v_0 \in A \vee v_0 \in B \longrightarrow \exists v_0 (v_0 \in A \vee v_0 \in B)$, als ϕ genommen, hat drei aussagenlogisch unzerlegbare Bestandteile, nämlich $v_0 \in A$, $v_0 \in B$, $\exists v_0 (v_0 \in A \vee v_0 \in B)$.

Die Wahrheitstafel sieht so aus:

$v_0 \in A$	$v_0 \in B$	$\exists v_0 (v_0 \in A \vee v_0 \in B)$	$v_0 \in A \vee v_0 \in B \rightarrow \exists v_0 (v_0 \in A \vee v_0 \in B)$
W	*W*	*W*	*W W W W W*
F	*W*	*W*	*F W W W W*
W	*F*	*W*	*W W F W W*
F	*F*	*W*	*F F F W W*
W	*W*	*F*	*W W W F F*
F	*W*	*F*	*F W W F F*
W	*F*	*F*	*W W F F F*
F	*F*	*F*	*F F F W F*

Es zeigt sich, daß diese Formel *keine* Tautologie ist, obwohl sie allgemeingültig ist. Das liegt daran, daß der Zusammenhang, der zwischen Formeln der Art $\psi \vee \theta$ und $\exists v\ (\psi \vee \theta)$ besteht, aussagenlogisch nicht dargestellt werden kann.

Aber andererseits ist natürlich jede Tautologie allgemeingültig. Denn sei ϕ aus den aussagenlogisch unzerlegbaren Teilformeln $\phi_1, \ldots, \phi_n$ nur mit Hilfe von Junktoren aufgebaut. Dann bilden $\phi_1^{\mathfrak{J},\mathfrak{B}}, \ldots, \phi_n^{\mathfrak{J},\mathfrak{B}}$ eine bestimmte Belegung der $\phi_1, \ldots, \phi_n$ mit Wahrheitswerten, die sich in den Eingangsspalten einer Zeile der Wahrheitstafel für ϕ wiederfinden. Die Berechnung von $\phi^{\mathfrak{J},\mathfrak{B}}$, ausgehend von den $\phi_1^{\mathfrak{J},\mathfrak{B}}, \ldots, \phi_n^{\mathfrak{J},\mathfrak{B}}$, geht dann aber genauso, wie es in dieser Zeile unter ϕ vorgeführt ist. Dabei ist der Wert W herausgekommen, somit ist $\phi^{\mathfrak{J},\mathfrak{B}} = W$. Da $\mathfrak{J}$, $\mathfrak{B}$ beliebig sein konnten, hat man $\models \phi$.

Die Tautologien bilden also eine echte Teilmenge der Menge aller allgemeingültigen Formeln. Es ist sogar eine entscheidbare Menge, denn das Wahrheitstafelverfahren ist ja gerade ein Entscheidungsverfahren, mit dem man Zugehörigkeit zu dieser Menge testen kann.

Wir halten also fest:

(5) **Satz:** *Wenn* $\models_{\overline{AL}} \phi$, *so* $\models \phi$.

(6) **Satz:** *Für beliebige Formeln ϕ kann man effektiv entscheiden, ob $\models_{AL} \phi$ oder nicht.*

Übrigens wird oben niemals wirklich benutzt, daß die Formeln $\phi_1, \ldots, \phi_n$, aus denen ϕ mit Hilfe von Junktoren aufgebaut ist, wirklich selbst aussagenlogisch unzerlegbar sind. Natürlich muß man die feinste aussagenlogische Analyse von ϕ vornehmen (in aussagenlogisch unzerlegbare $\phi_1, \ldots, \phi_n$), wenn man zeigen will, daß ϕ *nicht* tautologisch ist. Um nachzuweisen, daß ϕ tautologisch ist, genügt es, auf irgendwelche $\phi_1, \ldots, \phi_n$ zurückzugehen, aus denen ϕ mit Hilfe von Junktoren aufgebaut ist.

Wir bringen noch drei Beispiele für tautologische Formeln. Genauer gesagt, sind es Formelschemata, in denen ϕ, ψ, θ beliebige Formeln sein dürfen, auch solche, die sich aussagenlogisch noch weiter zerlegen lassen.

$$\models_{AL} \neg(\phi \to \psi) \longleftrightarrow \phi \wedge \neg\psi .$$

Beweis mit Wahrheitstafel:

ϕ	ψ	$\neg(\phi \to \psi)$	$\longleftrightarrow$	$\phi \wedge \neg\psi$
W	W	F W W W	W	W F F W
F	W	F F W W	W	F F F W
W	F	W W F F	W	W W W F
F	F	F F W F	W	F F W F

$$\models_{AL} \neg\phi \longleftrightarrow (\phi \to \bot) .$$

Beweis mit Wahrheitstafel:

ϕ	$\neg\phi$	$\longleftrightarrow$	$(\phi \longrightarrow \bot)$
W	F W	W	W F F
F	W F	W	F W F

$$\models_{AL} (\phi \wedge \psi) \vee \theta \longleftrightarrow (\phi \vee \theta) \wedge (\psi \vee \theta) .$$

Beweis mit Wahrheitstafel:

ϕ	ψ	θ	$(\phi \wedge \psi) \vee \theta$	$\longleftrightarrow$	$(\phi \vee \theta) \wedge (\psi \vee \theta)$
W	W	W	W W W W W	W	W W W W W W W
F	W	W	F F W W W	W	F W W W W W W
W	F	W	W F F W W	W	W W W W F W W
F	F	W	F F F W W	W	F W W W F W W
W	W	F	W W W W F	W	W W F W W W F
F	W	F	F F W F F	W	F F F F W W F
W	F	F	W F F F F	W	W W F F F F F
F	F	F	F F F F F	W	F F F F F F F

Tautologien sind spezielle allgemeingültige Formeln. Auch spezielle logische Folgerungen können wir mit aussagenlogischen Mitteln gewinnen, wie das Deduktionstheorem lehrt:

(8) **Def.** (*Aussagenlogische Folgerungen*):

$\phi_1, \ldots, \phi_n \models_{AL} \phi$ *sei gleichbedeutend mit* $\models_{AL} \phi_1 \wedge \ldots \wedge \phi_n \longrightarrow \phi$.

Lies: *Aus* $\phi_1, \ldots, \phi_n$ *folgt aussagenlogisch* ϕ.

Dann gilt natürlich:

(9) **Satz:** *Wenn* $\phi_1, \ldots, \phi_n \models_{AL} \phi$, *so* $\phi_1, \ldots, \phi_n \models \phi$.

Beweis: Sei $\phi_1, \ldots, \phi_n \models_{AL} \phi$, dann nach Definition
$\models_{AL} \phi_1 \wedge \ldots \wedge \phi_n \longrightarrow \phi$. Daraus nach (5)
$\models \phi_1 \wedge \ldots \wedge \phi_n \longrightarrow \phi$ und mit (§ 6e; 9)
$\phi_1, \ldots, \phi_n \models \phi_1$.

Aussagenlogische Folgerungen sind also spezielle logische Folgerungen. Es gilt ferner:

(10) **Satz:** *Für beliebige Formeln* $\phi_1, \ldots, \phi_n, \phi$
kann man effektiv entscheiden, ob
$\phi_1, \ldots, \phi_n \models_{AL} \phi$ *oder nicht.*

Beweis: Man kann ja entscheiden, ob

$$\models_{AL} \phi_1 \wedge \ldots \wedge \phi_n \longrightarrow \phi.$$

Zum Schluß führen wir den Begriff der aussagenlogischen Äquivalenz ein.

(11) **Def.:** $\phi \dashv\models_{AL} \psi$ *sei gleichbedeutend mit* $\models_{AL} \phi \longleftrightarrow \psi$.

Lies: ϕ *ist aussagenlogisch äquivalent zu* ψ.

Natürlich gilt:

(12) **Satz:** *Wenn* $\phi \dashv\models_{AL} \psi$, *so* $\phi \dashv\models \psi$.

(13) **Satz:** *Für beliebige Formeln* ϕ, ψ *kann man effektiv entscheiden, ob* $\phi \dashv\models_{AL} \psi$ *oder nicht.*

Wir geben im nächsten Paragraphen eine Liste von Tautologien an. Die prinzipiell trivialen, wenn auch bisweilen langwierigen Beweise mit Hilfe von Wahrheitstafeln sind fortgelassen. Der Leser möge aber zur Übung möglichst viele der Beweise durchführen.

Viele der Tautologien sind Äquijunktionen oder Subjunktionen. Jede tautologische Äquijunktion $\models_{AL} \phi \longleftrightarrow \psi$ soll gleichzeitig für zwei tautologische Subjunktionen $\models_{AL} \phi \longrightarrow \psi$ und $\models_{AL} \psi \longrightarrow \phi$, für eine aussagenlogische Äquivalenz $\phi \dashv\models_{AL} \psi$ und zwei aussagenlogische Folgerungen $\phi \models_{AL} \psi$ und $\psi \models_{AL} \phi$ stehen. Jede tautologische Subjunktion $\models_{AL} \phi \longrightarrow \psi$ soll auch für die aussagenlogische Folgerung $\phi \models_{AL} \psi$ stehen.

Es lassen sich verschiedene Gruppen von Tautologien hervorheben.

Die Tautologien (7), . . . , (18) entsprechen Axiomen für Boolesche Algebren.

Die Tautologien (21, . . . , (29), (33), . . . , (36) geben logisch äquivalente Umformungen für Subjunktionen und Äquijunktionen.

Die Tautologien (37), . . . , (44) geben Beiträge zur Verneinungstechnik (s. auch § 14 c).

Die Tautologien (45), . . . , (56) zeigen, wie man $\top$ und $\bot$ „herauskürzen" kann.

Die Tautologien (75), . . . , (79) werden beim Beweis des Ersetzungstheorems benötigt.

Am Schluß folgen ziemlich unsystematisch einige Tautologien, die an verschiedenen Stellen in diesem Buch gebraucht werden.

Aufgaben:

1. Man markiere die Fehler in der folgenden Wahrheitstafel und setze die restlichen Wahrheitswerte ein.

ϕ_0	ϕ_1	ϕ_2	$(\phi_0$	$\wedge$	$\neg$	$\phi_1)$	$\longrightarrow$	$(\neg$	ϕ_2	$\longleftrightarrow$	$(\phi_1$	$\longrightarrow$	$\neg\phi_0))$
W	*W*	*W*	*W*	*F*	*F*	*W*	*F*	*F*	*W*	*W*	*W*	*W*	*W*
F	*W*	*W*	*F*	*F*	*F*	*W*	*F*	*F*	*W*	*F*	*W*	*F*	*F*
W	*F*	*W*	*W*	*W*	*W*	*F*	*W*	*F*	*W*	*W*	*F*	*W*	*F*
F	*F*	*W*	*F*	*F*	*F*	*F*	*W*	*F*	*W*	*W*	*F*	*W*	*F*
W	*W*	*F*	*W*						*F*				
F	*W*	*F*	*W*						*F*				
W	*F*	*F*	*F*						*F*				
F	*F*	*F*	*F*						*F*				

2. Für die Tautologien

   (16), (21), (40), (41), (71), (72), (80), (102), (104)

   der Liste in § 8 gebe man die vollständigen Wahrheitstafeln an.

§ 8. Liste von Tautologien

(1) $\top$

(2) $\neg\bot$

(3) $\phi \vee \neg\phi$

(4) $\neg(\phi \wedge \neg\phi)$

(5) $\top \vee \phi$

(6) $\neg(\bot \wedge \phi)$

(7) $\phi \wedge \phi \longleftrightarrow \phi$

(8) $\phi \vee \phi \longleftrightarrow \phi$

(9) $\phi \wedge \psi \longleftrightarrow \psi \wedge \phi$

(10) $\phi \vee \psi \longleftrightarrow \psi \vee \phi$

(11) $\phi \wedge (\psi \wedge \theta) \longleftrightarrow (\phi \wedge \psi) \wedge \theta$

(12) $\phi \vee (\psi \vee \theta) \longleftrightarrow (\phi \vee \psi) \vee \theta$

(13) $(\phi \wedge \psi) \vee \phi \longleftrightarrow \phi$

(14) $(\phi \vee \psi) \wedge \phi \longleftrightarrow \phi$

(15) $(\phi \wedge \psi) \vee \theta \longleftrightarrow (\phi \vee \theta) \wedge (\psi \vee \theta)$

(16) $(\phi \vee \psi) \wedge \theta \longleftrightarrow (\phi \wedge \theta) \vee (\psi \wedge \theta)$

(17) $\phi \wedge (\psi \vee \neg \psi) \longleftrightarrow \phi$

(18) $\phi \vee (\psi \wedge \neg \psi) \longleftrightarrow \phi$

(19) $\phi \wedge \psi \longleftrightarrow \neg(\neg \phi \vee \neg \psi)$

(20) $\phi \vee \psi \longleftrightarrow \neg(\neg \phi \wedge \neg \psi)$

(21) $\phi \longrightarrow \psi \quad .\!\longleftrightarrow\!. \neg \phi \vee \psi$

(22) $\neg \phi \longrightarrow \psi \quad .\!\longleftrightarrow\!. \phi \vee \psi$

(23) $\phi \longrightarrow \psi \quad .\!\longleftrightarrow\!. \neg(\phi \wedge \neg \psi)$

(24) $\phi \longrightarrow \neg \psi \quad .\!\longleftrightarrow\!. \neg(\phi \wedge \psi)$

(25) $\phi \longrightarrow \psi \quad .\!\longleftrightarrow\!. \phi \wedge \psi \longleftrightarrow \phi$

(26) $\phi \longrightarrow \psi \quad .\!\longleftrightarrow\!. \phi \vee \psi \longleftrightarrow \psi$

(27) $\phi \longrightarrow \psi \quad .\!\longleftrightarrow\!. \neg \psi \longrightarrow \neg \phi$

(28) $\phi \longrightarrow \neg \psi \quad .\!\longleftrightarrow\!. \psi \longrightarrow \neg \phi$

(29) $\neg \phi \longrightarrow \psi \quad .\!\longleftrightarrow\!. \neg \psi \longrightarrow \phi$

(30) $\phi \longleftrightarrow \phi$

(31) $\phi \longleftrightarrow \psi \quad .\!\longleftrightarrow\!. \psi \longleftrightarrow \phi$

(32) $(\phi \longleftrightarrow \psi) \wedge (\psi \longleftrightarrow \theta) .\!\longleftrightarrow\!. \phi \longleftrightarrow \theta$

(33) $\phi \longleftrightarrow \psi \quad .\!\longleftrightarrow\!. (\phi \longrightarrow \psi) \wedge (\psi \longrightarrow \phi)$

(34) $\phi \longleftrightarrow \psi \quad .\!\longleftrightarrow\!. (\phi \wedge \psi) \vee (\neg \phi \wedge \neg \psi)$

(35) $\phi \longleftrightarrow \psi \quad .\!\longleftrightarrow\!. \neg \phi \longleftrightarrow \neg \psi$

(36) $\phi \longleftrightarrow \neg \psi \quad .\!\longleftrightarrow\!. \neg \phi \longleftrightarrow \psi$

(37) $\neg \top \longleftrightarrow \bot$

(38) $\neg \bot \longleftrightarrow \top$

(39) $\neg \neg \phi \longleftrightarrow \phi$

(40) $\neg(\phi \wedge \psi) \longleftrightarrow \neg \phi \vee \neg \psi$

(41) $\neg(\phi \vee \psi) \longleftrightarrow \neg \phi \wedge \neg \psi$

(42) $\neg(\phi \longrightarrow \psi) \longleftrightarrow \phi \wedge \neg \psi$

(43) $\neg(\phi \longleftrightarrow \psi) \longleftrightarrow \neg \phi \longleftrightarrow \psi$

(44) $\neg(\phi \longleftrightarrow \psi) \;\longleftrightarrow\; (\neg\phi \wedge \psi) \vee (\phi \wedge \neg\psi)$

(45) $\top \longleftrightarrow \phi \vee \neg\phi$

(46) $\bot \longleftrightarrow \phi \wedge \neg\phi$

(47) $\top \wedge \phi \longleftrightarrow \phi$

(48) $\bot \vee \phi \longleftrightarrow \phi$

(49) $\top \vee \phi \longleftrightarrow \top$

(50) $\bot \wedge \phi \longleftrightarrow \bot$

(51) $\top \longrightarrow \phi \;\longleftrightarrow\; \phi$

(52) $\bot \longrightarrow \phi \;\longleftrightarrow\; \top$

(53) $\phi \longrightarrow \top \;\longleftrightarrow\; \top$

(54) $\phi \longrightarrow \bot \;\longleftrightarrow\; \neg\phi$

(55) $\top \longleftrightarrow \phi \;\longleftrightarrow\; \phi$

(56) $\bot \longleftrightarrow \phi \;\longleftrightarrow\; \neg\phi$

(57) $\phi \longrightarrow \top$

(58) $\bot \longrightarrow \phi$

(59) $\phi \longrightarrow \phi$

(60) $\phi \longrightarrow \phi \vee \psi$

(61) $\psi \longrightarrow \phi \vee \psi$

(62) $\phi \wedge \psi \longrightarrow \phi$

(63) $\phi \wedge \psi \longrightarrow \psi$

(64) $\phi \wedge (\phi \longrightarrow \psi) \longrightarrow \psi$

(65) $\phi \wedge (\phi \longleftrightarrow \psi) \longrightarrow \psi$

(66) $\neg\psi \wedge (\phi \longrightarrow \psi) \longrightarrow \neg\phi$

(67) $\neg\psi \wedge (\phi \longleftrightarrow \psi) \longrightarrow \neg\phi$

(68) $\phi \wedge (\psi \longleftrightarrow \neg\phi) \longrightarrow \neg\psi$

(69) $\phi \longrightarrow (\psi \longrightarrow \theta) \;\longleftrightarrow\; \phi \wedge \psi \longrightarrow \theta$

(70) $(\phi \longrightarrow \psi) \wedge (\psi \longrightarrow \theta) \longrightarrow (\phi \longrightarrow \theta)$

(71) $(\phi \longrightarrow \theta) \wedge (\psi \longrightarrow \theta) \;\longleftrightarrow\; \phi \vee \psi \longrightarrow \theta$

(72) $(\phi \longrightarrow \theta) \vee (\psi \longrightarrow \theta) \;\longleftrightarrow\; \phi \wedge \psi \longrightarrow \theta$

(73) $(\theta \longrightarrow \phi) \wedge (\theta \longrightarrow \psi) \;\longleftrightarrow\; \theta \longrightarrow \phi \wedge \psi$

(74) $(\theta \longrightarrow \phi) \vee (\theta \longrightarrow \psi) \quad .\longleftrightarrow. \quad \phi \longrightarrow \phi \vee \psi$

(75) $\phi \longleftrightarrow \psi \quad .\longrightarrow. \neg \phi \longleftrightarrow \neg \psi$

(76) $(\phi_1 \longleftrightarrow \psi_1) \wedge (\phi_2 \longleftrightarrow \psi_2) \quad .\longrightarrow. \phi_1 \wedge \phi_2 \longleftrightarrow \psi_1 \wedge \psi_2$

(77) $(\phi_1 \longleftrightarrow \psi_1) \wedge (\phi_2 \longleftrightarrow \psi_2) \quad .\longrightarrow. \phi_1 \vee \phi_2 \longleftrightarrow \psi_1 \vee \psi_2$

(78) $(\phi_1 \longleftrightarrow \psi_1) \wedge (\phi_2 \longleftrightarrow \psi_2) \quad .\longrightarrow. (\phi_1 \longrightarrow \phi_2) \longleftrightarrow (\psi_1 \longrightarrow \psi_2)$

(79) $(\phi_1 \longleftrightarrow \psi_1) \wedge (\phi_2 \longleftrightarrow \psi_2) \quad .\longrightarrow. (\phi_1 \longleftrightarrow \phi_2) \longleftrightarrow (\psi_1 \longleftrightarrow \psi_2)$

(80) $\phi_1 \longleftrightarrow \neg \phi_2 \ .\longrightarrow. (\phi_1 \longrightarrow \psi_1) \wedge (\phi_2 \longrightarrow \psi_2) \longleftrightarrow (\phi_1 \wedge \psi_1) \vee (\phi_2 \wedge \psi_2)$

(81) $(\phi_1 \longrightarrow \psi_1) \wedge (\phi_2 \longrightarrow \psi_2) \wedge (\phi_1 \vee \phi_2) \wedge \neg (\psi_1 \wedge \psi_2) \longrightarrow (\psi_1 \longrightarrow \phi_1) \wedge (\psi_2 \longrightarrow \phi_2)$

(82) $\phi \longleftrightarrow \psi \wedge \theta \ .\longleftrightarrow. \ (\phi \longrightarrow \psi) \wedge (\psi \longrightarrow (\phi \longleftrightarrow \theta))$

(83) $\phi \longrightarrow (\psi \longrightarrow \phi)$

(84) $\neg \phi \longrightarrow (\phi \longrightarrow \psi)$

(85) $\phi \ .\longrightarrow. \ \psi \wedge \phi \longleftrightarrow \psi$

(86) $\neg \phi \ .\longrightarrow. \ \psi \vee \phi \longleftrightarrow \psi$

(87) $\phi \ .\longrightarrow. \ \psi \vee \phi \longleftrightarrow \phi$

(88) $\neg \phi \ .\longrightarrow. \ \psi \wedge \phi \longleftrightarrow \phi$

(89) $\theta \wedge \neg \theta \ .\longrightarrow. \ \phi$

(90) $(\theta \longrightarrow \phi) \wedge (\neg \theta \longrightarrow \phi) \longrightarrow \phi$

(91) $\phi \longrightarrow \theta \wedge \neg \theta \ .\longrightarrow. \ \neg \phi$

(92) $(\phi \longrightarrow \theta) \wedge (\phi \longrightarrow \neg \theta) \longrightarrow \neg \phi$

(93) $\neg \phi \longrightarrow \theta \wedge \neg \theta \ .\longrightarrow. \ \phi$

(94) $(\neg \phi \longrightarrow \theta) \wedge (\neg \phi \longrightarrow \neg \theta) \longrightarrow \phi$

(95) $\phi \longrightarrow (\theta \longleftrightarrow \neg \theta) \ .\longrightarrow. \ \neg \phi$

(96) $\neg \phi \longrightarrow (\theta \longleftrightarrow \neg \theta) \longrightarrow \phi$

(97) $\theta \wedge \phi \longrightarrow \theta \wedge (\phi \vee \psi)$

(98) $\theta \wedge \psi \longrightarrow \theta \wedge (\phi \vee \psi)$

(99) $\theta \wedge (\theta \longrightarrow \phi) \longrightarrow \theta \wedge \phi$

(100) $(\phi \longrightarrow \theta) \wedge (\phi \longleftrightarrow \psi) \ .\longrightarrow. \ \psi \longrightarrow \theta$

(101) $\neg \phi \ .\longrightarrow. \ \neg (\psi \longleftrightarrow \phi) \longleftrightarrow \psi$

(102) $\phi \wedge \psi \longrightarrow \theta \ .\longleftrightarrow. \ \psi \longrightarrow \neg (\phi \wedge \neg \theta)$

(103) $\neg (\phi_1 \wedge \psi_1) \wedge \neg (\phi_2 \wedge \psi_2) \wedge (\psi_1 \wedge \psi_2) \ .\longrightarrow. \ \neg \phi_1 \wedge \neg \phi_2$

(104) $(\phi \vee \psi) \wedge (\theta \longrightarrow \psi) \;.\!\longrightarrow.\; \neg(\phi \wedge \neg\theta) \longrightarrow \psi$

(105) $\phi \longrightarrow (\psi \longleftrightarrow \theta) \;.\!\longrightarrow.\; \phi \wedge \theta \longrightarrow \psi$

(106) $\phi \longleftrightarrow (\psi \wedge \neg\phi) \;.\!\longrightarrow.\; \neg\psi$

(107) $(\phi \longrightarrow (\psi \longleftrightarrow \theta)) \wedge (\psi \longrightarrow \phi) \;.\!\longrightarrow.\; \psi \longrightarrow \phi \wedge \theta$

§ 9. Ableitbarkeit (halbformal)

Wenn wir über die Aussagenlogik hinausgehen und neben Junktoren auch die logische Rolle von Quantoren und Variablen berücksichtigen, so gibt es leider kein Entscheidungsverfahren für Allgemeingültigkeit und für Folgerungen. Wir müssen uns dann nach anderen Methoden umsehen, um logische Sätze zu gewinnen.

In einfachen Fällen mag man noch direkt inhaltlich einsehen können, daß eine Formel bei allen Interpretationen und Belegungen erfüllt ist, im allgemeinen wird man mit seiner Intuition nicht durchkommen. Dann muß man es genauso machen wie in der Mathematik und einen schrittweise vorgehenden *Beweis* führen, der die global nicht mehr vollziehbare Einsicht in kleine Schritte auflöst, die man einsehen kann.

(a) Beispiele für Ableitungen

(1) **Satz:** *A, B, C seien Terme. Dann behaupten wir:*

$$\forall v_0 (v_0 \in A \rightarrow v_0 \in B), \forall v_0 (v_0 \in B \rightarrow v_0 \in C) \models \forall v_0 (v_0 \in A \longrightarrow v_0 \in C).$$

Eine aussagenlogische Folgerung liegt offenbar nicht vor. Der Satz ist sicherlich noch ohne Beweis als richtig einsehbar. Doch wollen wir jetzt versuchen, einen schrittweise vorgehenden Beweis mit extrem einfachen Beweisschritten anzugeben. Wir numerieren die Beweisschritte durch, um sie besser zitieren zu können.

1 *Wir machen die Annahme:* $\forall v_0 (v_0 \in A \rightarrow v_0 \in B)$.

2 *Daraus speziell, welchen Wert v_0 auch hat:* $v_0 \in A \rightarrow v_0 \in B$.

3 *Wir machen die Annahme:* $\forall v_0 (v_0 \in B \rightarrow v_0 \in C)$.

4 *Daraus speziell, welchen Wert v_0 auch hat:* $v_0 \in B \rightarrow v_0 \in C$.

5 *Wir machen die Annahme:* $v_0 \in A$.

6 *Aus* (5) *und* (2) *ergibt sich:* $v_0 \in B.$

7 *Aus* (6) *und* (4) *ergibt sich:* $v_0 \in C.$

8 *Wir haben* (7) *unter der Annahme* (5) *erhalten, ohne die Annahme erhalten wir:* $v_0 \in A \rightarrow v_0 \in C.$

9 *Wir haben* (8) *unter den Annahmen* (1) *und* (3) *erhalten. Darin kommt* v_0 *gar nicht frei vor, d. h., über die Werte von* v_0 *wird in* (1), (3) *nichts vorausgesetzt. Der Wert von* v_0 *kann also beliebig sein, und wir erhalten:* $\forall v_0 (v_0 \in A \rightarrow v_0 \in C).$

Insgesamt haben wir aus den Prämissen von Satz 1 die Conclusio abgeleitet.

Wir wollen die einzelnen Beweisschritte noch einmal studieren.

In (1), (3), (5) werden *Annahmen eingeführt.* Das sind Formeln, bei denen man so tut, als seien sie bewiesen, die man also beim Schließen gebrauchen kann. Was man dann aus einer solchen Annahme erschlossen hat, hängt allerdings von dieser Annahme ab. Wenn man z. B. ϕ unter der Annahme ψ bewiesen hat, so hat man nicht

$$\models \phi$$

sondern nur

$$\psi \models \phi$$

gezeigt. Das Deduktionstheorem lehrt dann, daß man ohne Annahmen

$$\models \psi \rightarrow \phi$$

gezeigt hat. Diesen Übergang von ϕ (unter der Annahme ψ) zu $\psi \rightarrow \phi$ (ohne diese Annahme) bezeichnet man als *Annahmenbeseitigung.*

Dieser Beweisschritt liegt in (8) vor. Die Zwischenbehauptungen (5), (6), (7) hängen von der Annahme (5) ab, das ist bei (8) nicht mehr der Fall. Allerdings haben wir in (8) nur eine der drei Annahmen, von denen (7) abhängt, beseitigt. Die Abhängigkeit von (1), (3) bleibt bestehen bis zur Schlußzeile. Das stört aber nicht, da insgesamt ja auch nur eine Folgerung aus diesen Annahmen behauptet wurde.

In (6) und (7) liegt ein Schluß vor, der von ϕ und $\phi \rightarrow \psi$ zu ψ führt. Dieser Übergang, der der aussagenlogischen Folgerung $\phi, \phi \rightarrow \psi \models_{\overline{AL}} \psi$ (vgl. § 8; 64) entspricht, heißt *Modus Ponens* oder *Abtrennungsregel.*

Der Übergang von (1) zu (2) heißt *Allbeseitigung* und ist auch einleuchtend. Wenn wir $\forall\ v\ \phi$ haben, so können wir, welchen Wert auch

v hat, stets ϕ behaupten. Allbeseitigung liegt auch beim Übergang von (3) zu (4) vor.

In (9) ist der umgekehrte Übergang von ϕ zu $\forall v\, \phi$ vorgenommen worden, den wir *All-Einführung* oder *Generalisierung* nennen. Dieser Übergang ist natürlich nur erlaubt, wenn die Werte von v wirklich beliebig (aus dem Bereich der möglichen Werte natürlich) sein können und nicht durch irgendwelche Bedingungen eingeschränkt sind. Das ist der Fall, wenn in den Annahmen nichts über v vorausgesetzt wird, d. h., wenn v in diesen Annahmen nicht frei vorkommt. Dann hängen nämlich die Wahrheitswerte dieser Annahmen nicht vom Wert von v ab. Man sagt dann auch oft kurz: v ist beliebig.

Schließlich haben wir das Zeichen ■ verwendet, um das Ende des Beweises anzuzeigen.

Wir wollen noch einen weiteren Beweis führen.

(2) **Satz:** *A, B, C seien Terme. Dann behaupten wir:*

$$\forall v_0(v_0 \in A \to v_0 \notin B),\ \forall v_0(v_0 \in A \to v_0 \in C),\ \exists v_0\, v_0 \in A \models \exists v_0(v_0 \in C \wedge v_0 \notin B).$$

Beweis:

1	*Annahme:*	$\forall v_0(v_0 \in A \to v_0 \notin B)$.
2	*Allbeseitigung aus* (1):	$v_0 \in A \to v_0 \notin B$.
3	*Annahme:*	$\forall v_0(v_0 \in A \to v_0 \in C)$.
4	*Allbeseitigung aus* (3):	$v_0 \in A \to v_0 \in C$.
5	*Annahme:*	$v_0 \in A$.
6	*Modus Ponens aus* (5), (4):	$v_0 \in C$.
7	*Modus Ponens aus* (5), (2):	$v_0 \notin B$.
8	*Konjunktiosregel auf* (6), (7):	$v_0 \in C \wedge v_0 \notin B$.
9	*Aus* (8) *ergibt sich erst recht:*	$\exists v_0(v_0 \in C \wedge v_0 \in B)$.

10 (9) *wurde unter der Annahme* (5) *erhalten. Der Wert, den* v_0 *dabei hat, spielt im Endresultat aber keine Rolle mehr, denn* v_0 *ist darin nicht frei. Ebenso hängen die Wahrheitswerte der Annahmen* (1), (3) *nicht von dem Wert von* v_0 *ab. Es genügt also zu wissen, daß es überhaupt einen solchen Wert* v_0 *gibt, mit dem sich* (9) *gewinnen läßt. Also liefert die Annahme* $\exists v_0 v_0 \in A$ *anstelle der Annahme* $v_0 \in A$ *die gleiche Behauptung.* ■

Es sind einige neue Beweisschritte hinzugekommen. (8) ist ein aussagenlogischer Beweisschritt, der unmittelbar einleuchtet. Den in (9) durchgeführten Schritt nennen wir *Existenzeinführung* oder *Partikularisierung.* Es ist der Schluß von ϕ auf $\exists\, v\, \phi$. Auch dieser Schritt ist einleuchtend, denn wenn man ϕ hat, so gibt der Wert von v ja gerade ein Individuum an, das ϕ erfüllt, also hat man $\exists\, v\, \phi$.

Am kompliziertesten ist der Schritt in (10). Durch ihn wird die in (5) eingeführte Annahme $v_0 \in A$ in der neuen Zeile zu $\exists v_0 v_0 \in A$. Wir führen in (5) die Annahme $v_0 \in A$ ein, um den Wert von v_0 als ein Beispiel zu benutzen, mit dessen Hilfe wir (9) herleiten. Eine solche Annahmeneinführung nennen wir auch *Beispieleinführung.* In (10) erfolgt dann der Schritt der *Beispielbeseitigung,* der, ohne die Behauptung zu verändern, eine Annahme ϕ in die Existenzannahme $\exists\, v\, \phi$ verwandelt. Dieser Schritt ist erlaubt, wenn das Resultat und die anderen Annahmen gar nicht von v abhängen, d. h. v nicht frei darin vorkommt. Denn dann kommt es ja nicht auf die Art des Beispiels an, es genügt zu wissen, daß es überhaupt eines gibt, d. h., die Annahme $\exists\, v\, \phi$ reicht auch.

Wir werden den Beweis aus Existenzannahmen mit Hilfe eines angenommenen Beispiels später noch einmal diskutieren. Dieser Schluß ist vielleicht etwas komplizierter als die anderen Schlüsse. Nichtsdestoweniger entspricht er genau dem intuitiven mathematischen Schließen.

Wir wollen noch einen letzten Beweis führen.

(3) **Satz:** *a, A, B seien Terme, und* v^s *sei nicht frei in A, B. Dann behaupten wir:*

$$a \in \mathcal{U}^s,\ a \notin B,\ \forall v^s (v^s \in A \longrightarrow v^s \in B) \models a \notin A.$$

Beweis:

1 *Annahme*: $\forall v^s (v^s \in A \longrightarrow v^s \in B)$.

2 *Allbeseitigung aus* (1): $v^s \in A \longrightarrow v^s \in B$.

3 *In* (2) *kann der Wert von* v^s *ein beliebiges Individuum der Sorte s sein. Wenn* $a \in \mathcal{U}^s$, *so kann man also auch a für* v^s *einsetzen,* d. h., *unter der zusätzlichen Annahme* $a \in \mathcal{U}^s$ *erhalten wir:*

$a \in A \longrightarrow a \in B$.

4 *Annahme*: $a \notin B$.

5 *Aus* (3) *und* (4): $a \notin A$. ∎

Wir diskutieren wieder die neuen Beweisschritte. In (5) wurde ein weiterer aussagenlogischer Schluß vorgenommen, der von $\neg \psi$ und $\phi \rightarrow \psi$ auf $\neg \phi$ führte. Dieser Schluß heißt *Modus Tollens* (vgl. § 8;66). In (3) ist eine *Spezialisierung* oder *Substitution* vorgenommen worden. Und zwar haben wir für die Variable v^s den Term a eingesetzt. Das geht natürlich nur, wenn a einen möglichen Wert von v^s bezeichnet. Wir müssen deshalb, wenn wir für eine Variable der Sorte s ($s \in S^*$) einen Term a subsituieren, die Annahme $a \in \mathcal{V}^s$ hinzufügen.

Wenn man die Spezialisierung vornimmt, so muß man natürlich überall spezialisieren, d. h., jedes freie Vorkommen von v^s in $v^s \in A \longrightarrow v^s \in B$ durch a zu ersetzen. Damit sich A und B nicht ändern, haben wir vorausgesetzt, daß v^s darin nicht frei vorkommt.

Wir haben bei jedem Beweis einige neue Schritte kennengelernt, aber viele Schritte tauchten immer wieder auf. In der Tat kommt unseren einfachen Beweisschritten eine Bedeutung zu, die weit über diese Beispiele hinausreicht. Es lohnt sich, die Beweisschritte einmal systematisch zusammenzustellen.

(b) Analyse von Beweisschritten

Zunächst sagen wir etwas zur rein äußerlichen Struktur eines Beweises.

Ein Beweis geht *schrittweise* vor. In jedem Beweisschritt haben wir eine *Beweiszeile,* in der eine Formel ϕ als *Behauptung* der Zeile gegeben ist. Auch wenn eine Formel „als Annahme" eingeführt wird, so bezeichnen wir sie doch als Behauptung der Zeile, aus der wir weitere Schlüsse ziehen dürfen.

Die Zeile besteht aber nicht nur aus der Behauptung. Gewöhnlich ist noch ein *Kommentar* beigegeben, der den Beweisschritt begründen soll, auf Regeln und vorangehende Zeilen verweist. Ferner wird eine Beweiszeile oft mit einer Zeilennummer oder einer andern Marke zum Zitieren versehen. Schließlich ist die Behauptung oft unter gewissen *Annahmen* gewonnen worden, von denen sie dann abhängt. Die Angabe dieser Annahmen gehört im Grunde auch zur Beweiszeile mit hinzu.

Wenn eine neue Behauptung „als Annahme" eingeführt wird, so ist klar, welches die Annahme dieser Zeile ist, nämlich die neue Behauptung selbst. Wenn man dann aus dieser Behauptung eine weitere Behauptung erschließt, so vererben sich i. a. (bis auf Beispielbeseitigung u. ä. Schlüsse) die Annahmen auf die neue Zeile.

In den nicht formalen Beweisen werden die Annahmen nicht in jeder Zeile notiert, doch sollten niemals Zweifel möglich sein, von welchen Annahmen eine Behauptung abhängt.

Wenn in einem korrekten Beweis eine Behauptung ϕ (unter den Annahmen $\phi_1, \ldots, \phi_n$) gemacht wird, so meint man damit, daß

$$\phi_1, \ldots, \phi_n \models \phi$$

gilt.

Weil für eine beliebige Formel ϕ stets $\phi \models \phi$ gilt, ist unsere typische Beweiseröffnung mit einer Annahmeneinführung korrekt. Jederzeit kann man eine beliebige Formel als Annahme in einen Beweis einführen (wenn auch natürlich nicht jede solche Annahme weiterhilft).

Wir schreiben bei *Annahmeneinführung*:

(1) *Annahme:* ϕ.

Oft wird die Wendung „Sei" oder „Angenommen" verwendet, etwa in folgender Weise:

(1′) *Sei* ϕ.

Eine solche Annahmeneinführung eröffnet oft einen Beweisabschnitt. Alles, was man dann aus der Annahme erschließt, hängt von ihr ab, es sei denn, diese Abhängigkeit wird beseitigt. Eine Möglichkeit dazu besteht darin, daß man, statt ψ unter der Annahme ϕ zu behaupten, einfach $\phi \longrightarrow \psi$ behauptet. Man kann also eine Annahme dadurch beseitigen, daß man sie explizit in einer Subjunktion in die Behauptung aufnimmt.

Die *Annahmenbeseitigung*
sieht in einem Beweis etwa so aus:

⋮

(2) (*) (*unter der Annahme* ϕ) ψ

⋮

Weil (*) *von der Annahme* ϕ *abhängt, hat man:*
(*ohne diese Annahme*) $\phi \longrightarrow \psi$.

Die Pünktchen deuten irgendwelche anderen Beweiszeilen an.

Der umgekehrte Übergang wird durch das Deduktionstheorem ebenso legitimiert. Dieser Beweisschritt heiße *Annahmenerzeugung*. Er tritt in einem Beweis etwa in folgender Weise auf:

$$\vdots$$

(3) (*) $\phi \longrightarrow \psi$

$$\vdots$$

Wegen Zeile (*) können wir behaupten:
(unter der Annahme ϕ*)* ψ.

Eine Annahme kann man auch dadurch beseitigen, daß man sie beweist. Wenn es gelingt, die Annahme als Behauptung einer anderen Zeile zu gewinnen, so läßt man sie fort. Diesen Übergang bezeichnet man als *Schnitt*.

$$\vdots$$

(4) (*) *(unter der Annahme* ϕ*)* ψ

$$\vdots$$

(**) ϕ

(*) *gilt unter der Annahme* ϕ, *jetzt haben wir* ϕ *bewiesen, also gilt auch*:
(ohne die Annahme ϕ*)* ψ.

Natürlich gehen in die neue Zeile die Annahmen ein, von denen die Zeile (**) abhängt.

Oft schreibt man die letzte Zeile in (4) gar nicht hin, sondern benutzt beim Fortgang des Beweises die alte Zeile (*), in der man auf Grund von (**) die Annahme ϕ streicht.

Als *tautologischen Schluß* bezeichnen wir den Übergang von Behauptungen $\phi_1, \ldots, \phi_n$ zu einer neuen Behauptung ϕ, sofern $\phi_1, \ldots, \phi_n \models_{\overline{AL}} \phi$ ist. Das sieht etwa so aus.

$$\begin{array}{lll} & & \vdots \\ & (1) & \phi_1 \\ & & \vdots \\ & (2) & \phi_2 \\ (5) & & \vdots \\ & & \vdots \\ & (n) & \phi_n \end{array}$$

Wegen der Zeilen (1), (2), . . . , (n) *und*
$\phi_1, \ldots, \phi_n \models_{\overline{AL}} \phi$ *hat man*: ϕ.

Man beachte dabei, daß ϕ natürlich von allen Annahmen abhängt, von denen die vorhergehenden Behauptungen $\phi_1, \ldots, \phi_n$ abhängen. Man beachte ferner, daß die Regel (wie alle anderen Regeln, die hier auftreten) effektiv beherrschbar ist. Man kann durch eine Wahrheitstafel nachweisen, daß $\phi_1, \ldots, \phi_n \models_{\overline{AL}} \phi$. Man kann also in jedem Fall nachprüfen, ob man die Regel korrekt angewendet hat.

Die in unseren Beispielen auftretenden Regeln Modus Ponens, Modus Tollens, Konjunktionsregel sind Beispiele des allgemeinen tautologischen Schlusses.

Der *Generalisierungsschluß* wird auch häufig angewendet. Wir haben ihn im ersten Beispiel kennengelernt. In einer allgemeinen Beweissituation sieht das etwa so aus.

$$\begin{array}{lll} & & \vdots \\ (6) & (*) & \phi \\ & & \vdots \end{array}$$

In Zeile (*) *ist* v *in* ϕ *beliebig (d. h. nicht frei in den Annahmen), also erhält man:*

$$\forall v\, \phi.$$

Eine Generalisierung (oft mit einer gleichzeitigen gebundenen Umbenennung) schließt gewöhnlich den Beweis einer Allformel ab (siehe auch (d; 7) und (§ 11; 32).

Der umgekehrte Übergang von $\forall v\, \phi$ zu ϕ, den wir *Allbeseitigung* nannten, steht oft am Anfang eines Beweises nach einer Annahmeneinführung. Das sieht allgemein etwa so aus:

$$\vdots$$

(7) (*) $\forall v\, \phi$

$$\vdots$$

Aus Zeile (*) *ergibt sich, was* v *auch ist:*

$$\phi.$$

In der Praxis wird diese Regel oft zusammen mit einer nachfolgenden Substitution verwendet. Dann nennen wir sie *Spezialisierung* (siehe später (c; 10) und (§ 11; 30).

Für den Existenzquantor haben wir die Regel der *Existenzeinführung* oder *Partikularisierung:*

$$\vdots$$

(8) (*) ϕ

$$\vdots$$

Aus Zeile (*) *ergibt sich erst recht:*

$$\exists v\, \phi$$

Oft ist dabei noch eine Substitution beteiligt (siehe später (c; 11) und (§ 11;31)). Existenzeinführung kam im zweiten Beweisbeispiel vor. Anschließend wurde die Regel angewendet, die wir *Beispielbeseitigung* nannten. Das ist eine Existenzeinführung in den Annahmen. Eine Annahme ϕ wird durch die Annahme $\exists v\, \phi$ ersetzt. Das sieht etwa so aus:

$$\vdots$$

(9) (*) (*unter der Annahme* ϕ) ψ

$$\vdots$$

(*) *wurde unter der Annahme* ϕ *erhalten. Da* v *beliebig sein kann (d. h. nicht frei in* ψ *und den anderen Annahmen (außer* ϕ*) der Zeile* (*) *ist), genügt es zu wissen, daß es überhaupt ein* v *gibt, mit dem sich* ψ *gewinnen läßt. Deshalb*

(*unter der Annahme* $\exists v\, \phi$): ψ.

Der Beispielbeseitigung geht oft eine *Beispieleinführung* voraus. Das ist nichts weiter als eine Annahmeneinführung von ϕ mit der Absicht, später daraus durch Beispielbeseitigung die Annahme $\exists v \phi$ zu machen. Die Kombination von Beispieleinführung und Beispielbeseitigung taucht in einem Beweis etwa in folgender Art auf:

$$\vdots$$

(9′) *Annahme (als Beispiel)* ϕ

$$\vdots$$

(unter der Annahme ϕ*)* ψ

Weil in der letzten Zeile v *in* ϕ *beliebig ist, erhält man (unter der Annahme* $\exists v \phi$*):* ψ.

Oft geht der Beispielformel ϕ die Existenzbehauptung $\exists v \phi$ voraus, und mit der Beispieleinführung beginnt man, diese Existenzbehauptung auszuwerten.

Bisweilen werden Existenz- und Beispielformel auf einmal eingeführt, etwa nach folgendem Muster (vgl. auch d; 9):

(9″) *Sei* $\exists v \phi$ *und* v *so gewählt, daß* ϕ.

Das sind dann im Grunde zwei Annahmeneinführungen. Im weiteren Verlauf des Beweises wird nur mit der Annahme ϕ gearbeitet und wenn das Endresultat erreicht ist (in dem v nicht frei vorkommen darf), so betrachtet man es nur noch als abhängig von der Annahme $\exists v \phi$.

(c) Substitution und damit zusammenhängende Beweisschritte

Während eines Beweises kann eine Einsetzung in die Parameter vorgenommen werden, man redet auch von einer Spezialisierung. Wir wollen das Wort *Substitution* verwenden und zunächst die Substitution syntaktisch beschreiben.

(1) **Def.:** *Eine Substitution ist eine Zuordnung, die gewissen Variablen und nichtlogischen Konstanten Terme zuordnet. Die Substitution, die genau für die verschiedenen Variablen* $w_1, \ldots, w_n$ *und die verschiedenen Konstanten* $C_1, \ldots, C_m$ *definiert ist und die* w_i *den Term* X_i $(1 \leqslant i \leqslant n)$ *und* C_j *den Term* Y_j $(1 \leqslant j \leqslant m)$ *zuordnet, wird mit*

$$\begin{pmatrix} w_1, \ldots, w_n, C_1, \ldots, C_m \\ X_1, \ldots, X_n, Y_1, \ldots, Y_m \end{pmatrix}$$

bezeichnet. Eine Substitution, die nur für Variablen definiert ist, werde Variablensubstitution genannt.

Meist kommt man mit Variablensubstitutionen und sogar einfachen Variablensubstitutionen $\binom{v}{X}$ völlig aus.

Wir wollen nun erläutern, wie man eine Substitution auf einen Ausdruck *anwendet*.

(2) **Def.:** *X sei ein Ausdruck und S eine Substitution. Es gehe X' aus X dadurch hervor, daß jedes Vorkommen eines Parameters in X, dem S einen Term zuordnet, durch diesen Term ersetzt wird. Dabei möge keine Variable, die in dem eingesetzten Term frei ist, gebunden werden.*
Wir sagen, daß X durch die Substitution S in X' übergeht und schreiben:

$$\text{Sub } X\, S\, X'.$$

Wir erläutern das schematisch: X sei z. B.

$\ldots \forall v (\ldots v \ldots w \ldots C \ldots) \ldots \iota w (\ldots w \ldots C \ldots) \ldots,$

wobei die Pünktchen irgendeinen Kontext andeuten sollen.

S sei die Substitution $\begin{pmatrix} w & C \\ X_1 & Y_1 \end{pmatrix}$. Wenn X' dasselbe ist wie

$\ldots \forall v (\ldots v \ldots X_1 \ldots Y_1 \ldots) \ldots \iota w (\ldots w \ldots Y_1 \ldots) \ldots,$

so gilt Sub $X\,S\,X'$. Dabei darf jedoch v nicht frei in X_1, Y_1 und w nicht frei in Y_1 sein. Man beachte, daß das gebundene Vorkommen von w n i c h t durch X_1 ersetzt wird, denn ein gebundenes Vorkommen ist kein Vorkommen als Parameter.

Beispiele:

$$\text{Sub } \forall v_0\, v_0\, v_1 . \in C \binom{v_1}{d} \forall v_0\, v_0\, d . \in C.$$

$$\text{Sub} \quad v_0\, v_1 . \in C \binom{v_1}{v_0} \quad v_0\, v_0 . \in C.$$

Bisweilen blockieren gebundene Variablen eine Substitution. So gibt es keine Formel ϕ mit:

$$\text{Sub}\ \forall v_0\ v_1 .\in C \binom{v_1}{v_0} \phi .$$

Wir werden später sehen, wie man mit einer gebundenen Umbenennung hier weiterkommt.

Wir erwähnen noch die folgende Schreibweise:

Wenn wir auf einen Ausdruck Y eine Substitution $\binom{v}{X}$ anwenden wollen, so schreiben wir $Y(v)$ für Y und $Y(X)$ für das Substitutionsresultat. Wenn wir also die Schreibweise $Y(v)$, $Y(X)$ verwenden, so machen wir automatisch die folgende

(3) **ständige Voraussetzung**: Sub $Y(v) \binom{v}{X} Y(X)$.

Man beachte, daß eine Substitution nicht immer umkehrbar ist. So gilt zwar

$$\text{Sub}\ v_0\ v_1 .\in C \binom{v_1}{v_0} v_0\ v_0 .\in C ,$$

aber *nicht* Sub $v_0\ v_0 .\in C \binom{v_0}{v_1} v_0\ v_1 .\in C$.

Wenn wir die Schreibweise $Y(v)$, $Y(w)$ verwenden, so setzen wir voraus. daß die Substitutionsbeziehung in beiden Richtungen gilt. Wir machen also die

(4) **ständige Voraussetzung**:

$$\text{Sub}\ Y(v) \binom{v}{w} Y(w)\ \textit{und}\ \text{Sub}\ Y(w) \binom{w}{v} Y(v)$$

Es ist dann so, daß $Y(v)$ genau an den Stellen freies v enthält, wo $Y(w)$ freies w enthält.

Eine Formel $\phi(v)$ sagt gewissermaßen dasselbe über v aus, was $\phi(w)$ über w aussagt.

Nach diesen notwendigen syntaktischen Vorbereitungen können wir jetzt den Beweisschritt der Substitution erläutern. Wir beschränken uns auf den Fall einer einfachen Variablensubstitution. Man kann in einer Behauptung für eine freie Variable einer Sorte s ($s \in \boldsymbol{S}^*$) einen beliebigen Term substituieren. Allerdings muß man auch in den Annahmen die Substitution vornehmen und als zusätzliche Annahme hinzunehmen, daß der eingesetzte Term von der Sorte s ist. Das sieht so aus:

$\vdots$

(5) (*) (*unter den Annahmen* $\phi_1(v^s), \ldots, \phi_n(v^s)$) $\phi(v^s)$

$\vdots$

Aus Zeile (*) ergibt sich durch Spezialisierung $\left(\text{d. h. durch die Substitution } \binom{v^s}{X}\right)$:

(*unter den Annahmen* $X \in \mathfrak{V}^s, \phi_1(X), \ldots, \phi_n(X)$) $\phi(X)$.

Dieser Beweisschritt war in unserem Beispiel (a; 3) verwendet worden. Die Annahme hatte sich dabei nicht verändert, da die Variable v^s darin nicht frei vorkam.

Wenn man von vornherein weiß, daß man einen Term der Sorte s substituiert, so läßt man die Zusatzannahme $X \in \mathfrak{V}^s$ auch einfach fort. Das ist insbesondere der Fall, wenn man für v^s eine andere Variable w^s substituiert.

Bei einigen unserer Regeln (Generalisierung, Beispielbeseitigung, Substitution) waren gewisse Nebenbedingungen zu beachten. Wir wollen jetzt zeigen, daß diese notwendig sind.

(6) **Zur Generalisierung:**

Wir führen folgenden inkorrekten „Beweis":

1 Annahme: $v \in C$.

2 Generalisierung: $\forall v\, v \in C$.

3 (2) gilt unter der Annahme $v \in C$, also erhalten wir durch Beispielbeseitigung (unter der Annahme $\exists v\, v \in C$): $\forall v\, v \in C$. ∎

Man könnte also aus $\exists v\, v \in C$ (z. B. es gibt Primzahlen)

schließen auf $\forall v\, v \in C$ (alles sind Primzahlen).

In Zeile (2) ist eine Variable generalisiert worden, die in einer Annahme frei vorkommt. Die Variable ist eben nicht beliebig, ihre Werte sind durch die Annahme eingeschränkt.

(7) **Zur Beispielbeseitigung:**

Wir führen einen inkorrekten „Beweis":

1 Annahme $v \in C$.

2 (1) gilt unter der Annahme $v \in C$, also erhalten wir durch Beispielbeseitigung (unter der Annahme $\exists v\, v \in C$): $v \in C$.

3 Generalisierung: $\forall v\, v \in C$. ∎

Wir erhalten denselben Unsinn. Generalisierung ist diesmal korrekt angewendet worden, weil v in der Annahme $\exists v\, v \in C$ nicht frei vorkommt. Aber in Zeile 2 wurde Beispielbeseitigung inkorrekt angewendet. Die Behauptung hängt eben noch von v ab, es genügt also nicht zu wissen, daß es ein v dieser Art gibt.

Bei korrekter Anwendung unserer Beweisschritte kann man aber auf keine Weise aus $\exists v\, v \in C$ die Formel $\forall v\, v \in C$ herleiten.

(8) **Zur Substitution:**

Wir führen drei inkorrekte „Beweise":

(8a)

1 Annahme: $\forall x_0\, \exists x_1\, x_0 < x_1$.

2 Allbeseitigung: $\exists x_1\, x_0 < x_1$.

3 Substitution: $\exists x_1\, x_1 < x_1$. ∎

In diesem „Beweis" haben wir für eine freie Variable (nämlich x_0) einen Term eingesetzt (nämlich x_1) derart, daß eine freie Variable des Terms (nämlich x_1 selbst) dabei gebunden wird.

(8b)

1 Annahme: $x_0 < x_1$.

Durch Substitution
2 (unter der Annahme $x_0 < x_1$): $x_1 < x_1$. ∎

In diesem „Beweis" haben wir nur an einigen und nicht an allen Stellen für die Variable x_0 den Term x_1 eingesetzt (nämlich in der Annahme nicht).

(8c)

1 Annahme: $\neg \exists v_0\, v_0 \neq v_0$.

Durch Substitution
2 (unter der Annahme $\neg \exists v_0\, v_0 \neq v_0$): $\neg \exists v_0\, v_0 \neq v_1$. ∎

In diesem „Beweis" haben wir für eine gebundene Variable etwas eingesetzt.

Jedoch wird man bei korrekter Durchführung der Substitution aus korrekten Beweiszeilen immer nur wieder korrekte Beweiszeilen erhalten.

(9) **Satz:** (a) $\models \forall v^s \phi(v^s) \longleftrightarrow \forall w^s \phi(w^s)$,

(b) $\models \exists v^s \phi(v^s) \longleftrightarrow \exists w^s \phi(w^s)$.

Man, beachte, daß nach unserer Konvention (4) $\phi(v^s)$ und $\phi(w^s)$ durch die Substitutionen $\binom{w^s}{v^s}$, $\binom{v^s}{w^s}$ auseinander hervorgehen und daß deshalb v^s nicht frei in $\forall w^s \phi(w^s)$, $\exists w^s \phi(w^s)$ und w^s nicht frei in $\forall v^s \phi(v^s)$, $\exists v^s \phi(v^s)$ ist.

Wir führen Äquivalenzbeweise, d.h., wir leiten aus der linken Seite die rechte Seite her und umgekehrt.

(a)	Sei	$\forall v^s \phi(v^s)$	(Annahmeneinführung),
	dann	$\phi(v^s)$	(Allbeseitigung),
		$\phi(w^s)$	(Substitution),
		$\forall w^s \phi(w^s)$	(Generalisierung).

Das beweist $\models \forall v^s \phi(v^s) \longrightarrow \forall w^s \phi(w^s)$. Die andere Richtung $\models \forall w^s \phi(w^s) \longrightarrow \forall v^s \phi(v^s)$ geht aus Symmetriegründen völlig analog. ∎

Man beachte, daß bei der Substitution die Annahme $\forall v^s \phi(v^s)$ unverändert bleibt (weil v^s darin nicht frei vorkommt) und daß die Generalisierung erlaubt ist (weil w^s in der Annahme $\forall v^s \phi(v^s)$ nicht frei vorkommt).

(b) Sei $\phi(w^s)$ (Beispieleinführung),

dann (unter der Annahme $\phi(w^s)$) $\exists w^s \phi(w^s)$ (Partikularisierung),

(unter der Annahme $\phi(v^s)$) $\exists w^s \phi(w^s)$ (Substitution),

(unter der Annahme $\exists v^s \phi(v^s)$) $\exists w^s \phi(w^s)$ (Beispielbeseitigung).

Das beweist $\models \exists v^s \phi(v^s) \longrightarrow \exists w^s \phi(w^s)$, die andere Richtung geht analog. ∎

Man beachte, daß bei der Substitution hier nur die Annahme verändert wird.

Satz (9) ist ein erster Satz, der ausdrückt, daß es auf die Wahl der gebundenen Variablen nicht ankommt. Das Ersetzen einer gebundenen Variablen durch eine andere derselben Sorte (diesen Prozeß nennt man *gebundene Umbenennung*) ist eine logisch äquivalente Umformung.

Substitution wird oft mit anderen Beweisschritten gleichzeitig vorgenommen.

Eine Kombination von Allbeseitigung und Substitution wollen wir *Spezialisierung* nennen. Das sieht etwa so aus:

$$\begin{array}{lll} & & \vdots \\ (10) & (*) & \forall v^s \ \phi(v^s) \\ & & \vdots \end{array}$$

Aus (*) *Speziell für X anstelle von* v^s (*unter der Annahme* $X \in \mathcal{V}^s$): $\phi(X)$.

Oft wird durch *Annahmeneinführung und Spezialisierung* ein Beweis eröffnet, etwa mit den Worten:

(10′) *Sei* $\forall v^s \phi(v^s)$ *und speziell* $\phi(X)$.

Man muß wissen, daß die Behauptung $\phi(X)$ dann von den Annahmen $\forall v^s \phi(v^s)$ und $X \in \mathcal{V}^s$ abhängt.

Auch die Partikularisierung wird oft nicht nur als schlichte Existenzeinführung (Davorschreiben des Existenzquantors), sondern in Verbindung mit einer Substitution verwendet (vgl. auch (c; 8)).

Partikularisierung sieht dann so aus:

$$\begin{array}{lll} & & \vdots \\ (11) & (*) & \phi(X) \\ & & \vdots \end{array}$$

Aus (*) *ergibt sich insbesondere* (*unter der Annahme* $X \in \mathcal{V}^s$): $\exists v^s \phi(v^s)$.

Die Annahme $X \in \mathcal{V}^s$ kann man natürlich weglassen, wenn man sie schon vorher bewiesen hat.

Generalisierungen und Beispielbeseitigungen werden oft zusammen mit gebundenen Umbenennungen gebraucht. wir besprechen das unten (d; 7, 9) vgl. auch (§ 11; 32, 33).

Wir wollen zum Schluß noch einen Beweisschritt erläutern, der zwar häufig vorkommt, aber als so selbstverständlich empfunden wird, daß man ihn gar nicht als wirklichen Beweisschritt ansieht. Es ist klar, daß man bereits bewiesene Sätze zitieren und benutzen kann, ohne noch einmal den Beweis zu wiederholen. Oft wird dabei noch eine Spezialisierung der Parameter vorgenommen. Wir betrachten hier nur den Fall einer einfachen Variablensubstitution. Die Regel über das *Benutzen von Theoremen* formulieren wir dann so (vgl. auch (§ 11; 34):

Es sei bereits gezeigt:
Satz (*): $\phi_1(v^s), \ldots, \phi_n(v^s) \models \phi(v^s)$.
(12) *Dann kann man an jeden Beweis die folgende Zeile anhängen:*
Nach Satz (*) *hat man:*
(*unter den Annahmen* $X \in \mathcal{V}^s$, $\phi_1(X), \ldots, \phi_n(X)$) $\phi(X)$.

Wir wollen hiermit unsere Analyse von häufig vorkommenden Beweisschritten abbrechen und noch einige besondere Beweistypen vereinbaren.

(d) Beweistypen

Bei einem Beweis ist gewöhnlich eine Behauptung vorgegeben, die man beweisen soll. Der Beweis besteht darin, daß man geeignete Beweisschritte durchführt, bis man die gewünschte Formel erhalten hat. Wir nennen das einen *direkten Beweis* und stellen es schematisch so dar:

(1)

Behauptung: ϕ
Beweis:
⋮
ϕ ▮

Die Punkte sollen eine endliche Folge von Beweiszeilen andeuten. Bevor man den Beweis abschließt und das Beweisendezeichen ▮ setzt, muß man sich über die Annahmen der letzten Zeile Klarheit verschaffen. Das dürfen nur solche Formeln sein, die auch für die Anfangsbehauptung als Voraussetzungen genannt sind.

Im Grunde kommt man mit diesem Beweistyp aus. Doch ist es üblich, gewisse routinemäßig zu ergänzende Endstücke eines Beweises wegzulassen. Wenn wir ein für allemal klarmachen, wie man diese unvollständigen direkten Beweise vollenden kann, so können wir sie als Beweise eigener Art zulassen. Um deutlich zu machen, woran wir denken, geben wir gleich einen solchen Beweistyp an, den wir beim Beweis von (c; 9) schon verwendet haben.

Ein Äquivalenzbeweis besteht aus zwei Teilbeweisen, die wir mit $\rightarrow$, $\leftarrow$ überschreiben und die beiden *Richtungen* des *Äquivalenzbeweises* nennen.

(2)

Behauptung: $\phi \longleftrightarrow \psi$
Äquivalenzbeweis:
$\rightarrow$:
⋮
$\phi \rightarrow \psi$ ∎
$\leftarrow$:
⋮
$\psi \rightarrow \phi$ ∎

Die Ergänzung zu einem direkten Beweis sieht so aus: Aus den Endzeilen der Teilbeweise erhalten wir durch einen tautologischen Schluß mit $\phi \rightarrow \psi, \psi \rightarrow \phi \models_{AL} \phi \longleftrightarrow \psi$ (vgl. § 8; 33) die Behauptung $\phi \longleftrightarrow \psi$.

Zum Beweis der beiden Richtungen wird oft der folgende Beweistyp verwendet, den wir *konditionalen Beweis* nennen:

(3)

Behauptung: $\phi \rightarrow \psi$
Konditionaler Beweis:
⋮
(unter der Annahme ϕ) ψ ∎

Eine Anwendung der Regel der Annahmenbeseitigung (b; 2) würde das zu einem direkten Beweis der Behauptung ergänzen. Oft startet ein konditionaler Beweis mit den Worten: Sei ϕ, d. h. ϕ wird zu Beginn als Annahme eingeführt.

Eine Subjunktion wird auch oft durch *Kontraposition* bewiesen:

(4)

Behauptung: $\phi \rightarrow \psi$
Beweis durch Kontraposition:
⋮
(unter der Annahme $\neg\psi$) $\neg\phi$ ∎

Zunächst ist das ein konditionaler Beweis für

$$\neg\psi \rightarrow \neg\phi.$$

Ein tautologischer Schluß (vgl. § 8; 27) liefert dann die Behauptung

$$\phi \rightarrow \psi.$$

Von großer Wichtigkeit sind die *indirekten Beweise* oder *Beweise durch Widerspruch.* Wir besprechen drei solcher Typen.

(5)

Behauptung:	ϕ
Beweis indirekt:	
Annahme	$\neg\phi$
	⋮
(*) (*unter der Annahme* $\neg\phi$)	θ
	⋮
(**) (*unter der Annahme* $\neg\phi$)	$\neg\theta$
(*) *und* (**) *sind ein Widerspruch zur Annahme.* ∎	

Die Ergänzung zu einem direkten Beweis geschieht folgendermaßen: Annahmenbeseitigung liefert aus den Zeilen (*) und (**) $\neg\phi \rightarrow \theta$ und $\neg\phi \rightarrow \neg\theta$. Die Tautologie (§ 8; 94) zeigt, daß durch einen weiteren tautologischen Schluß ϕ gewonnen wird. Die Widerspruchsformel θ ist beliebig. Sie kann speziell auch ϕ selbst sein. Dann liegt (**) schon in der ersten Zeile vor, und eine besondere Herleitung ist überflüssig:

(5′)

Behauptung:	ϕ
Beweis indirekt:	
Annahme	$\neg\phi$
	⋮
(*unter der Annahme* $\neg\phi$)	ϕ
Das ist ein Widerspruch zur Annahme. ∎	

Der Widerspruch kann auch dadurch zustande kommen, daß man aus der Annahme $\neg\phi$ eine kontradiktorische Formel, z. B. $\theta \longleftrightarrow \neg\theta$ herleitet. Um eine Negation $\neg\phi$ zu beweisen, kann man aus ϕ einen Widerspruch herleiten. Auch das bezeichnen wir als indirekten Beweis. Wir geben einen solchen Beweistyp an, wobei $\theta \longleftrightarrow \neg\theta$ als Widerspruch auftritt:

(5″)

Behauptung:	$\neg\phi$
Beweis indirekt:	
Annahme	ϕ
	⋮
(unter der Annahme ϕ*)*	$\theta \longleftrightarrow \neg\theta$
Das ist ein Widerspruch zur Annahme. ∎	

Zur Begründung von (5″). Zunächst liegt ein konditionaler Beweis für $\phi \rightarrow (\theta \longleftrightarrow \neg\theta)$ vor. Die Tautologie (§ 8;95) zeigt, daß ein weiterer tautologischer Schluß die Behauptung liefert.

Als nächstes besprechen wir Beweise durch *Fallunterscheidung.* (6) heiße Beweis durch vollständige, (6′) durch unvollständige Fallunterscheidung.

(6)

Behauptung:		ϕ
Beweis durch Fallunterscheidung		$\psi \vee \neg\psi$:
1. *Fall:*	*Annahme*	ψ
		⋮
(*) *(unter der Annahme* ψ*)*		ϕ
2. *Fall:*	*Annahme*	$\neg\psi$
		⋮
(**) *(unter der Annahme* $\neg\psi$*)*		ϕ
Wegen (*) *und* (**) *hat man in jedem Fall die Behauptung.* ∎		

Die Ergänzung zu einem direkten Beweis geschieht folgendermaßen: Zunächst hat man bis (*) und (**) konditionale Beweise für $\psi \rightarrow \phi$ und $\neg\psi \rightarrow \phi$. Die Tautologie (§ 8; 90) zeigt, daß ein tautologischer Schluß die Behauptung liefert.

Ein solcher Beweis liegt beispielsweise vor, wenn man einen Teilbeweis mit den Worten „*Sei* $x \geqslant 0$“ eröffnet und das erzielte Resultat dann noch einmal mit der Annahme „*Sei* $x < 0$“ ansteuert. Dabei werden noch stillschweigend Eigenschaften der Ordnungsbeziehung benutzt, um „$\neg x \geqslant 0$“ durch „$x < 0$“ zu ersetzen.

(6′)

Behauptung:		$\phi \vee \psi \to \theta$
Beweis durch Fallunterscheidung.		
1. *Fall:*	*Annahme*	ϕ
		⋮
(*) (*unter der Annahme* ϕ)		θ
2. *Fall:*	*Annahme*	ψ
		⋮
(**) (*unter der Annahme* ψ)		θ
Aus (*) *und* (**) *ergibt sich die Behauptung.* ∎		

Zunächst hat man bis (*) und (**) konditionale Beweise für $\phi \to \theta$ und $\psi \to \theta$. Die Tautologie (§ 8; 71) zeigt, daß ein weiterer tautologischer Schluß die Behauptung liefert.

Wir besprechen jetzt noch Beweistypen, in denen Quantoren eine Rolle spielen:

Zunächst den *Allbeweis:*

(7)

Behauptung:	$\forall v^s \phi(v^s)$
Allbeweis:	⋮
	$\phi(w^s)$
Weil w^s *beliebig ist, ergibt sich die Behauptung.* ∎	

Zur Begründung von (7): w^s darf in den Annahmen der letzten Zeile nicht frei vorkommen. Dann kann man generalisieren (b; 6) und erhält $\forall w^s \phi(w^s)$.
Der Umbenennungssatz liefert $\forall w^s \phi(w^s) \longleftrightarrow \forall v^s \phi(v^s)$.

Mit einem tautologischen Schluß (§ 8;65) erhält man die Behauptung.

Einem Allbeweis schickt man oft die Bemerkung:

Sei w^s *beliebig*

voraus. Damit deutet man bereits an, daß man später auf w^s Generalisierung anwenden möchte. Als w^s nimmt man eine Variable, die in den Voraussetzungen der Behauptung nicht frei vorkommt, oft eine für den Kontext ganz neue Variable. Oder man nimmt, wenn das möglich ist, v^s selbst.

Ein *Existenzbeweis* verläuft so:

(8)

Behauptung:	$\exists v^s\, \phi(v^s)$
Existenzbeweis:	⋮
(*)	$X \in \mathcal{V}^s$
	⋮
(**)	$\phi(X)$
(**), (*) *zeigen, daß* X *ein* v^s *mit* $\phi(v^s)$ *ist.* ∎	

Zur Begründung von (8): Partikularisierung (c;11) liefert aus (**) die Zeile (unter Annahme $X \in \mathcal{V}^s$): $\exists v^s\, \phi(v^s)$.

Ein Schnitt (b; 4) mit (*) ergibt die Behauptung.

Als letzten Beweistyp besprechen wir den *Beweis mit Hilfe eines angenommenen Beispiels.*

(9)

Behauptung: $\exists v^s\, \phi(v^s) \to \theta$	
Beweis durch Beispiel:	
Sei $\exists v^s\, \phi(v^s)$ *und* w^s *so gewählt, daß* $\phi(w^s)$.	
	⋮
(*unter der Annahme* $\phi(w^s)$)	θ
Weil w^s *in der Annahme beliebig sein kann, ergibt sich die Behauptung.* ∎	

Zur Begründung von (9): Die Variable w^s darf in θ und in den anderen Annahmen der letzten Zeile nicht frei vorkommen. Dann kann man Beispielbeseitigung (b; 9) anwenden und erhält (unter der Annahme $\exists w^s \phi(w^s)$): θ.

Annahmenbeseitigung liefert: $\exists w^s \phi(w^s) \rightarrow \theta$.

Umbenennungssatz: $\exists w^s \phi(w^s) \longleftrightarrow \exists v^s \phi(v^s)$.

Mit einem tautologischen Schluß (§ 8; 100) erhält man die Behauptung.

Die bei der Beispieleinführung auftretende Variable w^s (die natürlich gleich v^s sein darf) wird auch als Beispielvariable bezeichnet. Oft nimmt man eine für den Kontext neue Variable. Um den besonderen Status der Variablen zu kennzeichnen, wird sie bisweilen mit dem Index 0 versehen. Das ist z. B. der Fall, wenn man in einem mathematischen Beweis sagt:

Sei x_0 Lösung der Gleichung $p(x) = 0$. Man arbeitet dann mit x_0 und der Formel $p(x_0) = 0$. Aber alles, was man daraus herleitet und das x_0 nicht enthält, gilt schon unter der Annahme der Lösbarkeit der Gleichung $\exists x\, p(x) = 0$ alleine und ist von der Annahme $p(x_0) = 0$ und x_0 unabhängig. In dieser Art verläuft das mathematische Schließen aus Existenzformeln mit Hilfe angenommener Beispiele.

Man könnte leicht noch weitere Beweistypen vereinbaren. Doch wird durch die dadurch entstehende Vielfalt der gewonnene Rationalisierungseffekt wieder aufgehoben. Auch lohnt es sich nicht, Beweise zu sehr in Unterbeweise eines der angegebenen Typen aufzuspalten. Man muß einen goldenen Mittelweg suchen.

Jedenfalls kann man aber behaupten, daß die hier vereinbarten Beweistypen in der Mathematik sehr häufig auftreten. Der Leser wird aufgefordert, auch in seiner mathematischen Beweispraxis bisweilen über sein Schließen zu reflektieren und zu versuchen, die hier beschriebenen Strukturen wiederzuentdecken. Es soll aber vor einer falschen Erwartung gewarnt werden. Das Erkennen der formalen Beweisstruktur ist nicht gleichbedeutend mit dem Erkennen einer nichttrivialen „Beweisidee". Einsicht in die Schlußregeln ist keine Garantie für mathematische Originalität.

Wir werden später (§ 13) noch zwei wichtige Beweistypen besprechen, nämlich die äquivalenten Umformungen und die identischen Umformungen.

Man wird vielleicht Beweise durch Induktion vermissen. Diese Beweise sind jedoch nicht von der Allgemeinheit wie die anderen Beweistypen. Sie gelten nur für spezielle Interpretationen, in denen es eine fundierte Relation (z. B. die Vorgängerrelation bei natürlichen Zahlen, die Teilausdruckrelation bei Ausdrücken, die Elementbeziehung bei Mengen) gibt.

Wegen der Wichtigkeit dieser Schlußweise wollen wir aber die *vollständige Induktion* in L_{AR} besprechen.

(10)

Behauptung: $\models_{\overline{St}} \forall n\, \phi(n)$
Beweis durch vollständige Induktion über n.
Induktionsanfang: ⋮ $\phi(0)$
Induktionsschluß:
Induktionsannahme: $\phi(n)$ ⋮
(*unter der Annahme* $\phi(n)$) $\phi(n+1)$
Das ist die Induktionsbehauptung. ∎

Zur Begründung:

Wir setzen $X = \{n \mid \phi(n)\}$. Dann können wir für $\phi(0)$, $\phi(n)$, $\phi(n+1)$ auch schreiben: $0 \in X$, $n \in X$, $n + 1 \in X$.

Der Induktionsschluß ist ein konditionaler Beweis für $n \in X \to n + 1 \in X$ und ein Allbeweis für $\forall n\, (n \in X \to n + 1 \in X)$.

Insgesamt erhalten wir mit dem Induktionsanfang

$$0 \in X \land \forall n\, (n \in X \to n + 1 \in X).$$

Ein Schnitt mit (§ 5a; 45) liefert $\forall n\; n \in X$, und das ist gleichbedeutend mit $\forall n\, \phi(n)$.

Alle Schlußweisen und Beweistypen treten fortwährend in unseren metasprachlichen Argumentationen auf. (Man studiere in dieser Hinsicht noch einmal den Beweis des Deduktionstheorems (§ 6e; 9).) Für objektsprachliche Beweise werden wir im nächsten Paragraphen stärker formalisierte Darstellungen angeben.

Aufgaben:

1. ϕ sei die Formel:

   $\exists v_1 \forall v_0 (v_2 \in P \land v_3 \in Q \to v_0\, c . \in R) \land \exists v_3\, v_0 v_1 . \in R.$

Für welche der folgenden Substitutionen S gibt es Formeln ψ mit Sub $\phi S \psi$?

(a): $\begin{pmatrix} v_0 \\ c \end{pmatrix}$, (b): $\begin{pmatrix} v_0 & v_1 & v_3 & c \\ v_1 & v_0 & v_2 & v_3 \end{pmatrix}$, (c): $\begin{pmatrix} v_0 & v_1 & v_2 \\ v_1 & v_3 & v_3 \end{pmatrix}$.

2. Man führe Beweise, um zu zeigen:

(a) $(\forall v_0 \in M)\, v_0 \notin Q,\ (\forall v_0 \in P)\, v_0 \in M,\ \exists v_0 v_0 \in P \models (\exists v_0 \in P)\, v_0 \notin Q.$

(b) $(\forall v_0 \in M)\, v_0 \in Q,\ (\exists v_0 \in P)\, v_0 \in M \models (\exists v_0 \in P)\, v_0 \in Q.$

3. Man formalisiere die Aussagen (a), (b) und beweise (ggfs. nach Hinzufügung selbstverständlicher Prämissen), daß (b) aus (a) folgt:

(a) Jeder Barbier in A-Stadt rasiert genau die Männer in A-Stadt, die sich nicht selbst rasieren.

(b) Es gibt keinen Barbier in A-Stadt.

§ 10. Ableitbarkeit (formal)

Die formalen logischen Sprachen dienen dazu, die Aussagen der Metasprache ihrer logischen Struktur nach präzise darzustellen, sie zu formalisieren. Wie weit das möglich ist, bleibe dahingestellt. Das hängt sowohl von der Reichhaltigkeit der formalen Sprache ab wie auch davon, ob überhaupt klar ist, wie die metasprachlichen Aussagen zu verstehen sind.

Wir wollen jetzt Beweise formalisieren, um sie präzise darzustellen. Wie weit das möglich ist, hängt natürlich auch davon ab, ob wir genügend viele formale Schlußregeln zur Verfügung haben, und es hängt außerdem davon ab, ob der zu formalisierende inhaltliche Beweis überhaupt klar und verständlich ist.

Wir werden zunächst den Begriff des unverkürzten formalen Beweises präzise einführen. Dieser wird ebenso unbeholfen und schwerfällig sein wie der Begriff der unabgekürzten Formel einer formalen Sprache.

Ebenso wie wir in den formalen Sprachen Abkürzungen und Konventionen einführen, um *leichter* formalisieren zu können, so werden wir auch hier eliminierbare Regeln und Konventionen einführen, um *leichter* formale Ableitbarkeit nachweisen zu können.

Und ebenso wie man formale Aussagen inhaltlich verstehen sollte, so sollte man auch die formalen Regeln inhaltlich einsehen. Aber ebenso wie man Formalisierungen rein formal betrachten kann, ohne sie interpretieren zu müssen, so braucht man auch beim formalen Schließen nicht mehr jeden Schluß inhaltlich nachzuvollziehen.

Eine weitere Vorbemerkung ist angebracht:

Wir betrachten formale Beweise nicht deshalb, weil wir inhaltlich sehr schwierige Beweise darstellen wollen. Ganz im Gegenteil sind in diesem Kapitel fast alle Sätze inhaltlich sofort einsichtig. Bei nicht formalem Vorgehen weiß man deshalb nicht, was man noch beweisen soll und was man schon glauben darf. Die strengen formalen Beweise geben eine Richtschnur, an die man sich halten kann. Später, wenn wir die wichtigsten logischen Sätze beherrschen, können wir wieder zu einer halbformalen Schreibweise von Beweisen zurückkehren.

Wir geben zunächst eine systematische Schreibweise für Beweiszeilen an, bei der wir in einer Zeile auch alle Annahmen notieren.

(1) **Def.**

Eine Beweiszeile ist gegeben durch eine endliche Formelmenge Σ, deren Elemente die Annahmen der Zeile sind, und eine Formel ϕ, die die Behauptung der Zeile ist. Wir schreiben diese Zeile:

$$\Sigma \vdash \phi.$$

Wir nennen $\vdash$ das *Ableitungszeichen* und lesen die Zeile: *Aus Σ ist ϕ ableitbar.* Wir schreiben auch:

$$\Sigma, \Pi \vdash \phi,$$

wenn die Annahmen genau die Formeln aus Σ und die Formeln aus Π sind; wir schreiben:

$$\Sigma, \phi_1, \ldots, \phi_n \vdash \phi,$$

wenn die Annahmen genau die Formeln aus Σ und $\phi_1, \ldots, \phi_n$ sind; wir schreiben:

$$\vdash \phi,$$

wenn die Menge der Annahmen leer ist.

Bemerkung: Die Zeilen $\phi_1, \phi_2 \vdash \phi$ und $\phi_2, \phi_1, \phi_2 \vdash \phi$ sind völlig identisch, denn beidemal liegen dieselben Annahmen (nämlich ϕ_1, ϕ_2) und dieselbe Behauptung (nämlich ϕ) vor.

Wir nennen eine Zeile korrekt, wenn ihr eine logische Folgerung entspricht.

(2) **Def.:** *Die Beweiszeile* $\Sigma \vdash \phi$ *ist genau dann korrekt, wenn* $\Sigma \models \phi$.

In einem korrekten Beweis sollen natürlich nur korrekte Zeilen vorkommen.

Aus Beweiszeilen kann man endliche Folgen von Beweiszeilen bilden, die wir untereinander notieren:

$$\begin{array}{l} \Sigma_1 \vdash \phi_1 \\ \vdots \\ \Sigma_n \vdash \phi_n . \end{array}$$

Formale Beweise werden letztlich solche Folgen von Beweiszeilen sein. Doch ist nicht jede Folge von Beweiszeilen, auch nicht jede Folge von korrekten Beweiszeilen ein formaler Beweis.

Die Beweiszeilen dürfen nicht völlig beziehungslos untereinanderstehen, sondern sie müssen mit Hilfe von *Regeln* erzeugt werden.

Normalerweise gewinnt man eine neue Beweiszeile aus bereits erhaltenen Beweiszeilen auf Grund einer *inhaltlichen* Überlegung, die sicherstellen soll, daß die gewonnene Zeile korrekt ist. Es ist bemerkenswert, daß man die Beweisschritte auch *formal* durchführen kann, d. h., man braucht nur darauf zu achten, daß man gewisse syntaktische Operationen durchführt, und man braucht nicht jedesmal die dahinterstehende inhaltliche Überlegung nachzuvollziehen. Wenn z. B. in zwei Beweiszeilen die Behauptungen ϕ und $\phi \to \psi$ sind, so kann man nach der Regel Modus Ponens eine neue Zeile mit der Behauptung ψ anhängen, die natürlich von allen Annahmen der beiden anderen Zeilen abhängt.

Die inhaltliche Überlegung ist klar. Wenn alle diese erwähnten Annahmen erfüllt sind (bei einer gewissen Interpretation und Belegung), so auch ϕ und $\phi \to \psi$ (sofern die vorangehenden Beweiszeilen korrekt sind) und dann (nach der ersten Zeile der Wahrheitstafel für $\to$) auch ψ. Somit ist dann auch die gewonnene Zeile korrekt, d. h., die Regel Modus Ponens liefert aus korrekten Zeilen stets wieder korrekte Zeilen.

Der Beweisschritt läßt sich aber auch rein syntaktisch beschreiben: Die eine Behauptung muß eine Subjunktion sein, die andere deren Vorderformel. Dann kann man unter den Annahmen der beiden Zeilen die Hinterformel der Subjunktion als neue Behauptung nehmen.

Vermutlich hat der Leser diese Regel im vorigen Paragraphen auch schon in dieser formalen Weise verstanden und angewendet.

Wir notieren die Regel Modus Ponens so:

$$\text{(3)}\quad \textbf{MP}\quad \frac{\begin{array}{c}\Sigma \vdash \phi \\ \Pi \vdash \phi \to \psi\end{array}}{\Sigma, \Pi \vdash \psi}\,.$$

Über dem Strich stehen die *Prämissenzeilen* der Regel, unter dem Strich die *Conclusiozeile.*

Als weiteres Beispiel einer Regel erwähnen wir die Annahmenbeseitigung, die wir im vorigen Paragraphen kennengelernt haben:

$$\text{(4)}\quad \textbf{AB}\quad \frac{\Sigma, \phi \vdash \psi}{\Sigma \vdash \phi \to \psi}\,.$$

Auch diese Regel läßt sich einerseits inhaltlich als korrekt einsehen (das Deduktionstheorem liefert die Begründung), andererseits rein formal beschreiben.

Man wendet die Regeln folgendermaßen an:

Gegeben sei eine endliche Folge von Beweiszeilen. Wenn die Prämissenzeilen einer Regel darin vorkommen, so kann man die Conclusiozeile anhängen.

Die Regel **MP** wird auf zwei vorangehende Beweiszeilen angewendet. Die Regel **AB** hat eine Prämissenzeile. Alle bisher angegebenen Regeln setzen aber ein bereits vorliegendes Stück eines Beweises voraus.

Wie fangen wir aber einen Beweis an? Dazu brauchen wir Regeln ohne Prämissen (sog. *logische Axiome*). In den Beispielen fingen wir stets mit einer Annahmeneinführung an. Diese Regel schreiben wir so:

$$\text{(5)}\quad \textbf{A}\quad \frac{\bullet}{\phi \vdash \phi}\,.$$

Die Korrektheit ist evident, denn natürlich ist $\phi \models \phi$, was immer auch ϕ für eine Formel ist.

Nach diesen Beispielen wollen wir allgemein definieren, was eine Regel mit n Prämissen ist.

(6) **Def.:** *Eine Regel mit n Prämissenzeilen ($n \geqslant 0$) ist eine effektiv entscheidbare $n+1$-stellige Relation auf Beweiszeilen. Wenn diese auf die $n+1$ Beweiszeilen*

$$\Sigma_1 \vdash \phi_1, \ldots, \Sigma_n \vdash \phi_n, \Sigma \vdash \phi$$

zutrifft, so sagen wir, daß eine Anwendung der Regel auf die Prämissenzeilen $\Sigma_1 \vdash \phi_1, \ldots, \Sigma_n \vdash \phi_n$ die Conclusiozeile $\Sigma \vdash \phi$ liefert.

Wir wollen den Begriff der efffektiven Entscheidbarkeit nicht präzise definieren. Bei unseren Regeln kann man leicht sehen, daß effektiv entschieden werden kann, ob sie richtig angewendet wurden.

Die Bedingung ist aber wesentlich und kann nicht völlig entbehrt werden. Sonst könnte man ja einfach als (nicht effektive, aber zweifellos korrekte) Superregel formulieren:

Man schreibe $\vdash \phi$ *hin, wenn* $\models \phi$.

Dann wären alle und nur die allgemeingültigen Formeln ableitbar. Aber mit einem s o l c h e n Ableitungsbegriff kann man nicht mehr anfangen als mit dem Allgemeingültigkeitsbegriff selbst. Unser Ableitungsbegriff soll aber effektiv sein in dem folgenden Sinne: man soll effektiv nachprüfen können, ob ein angeblicher Beweis tatsächlich ein Beweis ist.

Zur Schreibweise von Regeln:

Die Regel, die aus den Zeilen $\Sigma_1 \vdash \phi_1, \ldots, \Sigma_n \vdash \phi_n$ die Zeile $\Sigma \vdash \phi$ liefert, wenn gewisse Bedingungen ●●● erfüllt sind, schreiben wir so:

$$\frac{\begin{array}{l}\Sigma_1 \vdash \phi_1\\ \quad\vdots\\ \Sigma_n \vdash \phi_n\end{array}}{\Sigma \vdash \phi}\text{, wenn ●●●.}$$

Das haben wir bei den bis jetzt angegebenen Regeln auch schon getan. Die Zusatzbedingungen ●●● entfielen dabei.

(7) **Def.**: *Eine Regel ohne Prämissen heißt Axiomenschema. Jede Zeile, auf die eine solche Regel zutrifft, ist ein Axiom des Schemas.*

Ein Axiomenschema schreiben wir so:

$$\frac{\cdot}{\Sigma \vdash \phi}\text{, wenn ●●●.}$$

Ein Beispiel haben wir in der Annahmenregel kennengelernt. Die Zusatzbedingungen ●●● fehlten dort.

Wir können jetzt sagen, was ein *formaler Beweis mit einem Regelsystem* ist:

(8) **Def.:** *$\mathfrak{R}$ sei eine Menge von Regeln. Ein formaler Beweis mit $\mathfrak{R}$ ist eine endliche Folge von Beweiszeilen mit folgender Eigenschaft: Jede Zeile der Folge geht aus (nicht notwendig verschiedenen) vorangehenden Zeilen durch Anwendung einer Regel aus $\mathfrak{R}$ hervor.*

Ein formaler Beweis muß immer mit einem Axiom beginnen.

Nehmen wir etwa an, daß die oben angegebenen Regeln zu dem Regelsystem gehören. Dann ist die folgende Folge von Beweiszeilen ein formaler Beweis.

$$\phi \vdash \phi$$
$$\phi \longrightarrow \psi \vdash \phi \longrightarrow \psi$$
$$\phi, \phi \longrightarrow \psi \vdash \psi ,$$

Um klarzumachen, welche Regel für jede Zeile zuständig ist, numerieren wir die Zeilen am linken Rande und geben am rechten Rand jeweils die Regel und die Adresse der Prämissen an.

1	$\phi \vdash \phi$	**(A)**
2	$\phi \longrightarrow \psi \vdash \phi \longrightarrow \psi$	**(A)**
3	$\phi, \phi \longrightarrow \psi \vdash \psi$.	(**MP**, 1, 2)

Der Kommentar ist prinzipiell entbehrlich, wenn man nur endlich viele Regeln zur Verfügung hat. Denn man kann ja stets durch Nachprüfen aller Möglichkeiten (das sind nur endlich viele!) feststellen, ob eine Zeile nach den Regeln aus vorangehenden ZeIlen gewonnen ist. Der Kommentar ist aber sehr nützlich, um das Nachprüfen eines Beweises zu erleichtern.

Wir definieren nun die Ableitbarkeit:

(9) **Def.:** *$\mathfrak{R}$ sei eine Menge von Regeln. Dann sei für jede Formelmenge Γ und jede Formel ϕ $\Gamma \vdash_{\mathfrak{R}} \phi$ gleichbedeutend mit:*
Es gibt einen formalen Beweis mit $\mathfrak{R}$ mit letzter Zeile $\Sigma \vdash \phi$ und $\Sigma \subseteq \Gamma$.

Wir sagen, daß ϕ *aus* Γ *mit dem Regelsystem* $\mathfrak{R}$ *ableitbar ist.*

Wir definieren ferner den Begriff der eliminierbaren Regel:

(10) **Def.:** *$\mathfrak{R}$ sei ein Regelsystem und $\mathfrak{Q}$ eine Regel. $\mathfrak{Q}$ ist in bezug auf $\mathfrak{R}$ eliminierbar, sei gleichbedeutend mit: Für jede Formelmenge Γ und jede Formel ϕ, wenn ϕ aus Γ mit dem Regelsystem $\mathfrak{R}$, vermehrt um $\mathfrak{Q}$ ableitbar ist, so auch mit dem Regelsystem $\mathfrak{R}$ alleine.*

Ein Beispiel für eine eliminierbare Regel (wenn **MP** und **AB** zur Verfügung stehen) ist die Schnittregel:

(11) **S**
$$\frac{\begin{array}{c}\Sigma \vdash \theta \\ \Pi, \theta \vdash \phi\end{array}}{\Sigma, \Pi \vdash \theta}.$$

(12) **Satz:** *Die Regel* **S** *ist in bezug auf* **MP, AB** *eliminierbar.*

Beweis der Eliminierbarkeit: Sei irgendeine Anwendung dieser Regel gegeben:

$$\vdots$$

(*) $\Sigma \vdash \theta$

$$\vdots$$

(**) $\Pi, \theta \vdash \phi$

$$\vdots$$

$$\Sigma, \Pi \vdash \phi.$$

Die Punkte deuten irgendwelche Beweiszeilen an. Auf die mit (*) und (**) gekennzeichneten Zeilen wurde die Regel ***S*** angewendet.

Man schiebe dann vor die letzte Zeile die Zeile

$$\Pi \vdash \theta \longrightarrow \phi$$

ein, die aus (**) durch **AB** gewonnen werden kann. Aus (*) und dieser Zeile erhält man dann mit **MP** die gewünschte Zeile. Die Anwendung von **S** ist also eliminiert.

Wir schreiben Eliminierbarkeitsbeweise künftig so auf, daß wir die Prämissenzeilen der als eliminierbar nachzuweisenden Regel zunächst hinschreiben und daraus mit zugelassenen Regeln die Conclusiozeile ableiten. Im Fall der Schnittregel würden wir mithin den Beweis so notieren:

1	$\Sigma \vdash \theta$	(*gegeben*)
2	$\Pi, \theta \vdash \phi$	(*gegeben*)
3	$\Pi \vdash \theta \longrightarrow \phi$	(**AB**, 2)
4	$\Sigma, \Pi \vdash \phi$. ∎	(**MP**, 1, 3)

Eliminierbare Regeln sind theoretisch überflüssig, denn sie gestatten ja nicht, mehr herzuleiten als die ursprünglichen Regeln. In der Praxis sind sie von enormer Wichtigkeit, denn sie gestatten, formale Beweise zu verkürzen.

(13) **Def.**: *$\mathfrak{R}$ sei ein Regelsystem. Ein verkürzter Beweis mit $\mathfrak{R}$ ist ein Beweis, der Regeln von $\mathfrak{R}$ und in bezug auf $\mathfrak{R}$ eliminierbare Regeln verwendet.*

Wenn es darum geht, die Tatsache der Beweisbarkeit zu erkennen (und die genaue Form des Beweises nicht interessiert, wie es gewöhnlich der Fall ist), so kann man auch verkürzte Beweise zulassen. Wir werden später fast nur verkürzte Beweise führen, so wie wir ja auch fast nur Abkürzungen von Ausdrücken tatsächlich verwenden. Auch die Schreibweise verkürzter Beweise wird uns bald zu kompliziert werden. Wir werden später weitere Vereinfachungen der Darstellung suchen. So werden wir ggf. die Numerierung der Zeilen wieder fallenlassen, zwei Regeln in einem Schritt anwenden, Annahmen nicht voll ausschreiben u. ä. Wenn sich dabei die Schreibweise allmählich der halbformalen Schreibweise von § 9 annähert, so ist das durchaus erwünscht. Es soll nämlich deutlich werden, daß unser Formalismus Verbindung zum praktischen Schließen hat.

Bis jetzt ist unser Regelbegriff noch so allgemein, daß auch Unsinnregeln erlaubt wären. Für die Zwecke der Logik sind wir natürlich an *korrekten* Regeln interessiert, die wir jetzt definieren.

(14) **Def.**: *Eine Regel $\mathfrak{R}$ ist genau dann korrekt, wenn für beliebige Beweiszeilen gilt: Wird $\mathfrak{R}$ auf korrekte Beweiszeilen angewendet, so ist auch die Conclusiozeile korrekt.*

Alle Regeln, die wir bisher angegeben haben, sind korrekt. Mit korrekten Regeln kann man nur logische Folgerungen ableiten.

(15) **Satz**: *$\mathfrak{R}$ sei ein Regelsystem, das nur korrekte Regeln enthält. Dann gilt für jede Formelmenge Γ und jede Formel ϕ:*

$$\textit{Wenn } \Gamma \vdash_{\mathfrak{R}} \phi, \textit{ so } \Gamma \models \phi.$$

Wir werden im folgenden nach und nach ein System aus korrekten Regeln angeben, die wir *Grundregeln* oder *logische Regeln* nennen. Ableitbarkeit und Eliminierbarkeit soll sich immer auf diese Grundregeln beziehen. Wir lassen deshalb den Index am Ableitungszeichen und die Angabe der Regelmenge fort. Das hat den harmlosen Nebenefffekt, daß das Zeichen $\vdash$, das bislang nur als Interpunktionszeichen in Beweiszeilen fungierte, ein bedeutungsvolles Zeichen der Metasprache wird. Die Beweiszeilen werden metasprachliche Behauptungen, und in formalen Beweisen nach den Grundregeln treten wahre Aussagen auf.

Ein Regelsystem heißt *vollständig,* wenn man jede logische Folgerung auch durch einen formalen Beweis mit dem Regelsystem gewinnen kann. Die Frage nach der Vollständigkeit unseres Systems von Grundregeln ist tieferliegend und soll hier nicht behandelt werden. Vollständigkeit ist gegeben, wenn man sich auf *prädikatenlogische Sprachen* beschränkt oder auch allgemeiner auf solche *Fragmente* von $L(S;C)$, in denen sich die Terme in Terme 1. Stufe und Terme 2. Stufe einteilen lassen. Dabei sind die Variablen und solche Jotaterme, für die man Existenz- und Eindeutigkeitsaxiome zur Verfügung hat, Terme 1. Stufe, Abstraktionsterme sind Terme 2. Stufe. Paarterme von Termen 1. Stufe sind Terme 1. Stufe und Paarterme von Termen 2. Stufe sind Terme 2. Stufe. Gleichungen $X = Y$ sind nur zwischen Termen derselben Stufe zugelassen, prädikative Formeln $X \in Y$ nur zwischen Termen 1. Stufe X und Termen 2. Stufe Y. Fast alle Begriffsbildungen in diesem Buch lassen sich in einem solchen Fragment von $L(S;C)$ darstellen. Für die volle Sprache $L(S;C)$ ist Vollständigkeit gegeben, wenn man den Interpretationsbegriff erweitert und zuläßt, daß die logischen Konstanten $\in$ und $\{\ldots | \ldots\}$ auch in anderer Weise interpretiert werden (sog. allgemeine Modelle im Sinne von Henkin).

§ 11. Prädikatenlogische Regeln und Sätze

Weil man aussagenlogische Folgerungen effektiv entscheiden kann, wollen wir alle aussagenlogischen Folgerungen als logische Axiome zulassen.

Wir formulieren also die folgende Grundregel ohne Prämissenzeilen, die wir als *tautologische Regel* bezeichnen.

(1) **Taut.** $\dfrac{\cdot}{\Sigma \vdash \phi}$, *wenn* $\Sigma \models_{\overline{AL}} \phi$.

Als weitere Regeln nehmen wir *Annahmenbeseitigung:*

(2) **AB** $\dfrac{\Sigma, \phi \vdash \psi}{\Sigma \vdash \phi \rightarrow \psi}$

und *Schnitt:*

(3) **S** $\dfrac{\begin{array}{c}\Sigma \vdash \theta \\ \Pi, \theta \vdash \phi\end{array}}{\Sigma, \Pi \vdash \phi}$.

Die Korrektheit der Regel **Taut** ergibt sich aus (§ 7; 9), die der Annahmenbeseitigung aus (§ 6e; 9). Die Überlegung für die Korrektheit der Schnittregel lautet so: Seien die Zeilen $\Sigma \vdash \theta$ und $\Pi, \theta \vdash \phi$ korrekt und $\mathfrak{J}, \mathfrak{B}$ Modell von Σ, Π. Dann ist $\mathfrak{J}, \mathfrak{B}$ Modell von θ (wegen $\Sigma \models \theta$), also Modell von Π, θ. Wegen $\Pi, \theta \models \phi$ ist $\mathfrak{J}, \mathfrak{B}$ dann auch Modell von ϕ. Insgesamt $\Sigma, \Pi \models \phi$, und die Conclusiozeile ist korrekt.

Wir wollen zunächst mit diesen Grundregeln arbeiten und einige eliminierbare Regeln angeben.

Die *Annahmenregel* ist eliminierbar:

(4) **A** $\dfrac{\cdot}{\phi \vdash \phi}$.

Genauer gesagt ist sie ein Spezialfall von **Taut** (s. § 8; 59)

Die *Annahmenerzeugung* ist eliminierbar:

(5) **AE** $\dfrac{\Sigma \vdash \phi \longrightarrow \psi}{\Sigma, \phi \vdash \psi}$,

Begründung der Eliminierbarkeit: Wir zeigen, wie sich aus der gegebenen Prämissenzeile die Conclusiozeile gewinnen läßt, ohne die neue Regel zu benutzen. Dann läßt sich ihre Anwendung generell eliminieren.

1	$\Sigma \vdash \phi \longrightarrow \psi$	(*gegeben*)
2	$\phi, \phi \longrightarrow \psi \vdash \psi$	(**Taut**, vgl. § 8; 64)
3	$\Sigma, \phi \vdash \psi$. ▮	(**S**; 1, 2)

Wir benutzen – wie vorher – ▮ als Beweisendezeichen.

Der allgemeine *Tautologische Schluß* ist eliminierbar:

$$\text{(6)}\quad \textbf{Taut}\quad \frac{\begin{array}{c}\Sigma_1 \vdash \phi_1\\ \vdots\\ \Sigma_n \vdash \phi_n\end{array}}{\Sigma_1, \ldots, \Sigma_n \vdash \phi}, \textit{ wenn } \phi_1, \ldots, \phi_n \models_{\overline{AL}} \phi.$$

Begründung der Eliminierbarkeit:

1	$\Sigma_1 \vdash \phi_1$	(*gegeben*)
$\vdots$	$\vdots$	$\vdots$
n	$\Sigma_n \vdash \phi_n$	(*gegeben*)
$n+1$	$\phi_1, \phi_2, \ldots, \phi_n \vdash \phi$	(**Taut**, *beachte Voraussetzung*)
$n+2$	$\Sigma_1, \phi_2, \ldots, \phi_n \vdash \phi$	(**S**; 1, $n+1$)
$n+3$	$\Sigma_1, \Sigma_2, \ldots. \phi_n \vdash \phi$	(**S**; 2, $n+2$)
$\vdots$	$\vdots$	
$2n+1$	$\Sigma_1, \Sigma_2, \ldots, \Sigma_n \vdash \phi$. ∎	(**S**; n, $2n$)

Die *Verdünnungsregel* ist eliminierbar:

$$\text{(7)}\quad \textbf{V}\quad \frac{\Sigma \vdash \phi}{\Pi \vdash \phi}, \textit{ wenn } \Sigma \subseteq \Pi.$$

Begründung der Eliminierbarkeit: Wir zeigen, daß man eine beliebige Formel den Annahmen hinzufügen kann.
Sukzessive kann man so von Σ zur Obermenge Π kommen.

1	$\Sigma \vdash \phi$	(*geg.*)
2	$\psi, \phi \vdash \phi$	(**Taut**, vgl. § 8, 63)
3	$\Sigma, \psi \vdash \phi$. ∎	(**S**; 1, 2)

Wir geben jetzt einige weitere eliminierbare Regeln an. Die durchweg einfachen Beweise der Eliminierbarkeit bringen wie hier nicht. Zum Teil sind es einfach Spezialfälle des tautologischen Schlusses. Bisweilen muß man erst Annahmenbeseitigung durchführen und zum Schluß Annahmenerzeugung.

Das Ineinanderspiel von Annahmenbeseitigung und Annahmenerzeugung bezeichnet man auch als *Annahmenjonglieren.*

Liste eliminierbarer Regeln

Konjunktionsregeln:

(8) **Kon** $\dfrac{\Sigma \vdash \phi \quad \Pi \vdash \psi}{\Sigma, \Pi \vdash \phi \wedge \psi}$, $\dfrac{\Sigma \vdash \phi \wedge \psi}{\Sigma \vdash \phi}$, $\dfrac{\Sigma \vdash \phi \wedge \psi}{\Sigma \vdash \psi}$.

Disjunktionsregeln:

(9) **Dis** $\dfrac{\Sigma \vdash \phi}{\Sigma \vdash \phi \vee \psi}$, $\dfrac{\Sigma \vdash \psi}{\Sigma \vdash \phi \vee \psi}$, $\dfrac{\Sigma, \phi \vdash \theta \quad \Pi, \psi \vdash \theta}{\Sigma, \Pi, \phi \vee \psi \vdash \theta}$.

Die letzte Disjunktionsregel bezeichnen wir auch als *Schluß durch unvollständige Fallunterscheidung.*

Negationsregeln:

(10) **Neg** $\dfrac{\Sigma, \phi \vdash \psi}{\Sigma \vdash \neg\phi \vee \psi}$, $\dfrac{\Sigma \vdash \phi \vee \psi}{\Sigma, \neg\phi \vdash \psi}$,

$\dfrac{\Sigma \vdash \neg\phi \vee \psi}{\Sigma, \phi \vdash \psi}$, $\dfrac{\Sigma, \neg\phi \vdash \psi}{\Sigma \vdash \phi \vee \psi}$,

Kontrapositionsregeln:

(11) **KP** $\dfrac{\Sigma, \phi \vdash \psi}{\Sigma, \neg\psi \vdash \neg\phi}$, $\dfrac{\Sigma, \neg\phi \vdash \psi}{\Sigma, \neg\psi \vdash \phi}$,

$\dfrac{\Sigma, \phi \vdash \neg\psi}{\Sigma, \psi \vdash \neg\phi}$, $\dfrac{\Sigma, \neg\phi \vdash \neg\psi}{\Sigma, \psi \vdash \phi}$.

Modus Ponens:

(12) **MP** $\dfrac{\Sigma \vdash \phi \quad \Pi \vdash \phi \longrightarrow \psi}{\Sigma, \Pi \vdash \psi}$.

Modus Tollens:

(13) **MT** $\dfrac{\Sigma \vdash \neg\psi \quad \Pi \vdash \phi \longrightarrow \psi}{\Sigma, \Pi \vdash \neg\phi}$.

Annahmenzerlegung:

(14) **AZ** $\dfrac{\Sigma, \phi \wedge \psi \vdash \theta}{\Sigma, \phi, \psi \vdash \theta}$.

Annahmenverschmelzung:

(15) **AV** $\dfrac{\Sigma, \phi, \psi \vdash \theta}{\Sigma, \phi \wedge \psi \vdash \theta}$.

Tertium non datur:

$$\text{(16) TND}\quad \frac{\Sigma,\ \theta \vdash \phi \qquad \Pi, \neg\theta \vdash \phi}{\Sigma,\ \Pi \vdash \phi}$$

Ex falso quodlibet:

$$\text{(17) EFQ}\quad \frac{\Sigma \vdash \theta \qquad \Pi \vdash \neg\theta}{\Sigma, \Pi \vdash \phi}$$

Die Tertium-non-datur-Regel bezeichnet man auch als *Schluß durch vollständige Fallunterscheidung.*

Widerspruchsregeln:

$$\text{(18) WID}\quad \frac{\Sigma, \phi \vdash \theta \qquad \Pi, \phi \vdash \neg\theta}{\Sigma, \Pi \vdash \neg\phi}, \qquad \frac{\Sigma, \neg\phi \vdash \theta \qquad \Pi, \neg\phi \vdash \neg\theta}{\Sigma,\ \Pi \vdash \phi}$$

Kettenschluß:

$$\text{(19) Kett}\quad \frac{\Sigma \vdash \phi \longrightarrow \psi \qquad \Pi \vdash \psi \longrightarrow \theta}{\Sigma, \Pi \vdash \phi \longrightarrow \theta}.$$

Äquivalenzregeln:

$$\text{(20) Äq}\quad \frac{\Sigma,\ \phi \vdash \psi \qquad \Pi, \psi \vdash \phi}{\Sigma, \Pi \vdash \phi \longleftrightarrow \psi}, \quad \frac{\Sigma,\ \phi \vdash \psi \qquad \Pi, \neg\phi \vdash \neg\psi}{\Sigma,\ \Pi \vdash \phi \longleftrightarrow \psi}, \quad \frac{\Sigma, \neg\phi \vdash \neg\psi \qquad \Pi, \neg\psi \vdash \neg\phi}{\Sigma, \Pi \vdash \phi \longleftrightarrow \psi}.$$

Wir bringen weitere *Grundregeln:*

Allbeseitigung:

$$\text{(21) }\forall\text{B}\quad \boxed{\frac{\Sigma \vdash \forall v\, \phi}{\Sigma \vdash \phi}.}$$

All-Einführung:

$$\text{(22) }\forall\text{E}\quad \boxed{\frac{\Sigma \vdash \phi}{\Sigma \vdash \forall v\, \phi}, \textit{ wenn } v \textit{ in keiner Formel von } \Sigma \textit{ frei ist.}}$$

Existenzeinführung:

$$\text{(23) }\exists\text{E}\quad \boxed{\frac{\Sigma \vdash \phi}{\Sigma \vdash \exists v\, \phi}.}$$

Beispielbeseitigung:

(24) **BB** $\dfrac{\Sigma, \quad \phi \vdash \theta}{\Sigma, \exists v\, \phi \vdash \theta}$, *wenn* v *in keiner Formel von* Σ *frei und nicht frei in* θ *ist.*

Wir haben diese Regeln in § 9 schon inhaltlich verwendet, wollen aber noch einmal die Korrektheit begründen.

Zur Allbeseitigung: Sei $\Sigma \models \forall v\, \phi$ Sowie $\mathfrak{J}, \mathfrak{B}$ Modell von Σ, und $x = v^{\mathfrak{B}}$.

Wegen $\Sigma \models \forall v\, \phi$ ist $\mathfrak{J}, \mathfrak{B}$ Modell von $\forall v\, \phi$, also auch $\mathfrak{J}, \mathfrak{B}^v_x$ Modell von ϕ (nach § 6c; 4 r_8). Aber $\mathfrak{B}^v_x = \mathfrak{B}$, somit $\mathfrak{J}, \mathfrak{B}$ Modell von ϕ. Das zeigt $\Sigma \models \phi$, und die Conclusiozeile ist korrekt.

Zur All-Einführung: Sei $\Sigma \models \phi$ sowie $\mathfrak{J}, \mathfrak{B}$ Modell von Σ, und $x \in I^s_{\mathfrak{J}}$ (wobei s die Sorte von v sei). Weil v in keiner Formel von Σ frei vorkommt, ist auch $\mathfrak{J}, \mathfrak{B}^v_x$ Modell von Σ (Koinzidenztheorem), also von ϕ. Somit ist für jedes $x \in I^s_{\mathfrak{J}}$ $\phi^{\mathfrak{J}, \mathfrak{B}^v_x} = W$. Das zeigt, daß $\mathfrak{J}, \mathfrak{B}$ Modell von $\forall v\, \phi$ ist (§ 6 c; 4 r_8). Mithin $\Sigma \models \forall v\, \phi$.

Zur Existenzeinführung: Sei $\Sigma \models \phi$ sowie $\mathfrak{J}, \mathfrak{B}$ Modell von Σ, und $x = v^{\mathfrak{B}}$. Wegen $\Sigma \models \phi$ ist $\mathfrak{J}, \mathfrak{B}$ Modell von ϕ. Nun ist $\mathfrak{B} = \mathfrak{B}^v_x$. Also ist $\mathfrak{J}, \mathfrak{B}^v_x$ Modell von ϕ und damit $\mathfrak{J}, \mathfrak{B}$ Modell von $\exists v\, \phi$ (nach § 6 c; 4 r_9). Mithin $\Sigma \models \exists\, v\, \phi$.

Zur Beispielbeseitigung: Sei $\Sigma, \phi \models \theta$ und $\mathfrak{J}, \mathfrak{B}$ Modell von $\Sigma, \exists v\, \phi$. Nach (§ 6c; 4 r_9) gibt es ein $x \in I^s_{\mathfrak{J}}$ (wobei s die Sorte von v sei) mit: $\mathfrak{J}, \mathfrak{B}^v_x$ ist Modell von ϕ. Sei x entsprechend gewählt. Weil v in keiner Formel von Σ frei vorkommt, ist $\mathfrak{J}, \mathfrak{B}^v_x$ auch Modell von Σ (Koinzidenztheorem). Wegen $\Sigma, \phi \models \theta$ ist $\mathfrak{J}, \mathfrak{B}^v_x$ Modell von θ, und weil v nicht frei in θ ist, ist $\mathfrak{J}, \mathfrak{B}$ Modell von θ (Koinzidenztheorem). Mithin $\Sigma, \exists\, v\, \phi \models \theta$

Es handelt sich oben um gedrängt dargestellte halbformale metasprachliche Beweise. Wenn man sie studiert, so wird man feststellen, daß wir die zu begründenden formalen Schlußregeln dabei in der Metasprache schon inhaltlich verwenden. Es liegt also keine echte Begründung der metasprachlichen Schlußweisen vor, vielmehr werden diese durch ihr formales Gegenstück nur verdeutlicht. und es wird gezeigt, daß der formale Apparat adäquat aufgebaut ist.

Die nächste Grundregel ist die *Substitutionsregel* (zur Substitution vgl. (§ 9c)).

Sie lautet:

(25) **Sub** $\dfrac{\phi_1, \ldots, \phi_k \vdash \phi_0}{X_1 \in \mathfrak{V}^{s_1}, \ldots, X_n \in \mathfrak{V}^{s_n}, \phi_1', \ldots, \phi_k' \vdash \phi_0'}$, *wenn*

$$S = \begin{pmatrix} w_1^{s_1}, \ldots, w_n^{s_n}, C_1, \ldots, C_m \\ X_1, \ldots, X_n, Y_1, \ldots, Y_m \end{pmatrix}$$

und Sub $\phi_i \, S \, \phi_i' (i = 0, \ldots, k)$.

Wir wollen die Korrektheit der Substitutionsregel begründen. Sei $\phi_1, \ldots, \phi_k \vDash \phi_0$ und $\mathfrak{J}, \mathfrak{B}$ Modell von $X_1 \in \mathfrak{V}^{s_1}, \ldots, X_n \in \mathfrak{V}^{s_n}, \phi_1', \ldots, \phi_k'$.

Wir ändern $\mathfrak{J}, \mathfrak{B}$ in folgender Weise ab. $\mathfrak{J}^0$ unterscheide sich von $\mathfrak{J}$ dadurch, daß die Konstanten $C_1, \ldots, C_m$ durch $Y_1^{\mathfrak{J}, \mathfrak{B}}, \ldots Y_m^{\mathfrak{J}, \mathfrak{B}}$ interpretiert werden, $\mathfrak{B}^0$ unterscheide sich von $\mathfrak{B}$ dadurch, daß $w_1^{s_1}, \ldots, w_n^{s_n}$ mit $X_1^{\mathfrak{J}, \mathfrak{B}}, \ldots, X_n^{\mathfrak{J}, \mathfrak{B}}$ belegt werden.

Weil die Formeln $X_1 \in \mathfrak{V}^{s_1}, \ldots, X_n \in \mathfrak{V}^{s_n}$ in $\mathfrak{J}, \mathfrak{B}$ erfüllt sind, ist $\mathfrak{B}^0$ eine Belegung über $\mathfrak{J}^0$.

Wenn in ϕ_i $(i = 0, \ldots, k)$ die Parameter $w_1^{s_1}, \ldots, w_n^{s_n}, C_1, \ldots, C_m$ vorkommen, so stehen an den entsprechenden Stellen in ϕ_i' die Terme $X_1, \ldots, X_n, Y_1, \ldots, Y_m$. Diese Terme werden durch $\mathfrak{J}, \mathfrak{B}$ so bewertet, wie die $w_1^{s_1}, \ldots, w_n^{s_n}, C_1, \ldots, C_m$ durch $\mathfrak{J}^0, \mathfrak{B}^0$ bewertet werden. Daraus ergibt sich, daß $\mathfrak{J}, \mathfrak{B}$ die Formel ϕ_i' genau dann erfüllt, wenn $\mathfrak{J}^0, \mathfrak{B}^0$ die Formel ϕ_i erfüllt (sog. Überführungstheorem). Weil $\mathfrak{J}, \mathfrak{B}$ Modell von $\phi_1', \ldots, \phi_k'$ ist, ist also $\mathfrak{J}^0, \mathfrak{B}^0$ Modell von $\phi_1, \ldots, \phi_n$ und wegen $\phi_1, \ldots, \phi_k \vDash \phi_0$ auch von ϕ_0. Dann ist $\mathfrak{J}, \mathfrak{B}$ Modell von ϕ_0'.

Insgesamt ist gezeigt $X_1 \in \mathfrak{V}^{s_1}, \ldots, X_n \in \mathfrak{V}^{s_n}, \phi_1', \ldots, \phi_k' \vDash \phi_0'$.

Bei einem genaueren Aufbau der semantischen Logik wäre das oben erwähnte Überführungstheorem zu beweisen.

Wir notieren den wichtigen Spezialfall einer einfachen Variablensubsitution $\begin{pmatrix} v^s \\ X \end{pmatrix}$, wobei wir an die Konvention (§ 9c; 3) erinneren. Danach schreiben wir $\phi(v)$ für ϕ und $\phi(X)$ für ϕ', sofern Sub $\phi \begin{pmatrix} v \\ X \end{pmatrix} \phi'$. Der *Spezialfall von Sub* lautet dann:

(26) **Sub** $\dfrac{\phi_1(v^s), \ldots, \phi_n(v^s) \vdash \phi(v^s)}{X \in \mathfrak{V}^s, \phi_1(X), \ldots, \phi_n(X) \vdash \phi(X)}$.

Natürlich braucht man auch Sätze, die sagen, wann ein Term ein Individuum der Sorte s bezeichnet. Das ergibt sich oft aus den speziellen Axiomen einer Theorie.

Vom logischen Standpunkt aus verlangen wir nur, daß die Variablen der Sorte s jedenfalls Individuenterme der Sorte s sind.

Wir sagen dazu *Sortenaxiom:*

(27) **Sort** $\dfrac{\cdot}{\vdash v^s \in \mathcal{V}^s}$

Die Korrektheit ist klar. Wir haben Belegungen ja gerade so definiert, daß v^s durch ein Individuum der Sorte s zu belegen ist, d. h. die Formel $v^s \in \mathcal{V}^s$ erfüllt ist.

Hieraus ergibt sich, daß wir uns in (26) die zusätzliche Annahme $X \in \mathcal{V}^s$ ersparen können, wenn X eine Variable w^s derselben Sorte wie v^s ist.

Das besagt die *spezielle Substitutionsregel:*

(28) **Sub** $\dfrac{\phi_1(v^s), \ldots, \phi_n(v^s) \vdash \phi(v^s)}{\phi_1(w^s), \ldots, \phi_n(w^s) \vdash \phi(w^s)}.$

Begründung der Eliminierbarkeit.

1	$\phi_1(v^s), \ldots, \phi_n(v^s) \vdash \phi(v^s)$	(*geg.*)
2	$w^s \in \mathcal{V}^s, \phi_1(w^s), \ldots, \phi_n(w^s) \vdash \phi(w^s)$	(**Sub**)
3	$\vdash w^s \in \mathcal{V}^s$	(**Sort**)
4	$\phi_1(w^s), \ldots, \phi_n(w^s) \vdash \phi(w^s)$. ∎	(S; 3, 2)

Ähnlich kann man später in allen anderen Fällen verfahren, wenn man Individuenterme der Sorte s für eine Variable der Sorte s substituiert.

Wenn wir künftig $\phi(v^s)$ und $\phi(w^s)$ nebeneinander verwenden, so wollen wir die Konvention (§ 9 c; 4) benutzen, d. h., wir setzen voraus, daß $\phi(v^s)$ an genau den Stellen freies v^s enthält, an denen $\phi(w^s)$ freies w^s enthält.

Wir geben noch einmal die in (9 c; 9) bewiesenen Umbenennungssätze an:

(29) **Umbenennungssätze:**

(a) $\vdash \forall v^s\, \phi(v^s) \longleftrightarrow \forall w^s\, \phi(w^s)$,

(b) $\vdash \exists v^s\, \phi(v^s) \longleftrightarrow \exists w^s\, \phi(w^s)$.

Aus Übungsgründen wollen wir die in § 9 halbformal gebrachten Beweise hier noch einmal formal führen, wobei wir aber die Beweistypen aus § 9 verwenden.

(a) **Äquivalenzbeweis:**

→:

1	$\forall v^s\, \phi(v^s) \vdash \forall v^s\, \phi(v^s)$	**(A)**
2	$\forall v^s\, \phi(v^s) \vdash \phi(v^s)$	**(∀B)**
3	$\forall v^s\, \phi(v^s) \vdash \phi(w^s)$	**(Sub)**
4	$\forall v^s\, \phi(v^s) \vdash \forall w^s \phi(w^s)$. ▮	**(∀E)**

←: Analog.

(b) **Äquivalenzbeweis:**

→:

1	$\phi(w^s) \vdash \phi(w^s)$	**(A)**
2	$\phi(w^s) \vdash \exists w^s\, \phi(w^s)$	**(∃E)**
3	$\phi(v^s) \vdash \exists w^s\, \phi(w^s)$	**(Sub)**
4	$\exists v^s\, \phi(v^s) \vdash \exists w^s\, \phi(w^s)$. ▮	**(BB)**

←: Analog.

In § 9 hatten wir Kombinationen von Quantorenregeln mit Substitution und Umbenennung betrachtet.

Wir wollen das hier im formalen Kalkül wiederholen:

(30) **Satz:** *Die folgende Spezialisierungsregel ist eliminierbar*

Spez $$\frac{\Sigma \vdash \forall v^s\, \phi(v^s)}{X \in \mathcal{V}^s,\ \Sigma \vdash \phi(X)}\,.$$

Begründung der Eliminierbarkeit (vgl. § 9 c; 10):

1	$\Sigma \vdash \forall v^s \, \phi(v^s)$	(*geg.*)
2	$\forall v^s \, \phi(v^s) \vdash \forall v^s \, \phi(v^s)$	**(A)**
3	$\forall v^s \, \phi(v^s) \vdash \phi(v^s)$	**(∀B)**
4	$X \in \mathcal{U}^s, \forall v^s \, \phi(v^s) \vdash \phi(X)$	**(Sub)**
5	$X \in \mathcal{U}^s, \Sigma \vdash \phi(X)$. ■	**(S**; 4, 1)

(31) **Satz:** *Die folgende Partikularisierungsregel ist eliminierbar:*

$$\textbf{Part} \quad \frac{\Sigma \vdash \phi(X) \qquad \Pi \vdash X \in \mathcal{U}^s}{\Sigma, \Pi \vdash \exists v^s \, \phi(v^s)}\,.$$

Begründung der Eliminierbarkeit (vgl. (§ 9 c; 11) und (§ 9 d; 8)):

1	$\Sigma \vdash \phi(X)$	(*geg.*)
2	$\Pi \vdash X \in \mathcal{U}^s$	(*geg.*)
3	$\phi(v^s) \vdash \phi(v^s)$	**(A)**
4	$\phi(v^s) \vdash \exists v^s \, \phi(v^s)$	(**∃ E**; 3)
5	$X \in \mathcal{U}^s, \phi(X) \vdash \exists v^s \, \phi(v^s)$	(**Sub**; 4)
6	$\Sigma, X \in \mathcal{U}^s \vdash \exists v^s \, \phi(v^s)$	(**S**; 1, 5)
7	$\Sigma, \Pi \vdash \exists v^s \, \phi(v^s)$. ■	(**S**; 2, 6)

Man beachte, daß man in (30) und (31) den Parameter v^s in den Annahmen Σ *nicht* zu substituieren braucht.

(32) **Satz:** *Die folgende Generalisierungsregel ist eliminierbar:*

$$\textbf{Gen} \quad \frac{\Sigma \vdash \phi(w^s)}{\Sigma \vdash \forall v^s \, \phi(v^s)}, \textit{ wenn } w^s \textit{ in keiner Formel von } \Sigma \textit{ frei ist.}$$

Begründung der Eliminierbarkeit (vgl. § 9 d; 7):

1	$\Sigma \vdash \quad \phi(w^s)$	(*geg.*)
2	$\Sigma \vdash \forall w^s \, \phi(w^s)$	**(∀E)**
3	$\vdash \forall w^s \, \phi(w^s) \longleftrightarrow \forall v^s \phi(v^s)$	**(Satz** 29a)
5	$\Sigma \vdash \forall v^s \, \phi(v^s)$. ▮	**(Taut,** § 8; 65)

(33) **Satz:** *Die folgende allgemeinere Beispielbeseitigungsregel ist eliminierbar:*

BB $\dfrac{\Sigma, \phi(w^s) \vdash \theta}{\Sigma, \exists v^s \, \phi(v^s) \vdash \theta}$, *wenn* w^s *in keiner Formel von* Σ *frei und nicht frei in* θ *ist.*

Begründung der Eliminierbarkeit (vgl. § 9 d; 9):

1	$\Sigma, \phi(w^s) \vdash \theta$	(*geg.*)
2	$\Sigma, \exists w^s \, \phi(w^s) \vdash \theta$	**(BB,** *Grundregel*)
3	$\Sigma \quad \vdash \exists w^s \, \phi(w^s) \longrightarrow \theta$	**(AB)**
4	$\vdash \exists w^s \, \phi(w^s) \longleftrightarrow \exists v^s \, \phi(v^s)$	**(Satz** 29b)
5	$\Sigma \quad \vdash \exists v^s \, \phi(v^s) \longrightarrow \theta$	**(Taut,** § 8; 100)
6	$\Sigma, \exists v^s \, \phi(v^s) \vdash \theta$. ▮	**(AE)**

Wir haben in (32) und (33) einen bereits bewiesenen Satz benutzt. Der Vollständigkeit halber wollen wir die bereits in (§ 9 c; 12) besprochene *Theoremregel* noch einmal wiederholen.

(34) **Satz:** (*Theoremregel*):

Es sei bereits $\phi_1, \ldots, \phi_k \vdash \phi_0$ *bewiesen. Dann kann an jeden Beweis die Zeile*

$$\phi_1, \ldots, \phi_k \vdash \phi_0$$

angehängt werden. Wenn $S = \begin{pmatrix} w_1^{s_1}, \ldots, w_n^{s_n}, C_1, \ldots, C_m \\ X_1, \ldots, X_n, Y_1, \ldots, Y_m \end{pmatrix}$

und Sub $\phi_i' \, S \, \phi_i'$ $(i = 0, \ldots, k)$, *so kann auch die Zeile*

$$X_1 \in \mathcal{V}^{s_1}, \ldots, X_n \in \mathcal{V}^{s_n}, \phi_1', \ldots, \phi_k' \vdash \phi_0'$$

angehängt werden. Als Kommentar gebe man einen Hinweis, wo der Beweis des Satzes $\phi_1, \ldots, \phi_k \vdash \phi_0$ zu finden ist.

Wir wollen jetzt eine weitere Grundregel angeben, die besagt, daß $\mathcal{V}$ alle Individuen enthält. Was immer Element irgendeiner Klasse ist, ist auch Element von $\mathcal{V}$.

Das formulieren wir als *Individuenaxiom* so:

(35) **Ind** $\boxed{\dfrac{\cdot}{X \in Y \vdash X \in \mathcal{V}}\ \cdot}$

Die Korrektheit leuchtet ein, wenn wir an die intuitiven Vorstellungen denken, die wir mit dem Zeichen $\mathcal{V}$ verbinden.

Unsere Liste von Grundregeln ist noch nicht vollständig; aber für die sog. Prädikatenlogik reichen die Grundregeln aus.

(36) **Satz:** $\vdash \forall v_0 \, (v_0 \in \mathcal{V}^s \rightarrow v_0 \in \mathcal{V})$

Beweis:

1	$v_0 \in \mathcal{V}^s \vdash v_0 \in \mathcal{V}$	**(Ind)**
2	$\vdash v_0 \in \mathcal{V}^s \rightarrow v_0 \in \mathcal{V}$	**(AB)**
3	$\vdash \forall v_0 (v_0 \in \mathcal{V}^s \rightarrow v_0 \in \mathcal{V})$. ∎	**(∀E)**

Für spätere Anwendung erwähnen wir noch

(37) **Satz:** $\vdash v^s \in \mathcal{V}$.

Beweis:

1	$v^s \in \mathcal{V}^s \vdash v^s \in \mathcal{V}$	**(Ind)**
2	$\vdash v^s \in \mathcal{V}^s$	**(Sort)**
3	$\vdash v^s \in \mathcal{V}$. ∎	**(S)**

Der nächste Satz zeigt, daß man Quantifizierungen über Variablen spezieller Sorten prinzipiell entbehren könnte. Man kommt mit universellen Variablen aus, die man geeignet zu relativieren hat.

(38) **Satz:**

(a) $\vdash \forall v^s \phi(v^s) \longleftrightarrow (\forall u \in \mathcal{U}^s)\phi(u)$,

(b) $\vdash \exists v^s \phi(v^s) \longleftrightarrow (\exists u \in \mathcal{U}^s)\phi(u)$.

Wir verwenden wieder Beweistypen aus (§ 9; d).

(a) **Äquivalenzbeweis:**

$\longrightarrow$: (konditional)

1	$u \in \mathcal{U}^s, \forall v^s \phi(v^s) \vdash \phi(u)$	**(A, Spez)**
2	$\forall v^s \phi(v^s) \vdash u \in \mathcal{U}^s \longrightarrow \phi(u)$	**(AB)**
3	$\forall v^s \phi(v^s) \vdash (\forall u \in \mathcal{U}^s)\phi(u)$. ∎	($\forall$E)

In Zeile 1 haben wir zwei Beweisschritte auf einmal durchgeführt. Entsprechende Verkürzungen werden wir uns auch künftig gestatten.

$\longleftarrow$: (konditional)

1	$v^s \in \mathcal{U}, (\forall u \in \mathcal{U}^s)\phi(u) \vdash v^s \in \mathcal{U}^s \longrightarrow \phi(v^s)$	**(A, Spez)**
2	$\vdash v^s \in \mathcal{U}^s$	**(Sort)**
3	$v^s \in \mathcal{U}, (\forall u \in \mathcal{U}^s)\phi(u) \vdash \phi(v^s)$	**(MP)**
4	$\vdash v^s \in \mathcal{U}$	**(Satz 37)**
5	$(\forall u \in \mathcal{U}^s)\phi(u) \vdash \phi(v^s)$	(S; 4, 3)
6	$(\forall u \in \mathcal{U}^s)\phi(u) \vdash \forall v^s \phi(v^s)$. ∎	($\forall$E)

Bei den All-Einführungen beachte man, daß u nicht frei in $\forall v^s \phi(v^s)$ ist (wegen Sub $\phi(u)$ $\binom{u}{v_s}$ $\phi(v^s)$) und v^s nicht frei in $(\forall u \in \mathcal{U}^s)\phi(u)$ ist (wegen Sub $\phi(v^s)$ $\binom{v^s}{u}$ $\phi(u)$)!

(b) **Äquivalenzbeweis:**

$\longrightarrow$: (konditional)

1	$u \in \mathcal{U}^s, \phi(u) \vdash u \in \mathcal{U}^s \wedge \phi(u)$	**(A, AZ)**
2	$u \in \mathcal{U}^s, \phi(u) \vdash (\exists u \in \mathcal{U}^s)\phi(u)$	**($\exists$E)**
3	$v^s \in \mathcal{U}, v^s \in \mathcal{U}^s, \phi(v^s) \vdash (\exists u \in \mathcal{U}^s)\phi(u)$	**(Sub)**
4	$\vdash v^s \in \mathcal{U}^s$	**(Sort)**
5	$\vdash v^s \in \mathcal{U}$	**(Satz 37)**

6	$\phi(v^s) \vdash (\exists u \in \mathcal{V}^s)\phi(u)$	(2 *mal* **S**)
7	$\exists v^s\ \phi(v^s) \vdash (\exists u \in \mathcal{V}^s)\phi(u)$. ∎	**(BB)**

$\leftarrow$: (konditional)

1	$\phi(v^s) \vdash \exists v^s\ \phi(v^s)$	**(A, ∃E)**
2	$u \in \mathcal{V}^s \wedge \phi(u) \vdash \exists v^s\ \phi(v^s)$	**(Sub, AV)**
3	$(\exists u \in \mathcal{V}^s)\phi(u) \vdash \exists v^s\ \phi(v^s)$. ∎	**(BB)**

Aus dem Aufbau eines Beweises ist oft unmittelbar ersichtlich, daß ein Äquivalenzbeweis vorliegt und eine Richtung konditional bewiesen wird. Deshalb lassen wir die Hinweise darauf künftig fort.

Wir geben jetzt die wichtigsten prädikatenlogischen Sätze an.

(39) **Satz:** *v, w seien verschiedene Variablen, und A, B seien Terme, w sei nicht frei in A und v nicht frei in B. Dann gilt:*

(a) $\vdash \neg(\forall v \in A)\phi \leftrightarrow (\exists v \in A)\neg\phi$,

(b) $\vdash \neg(\exists v \in A)\phi \leftrightarrow (\forall v \in A)\neg\phi$,

(c) $\vdash (\forall v \in A)(\phi \wedge \psi) \leftrightarrow (\forall v \in A)\phi \wedge (\forall v \in A)\psi$,

(d) $\vdash (\exists v \in A)(\phi \vee \psi) \leftrightarrow (\exists v \in A)\phi \vee (\exists v \in A)\psi$,

(e) $\vdash (\forall v \in A)\phi \vee (\forall v \in A)\psi \rightarrow (\forall v \in A)(\phi \vee \psi)$,

(f) $\vdash (\exists v \in A)(\phi \wedge \psi) \rightarrow (\exists v \in A)\phi \wedge (\exists v \in A)\psi$,

(g) $\vdash (\forall v \in A)(\forall w \in B)\phi \leftrightarrow (\forall w \in B)(\forall v \in A)\phi$,

(h) $\vdash (\exists v \in A)(\exists w \in B)\phi \leftrightarrow (\exists w \in B)(\exists v \in A)\phi$,

(i) $\vdash (\exists v \in A)(\forall w \in B)\phi \rightarrow (\forall w \in B)(\exists v \in A)\phi$,

(j) $\exists v\ v \in A \vdash (\forall v \in A)\phi \rightarrow (\exists v \in A)\phi$.

Beweise:

(a) $\rightarrow$:	$v \in A \wedge \neg\phi \vdash (\exists v \in A)\neg\phi$	**(A, ∃E)**
	$\neg(\exists v \in A)\neg\phi \vdash \neg(v \in A \wedge \neg\phi)$	**(KP)**
	$\neg(\exists v \in A)\neg\phi \vdash v \in A \rightarrow \phi$	**(Taut,** § 8:23)
	$\neg(\exists v \in A)\neg\phi \vdash (\forall v \in A)\phi$	**(∀E)**
	$\neg(\forall v \in A)\phi \vdash (\exists v \in A)\neg\phi$. ∎	**(KP)**

Wir lassen auch künftig oft die Numerierung der Zeilen fort.

$\longleftarrow$: $(\forall v \in A)\ \phi \ \vdash v \in A \longrightarrow \phi$ (A, ∀B)
$(\forall v \in A)\ \phi \ \vdash \neg(v \in A \wedge \neg\phi)$ (Taut, § 8; 23)
$v \in A \wedge \neg\phi \ \vdash \neg(\forall v \in A)\ \phi$ (KP)
$(\exists v \in A)\ \neg\ \phi \ \vdash \neg(\forall v \in A)\ \phi.$ ∎ (BB)

(b) $\longrightarrow$: $v \in A \wedge \ \phi \ \vdash (\exists v \in A)\ \phi$ (A, ∃E)
$\neg(\exists v \in A)\phi \ \vdash \neg(v \in A \wedge \phi)$ (KP)
$\neg(\exists v \in A)\phi \ \vdash v \in A \longrightarrow \neg\phi$ (Taut, § 8; 24)
$\neg(\exists v \in A)\phi \ \vdash (\forall v \in A)\neg\phi.$ ∎ (∀E)

$\longleftarrow$: $(\forall v \in A)\neg\phi \ \vdash v \in A \longrightarrow \neg\phi$ (A, ∀B)
$(\forall v \in A)\neg\phi \ \vdash \neg(v \in A \wedge \phi)$ (Taut, § 8, 24)
$v \in A \ \wedge \ \phi \ \vdash \neg(\forall v \in A)\neg\phi$ (KP)
$(\exists v \in A)\ \phi \ \vdash \neg(\forall v \in A)\neg\phi$ (BB)
$(\forall v \in A)\neg\phi \ \vdash \neg(\exists v \in A)\ \phi.$ ∎ (KP)

(c) $\longrightarrow$: $(\forall v \in A)\ (\phi \wedge \psi) \vdash \ v \in A \longrightarrow \phi \wedge \psi$ (A, ∀B)
$\ldots \vdash v \in A \longrightarrow \phi$ (Taut, § 8; 73, 62)
(*) $\ldots \vdash (\forall v \in A)\ \phi$ (∀E)
$\ldots \vdash v \in A \longrightarrow \psi$ (Taut, § 8; 73, 63)
(**) $\ldots \vdash (\forall v \in A)\ \psi$ (∀E)
$\ldots \vdash (\forall v \in A)\phi \wedge (\forall v \in A)\psi.$ ∎ (Kon; (*), (**))

Die Annahme lief durch alle Beweiszeilen unverändert durch. Wir haben sie nur durch drei Punkte angedeutet. Auch künftig wollen wir durch drei Punkte vor dem Ableitungszeichen solche Annahmen andeuten, die einfach durchlaufen, d. h., die nicht mehr benutzt werden, deren freie Variablen bei Generalisierung und Beispielbeseitigung nicht stören, die von Substitutionen nicht berührt werden und die in der Endzeile des Beweises noch vorkommen dürfen (z. B. Voraussetzungen eines Satzes, Axiome einer Theorie).

$\longleftarrow$: $(\forall v \in A)\phi \wedge (\forall v \in A)\ \psi \vdash (\forall v \in A)\phi \wedge (\forall v \in A)\ \psi$ (A)
$\ldots \vdash v \in A \longrightarrow \phi$ (Kon, ∀B)
$\ldots \vdash v \in A \longrightarrow \psi$ (Kon, ∀B)
$\ldots \vdash v \in A \longrightarrow \phi \wedge \psi$ (Taut, § 8; 73)
$\ldots \vdash (\forall v \in A)(\phi \wedge \psi).$ ∎ (∀E).

Allformeln und Konjunktionen sind typisch als durchlaufende Annahmen. Bei Existenzformeln und Disjunktionen als Annahmen muß man oft mit Beispielbeweis und Fallunterscheidung arbeiten. Dann ändern sich die Annahmen des Beweises.

(d) $\longrightarrow$:

	$v \in A,\ \phi$	$\vdash v \in A \wedge \phi$	**(A, AZ)**
	$v \in A,\ \phi$	$\vdash (\exists v \in A)\, \phi$	**(∃E)**
(*)	$v \in A,\ \phi$	$\vdash (\exists v \in A)\, \phi \vee (\exists v \in A)\, \psi$	**(Dis)**
	$v \in A,\ \psi$	$\vdash v \in A \wedge \psi$	**(A, AZ)**
	$v \in A,\ \psi$	$\vdash (\exists v \in A)\, \psi$	**(∃E)**
(**)	$v \in A,\ \psi$	$\vdash (\exists v \in A)\, \phi \vee (\exists v \in A)\, \psi$	**(Dis)**
	$v \in A,\ \phi \vee \psi$	$\vdash (\exists v \in A)\, \phi \vee (\exists v \in A)\, \psi$	**(Dis, (*), (**))**
	$(\exists v \in A)\, (\phi \vee \psi)$	$\vdash (\exists v \in A)\, \phi \vee (\exists v \in A)\, \psi$. ∎	**(AV, BB)**

$\longleftarrow$: (durch Fallunterscheidung)

1. Fall	$v \in A \wedge \phi$	$\vdash v \in A \wedge (\phi \vee \psi)$	**(Taut,** § 8; 97**)**
	$v \in A \wedge \phi$	$\vdash (\exists v \in A)\, (\phi \vee \psi)$	**(∃E)**
	$(\exists v \in A)\, \phi$	$\vdash (\exists v \in A)\, (\phi \vee \psi)$	**(BB)**
2. Fall	$v \in A \wedge \psi$	$\vdash v \in A \wedge (\phi \vee \psi)$	**(Taut,** § 8; 98**)**
	$v \in A \wedge \psi$	$\vdash (\exists v \in A)\, (\phi \vee \psi)$	**(∃E)**
	$(\exists v \in A)\, \psi$	$\vdash (\exists v \in A)\, (\phi \vee \psi)$. ∎	**(BB)**

(e) **Beweis durch Fallunterscheidung**:

1. Fall	$(\forall v \in A)\, \phi$	$\vdash v \in A \longrightarrow \phi$	**(A, ∀B)**
	...	$\vdash v \in A \longrightarrow \phi \vee \psi$	**(Taut,** § 8; 60, 74**)**
	...	$\vdash (\forall v \in A)\, (\phi \vee \psi)$. ∎	**(∀E)**
2. Fall	$(\forall v \in A)\, \psi$	$\vdash v \in A \longrightarrow \psi$	**(A, ∀B)**
	...	$\vdash v \in A \longrightarrow \phi \vee \psi$	**(Taut,** § 8; 61, 74**)**
	...	$\vdash (\forall v \in A)\, (\phi \vee \psi)$. ∎	**(∀E)**

In (e) kann i. a. kein Doppelpfeil gesetzt werden. Sonst könnte man von „Jede Zahl ist gerade oder ungerade" schließen auf „Jede Zahl ist gerade oder jede Zahl ist ungerade".

(f) **Konditionaler Beweis:**

$$v \in A \wedge (\phi \wedge \psi) \vdash v \in A \wedge \phi \quad \textbf{(Taut § 8;11, 62)}$$
$$v \in A \wedge (\phi \wedge \psi) \vdash (\exists v \in A)\, \phi \quad \textbf{(∃E)}$$
$$v \in A \wedge (\phi \wedge \psi) \vdash v \in A \wedge \psi \quad \textbf{(Taut § 8;9,11,62,9)}$$
$$v \in A \wedge (\phi \wedge \psi) \vdash (\exists v \in A)\, \psi \quad \textbf{(∃E)}$$
$$v \in A \wedge (\phi \wedge \psi) \vdash (\exists v \in A)\phi \wedge (\exists v \in A)\psi \quad \textbf{(Kon)}$$
$$(\exists v \in A)\ (\phi \wedge \psi) \vdash (\exists v \in A)\phi \wedge (\exists v \in A)\psi. \blacksquare \quad \textbf{(BB)}$$

In (f) kann i. a. kein Doppelpfeil gesetzt werden. Sonst könnte man von „Es gibt eine gerade Zahl und es gibt eine ungerade Zahl" schließen auf „Es gibt eine Zahl, die gerade und ungerade ist".

(g) $\longrightarrow$:

$$(\forall v \in A)(\forall w \in B)\phi \vdash v \in A \longrightarrow (\forall w \in B)\phi \quad \textbf{(A, ∀B)}$$
$$\ldots, v \in A \vdash (\forall w \in B)\, \phi \quad \textbf{(AE)}$$
$$, v \in A, w \in B \vdash \phi \quad \textbf{(∀B, AE)}$$
$$\ldots, w \in B \vdash v \in A \longrightarrow \phi \quad \textbf{(AB)}$$
$$\ldots, w \in B \vdash (\forall v \in A)\, \phi \quad \textbf{(∀E)}$$
$$\ldots \vdash (\forall w \in B)(\forall v \in A)\, \phi. \blacksquare \quad \textbf{(AB, ∀E)}$$

$\longleftarrow$: analog.

Bei den All-Einführungen ist zu beachten, daß v nicht frei in B und w nicht frei in A ist.

(h) $\longrightarrow$:

$$v \in A, \phi \vdash v \in A \wedge \phi \quad \textbf{(A, AZ)}$$
$$v \in A, \phi \vdash (\exists v \in A)\, \phi \quad \textbf{(∃E)}$$
$$w \in B, v \in A, \phi \vdash w \in B \wedge (\exists v \in A)\phi \quad \textbf{(A, Kon)}$$
$$w \in B, v \in A, \phi \vdash (\exists w \in B)(\exists v \in A)\phi \quad \textbf{(∃E)}$$
$$v \in A, (\exists w \in B)\, \phi \vdash (\exists w \in B)(\exists v \in A)\phi \quad \textbf{(AV, BB)}$$
$$(\exists v \in B)(\exists w \in B)\, \phi \vdash (\exists w \in B)(\exists v \in A)\phi. \blacksquare \quad \textbf{(AV, BB)}$$

$\longleftarrow$: analog.

(i) **Konditionaler Beweis:**

$$(\forall w \in B)\, \phi \vdash w \in B \longrightarrow \phi \quad \textbf{(A, ∀B)}$$
$$w \in B, (\forall w \in B)\, \phi \vdash \phi \quad \textbf{(AE)}$$
$$v \in A, w \in B, (\forall w \in B)\, \phi \vdash v \in A \wedge \phi \quad \textbf{(A, Kon)}$$

$$v \in A,\ w \in B,\ (\forall w \in B)\,\phi \vdash (\exists v \in A)\,\phi \qquad \textbf{(}\exists\textbf{E)}$$
$$v \in A,\ (\forall w \in B)\,\phi \vdash w \in B \longrightarrow (\exists v \in A)\,\phi \qquad \textbf{(AB)}$$
$$v \in A,\ (\forall w \in B)\,\phi \vdash (\forall w \in B)(\exists v \in A)\,\phi \qquad \textbf{(}\forall\textbf{E)}$$
$$(\exists v \in A)\,(\forall w \in B)\,\phi \vdash (\forall w \in B)(\exists v \in A)\,\phi.\ \blacksquare \qquad \textbf{(AV, BB)}$$

In (i) kann i. a. kein Doppelpfeil stehen. Sonst könnte man aus „Zu jeder Zahl gibt es eine größere" schließen auf „Es gibt eine Zahl die größer als jede Zahl ist".

(j) **Konditionaler Beweis:**

$$(\forall v \in A)\,\phi \vdash v \in A \longrightarrow \phi \qquad \textbf{(A,}\ \forall\textbf{B)}$$
$$v \in A \vdash v \in A \qquad \textbf{(A)}$$
$$\ldots, v \in A \vdash v \in A \wedge \phi \qquad \textbf{(Taut, § 8;99)}$$
$$\ldots, v \in A \vdash (\exists v \in A)\,\phi \qquad \textbf{(}\exists\textbf{E)}$$
$$\ldots, \exists v\, v \in A \vdash (\exists v \in A)\,\phi.\ \blacksquare \qquad \textbf{(BB)}$$

Wenn wir in diesen Sätzen speziell A gleich $\mathcal{V}^{s_1}$ und B gleich $\mathcal{V}^{s_2}$ setzen, wobei s_1, s_2 die Sorten von v, w seien, so sind die Relativierungen entbehrlich, wie man leicht zeigen kann. Auch die Voraussetzung, daß v, w verschieden sind, ist überflüssig. Wir erhalten den folgenden Satz, den man natürlich auch leicht direkt beweisen kann.

(40) **Satz:**

(a) $\vdash \neg \forall v\, \phi \longleftrightarrow \exists v\, \neg \phi$,

(b) $\vdash \neg \exists v\, \phi \longleftrightarrow \forall v\, \neg \phi$,

(c) $\vdash \forall v\, (\phi \wedge \psi) \longleftrightarrow \forall v\, \phi \wedge \forall v\, \psi$,

(d) $\vdash \exists v\, (\phi \vee \psi) \longleftrightarrow \exists v\, \phi \vee \exists v\, \psi$,

(e) $\vdash \forall v\, \phi \vee \forall v\, \psi \rightarrow \forall v\, (\phi \vee \psi)$,

(f) $\vdash \exists v\, (\phi \wedge \psi) \rightarrow \exists v\, \phi \wedge \exists v\, \psi$,

(g) $\vdash \forall v\, w\, \phi \longleftrightarrow \forall w\, v\, \phi$,

(h) $\vdash \exists v\, w\, \phi \longleftrightarrow \exists w\, v\, \phi$,

(i) $\vdash \exists v\, \forall w\, \phi \rightarrow \forall w\, \exists v\, \phi$,

(j) $\vdash \forall v\, \phi \rightarrow \exists v\, \phi$.

Gewöhnlich verwendet man Quantoren nur vor Formeln, in denen die quantifizierte Variable frei vorkommt. Es ist aber syntaktisch auch erlaubt, „leere Quantoren" vor eine Formel zu setzen. Der nächste Satz sagt, wie diese zu verstehen sind.

(41) **Satz:** *v komme in ϕ nicht frei vor. Dann:*

(a) $\vdash \forall v\, \phi \longleftrightarrow \phi$,

(b) $\vdash \exists v\, \phi \longleftrightarrow \phi$.

Beweise:

(a) $\rightarrow$: $\forall v\, \phi \vdash \phi$. ∎ **(A, ∀B)**

$\leftarrow$: $\phi \vdash \forall v\, \phi$. ∎ **(A, ∀E) !**

(b) $\rightarrow$: $\exists v\, \phi \vdash \phi$. ∎ **(A, BB) !**

$\leftarrow$: $\phi \vdash \exists v\, \phi$. ∎ **(A, ∃E)**

Das Ausrufungszeichen soll darauf hinweisen, daß hier die Voraussetzung benutzt wird, daß v nicht frei in ϕ ist.

Ein leerer Quantor kann also nach Belieben eingeführt oder weggelassen werden. Ein solcher Quantor erfüllt in Verbindung mit Konjunktion und Disjunktion auch die Gesetze, die generell nicht gelten (siehe 40, e, f). Das geht aus dem folgenden Satz hervor:

(42) **Satz:** *v komme in ϕ nicht frei vor. Dann:*

(a) $\vdash \forall v\, (\phi \vee \psi) \longleftrightarrow \phi \vee \forall v\, \psi$,

(b) $\vdash \exists v\, (\phi \wedge \psi) \longleftrightarrow \phi \wedge \exists v\, \psi$.

Beweise:

(a) $\rightarrow$: $\forall v\, (\phi \vee \psi) \vdash \phi \vee \psi$ **(A, ∀B)**

$\ldots, \neg\phi \vdash \psi$ **(Neg)**

$\ldots, \neg\phi \vdash \forall v\, \psi$ **(∀E) !**

$\ldots\ldots \vdash \phi \vee \forall v\, \psi$. ∎ **(Neg)**

$\leftarrow$: (durch Fallunterscheidung)

1. Fall $\phi \vdash \phi \vee \psi$ **(Taut, § 8; 60)**

$\phi \vdash \forall v\, (\phi \vee \psi)$. ∎ **(∀E) !**

2. Fall		$\forall v\ \psi \vdash \psi$	(A, ∀B)
		$\forall v\ \psi \vdash \phi \vee \psi$	(Dis)
		$\forall v\ \psi \vdash \forall v\ (\phi \vee \psi)$. ∎	(∀E)
(b)	→:	$\phi \wedge \psi \vdash \psi$	(Taut, § 8;62)
		$\phi \wedge \psi \vdash \exists v\ \psi$	(∃E)
		$\phi \wedge \psi \vdash \phi$	(Taut)
		$\phi \wedge \psi \vdash \phi \wedge \exists v\ \psi$	(Kon)
		$\exists v\ (\phi \wedge \psi) \vdash \phi \wedge \exists v\ \psi$. ∎	(BB) !
	←:	$\phi, \psi \vdash \phi \wedge \psi$	(A, AZ)
		$\phi, \psi \vdash \exists v\ (\phi \wedge \psi)$	(∃E)
		$\phi, \exists v\ \psi \vdash \exists v\ (\phi \wedge \psi)$	(BB) !
		$\phi \wedge \exists v\ \psi \vdash \exists v\ (\phi \wedge \psi)$. ∎	(AV)

Die Ausrufungszeichen kennzeichnen wieder die Stellen, an denen benutzt wird, daß v nicht frei in ϕ ist.

Für die Verteilung von Quantoren auf die Glieder einer Subjunktion gelten folgende Sätze:

(43) **Satz:**

(a) $\vdash \exists v\ (\phi \rightarrow \psi) .\leftrightarrow.\ \forall v\ \phi \rightarrow \exists v\ \psi$,

(b) $\vdash \exists v\ \phi \rightarrow \forall v \psi .\rightarrow.\ \forall v\ (\phi \rightarrow \psi)$.

(44) **Satz:** *v komme in ϕ nicht frei vor. Dann:*

(a) $\vdash \forall v\ (\psi \rightarrow \phi) .\leftrightarrow.\ \exists v \psi \rightarrow \phi$,

(b) $\vdash \exists v\ (\psi \rightarrow \phi) .\leftrightarrow.\ \forall v\ \psi \rightarrow \phi$,

(c) $\vdash \forall v\ (\phi \rightarrow \psi) .\leftrightarrow.\ \phi \rightarrow \forall v\ \psi$,

(d) $\vdash \exists v\ (\phi \rightarrow \psi) .\leftrightarrow.\ \phi \rightarrow \exists v\ \psi$.

Den Beweis dieser Sätze lassen wir als Übungsaufgabe.

Anschließend zeigen wir noch:

(45) **Satz:**

(a) $\forall v\ (\phi \leftrightarrow \psi) \vdash \forall v\ \phi \leftrightarrow \forall v\ \psi$,

(b) $\forall v\ (\phi \leftrightarrow \psi) \vdash \exists v\ \phi \leftrightarrow \exists v\ \psi$.

Beweise:

(a) $\rightarrow$: $\forall v\,(\phi \longleftrightarrow \psi) \vdash \phi \longleftrightarrow \psi$ (A, ∀B)

$\forall v\,\phi \vdash \phi$ (A, ∀B)

$\ldots, \forall v\,\phi \vdash \psi$ (Taut, § 8; 65)

$\ldots, \forall v\,\phi \vdash \forall v\,\psi$. ∎ (∀E)

$\leftarrow$: analog.

(b) $\rightarrow$: $\forall v\,(\phi \longleftrightarrow \psi) \vdash \phi \longleftrightarrow \psi$ (A, ∀B)

$\phi \vdash \phi$ (A)

$\ldots, \phi \vdash \psi$ (Taut, § 8; 65)

$\ldots, \phi \vdash \exists v\,\psi$ (∃E)

$\ldots, \exists v\,\phi \vdash \exists v\,\psi$. ∎ (BB)

$\leftarrow$: analog.

Aufgaben:

1. Angenommen, man wollte die folgende „vierte Konjunktionsregel" einführen:

$$\frac{\Sigma \vdash \phi}{\Sigma \vdash \phi \wedge \psi}.$$

Man zeige, daß diese Regel in bezug auf die Grundregeln nicht eliminierbar ist.

2. Man zeige die Eliminierbarkeit der Regeln (10), (14), (16).

3. Man beweise die Sätze (43), (44).

§ 12. Identitätslogische Regeln und Sätze

Wir müssen zunächst wieder einen syntaktischen Begriff erläutern, nämlich den der *Ersetzung*. Dieser ist nicht mit der Substitution zu verwechseln. Einmal können neben Variablen auch andere Terme ersetzt werden, es sind auch Ersetzungen von Formeln durch Formeln erlaubt. Ferner braucht ein Ausdruck nicht an allen Stellen an denen er vorkommt, ersetzt zu werden. Und schließlich können bei der Ersetzung auch gebundene Variablen bewegt werden.

In einem Ausdruck Z möge also an einigen Stellen (evtl. an null Stellen) ein Teilausdruck X vorkommen (jedoch sei es nicht ein Vorkommen als Operatorvariable, d.h. unmittelbar nach $\forall$, $\exists$, ι oder $\{$). Einige dieser Vorkommen von X in Z mögen durch den Ausdruck X' ersetzt werden (der auch Term sei, wenn X Term ist, und der auch Formel sei, wenn X Formel ist). Der dadurch entstehende Ausdruck sei Z'. Wir sagen dann, daß *Z durch Ersetzung von X durch X' an einigen Stellen in Z' übergeht* und schreiben kurz:

(1) Ers $Z\,X\,X'\,Z'$.

Wir erläutern das schematisch: A sei etwa

$$\ldots\forall v\,(\ldots X\ldots)\ldots X\ldots\{u\mid\ldots X\ldots\}\ldots X\ldots$$

Die Pünktchen sollen dabei irgendeinen Kontext andeuten, und X möge an vier Stellen in Z vorkommen. Wenn die ersten drei Stellen durch X' ersetzt werden, so ist Z' dasselbe wie

$$\ldots\forall v\,(\ldots X'\ldots)\ldots X'\ldots\{u\mid\ldots X'\ldots\}\ldots X\ldots$$

Der Kontext bleibt im übrigen ungeändert.

Beispiele:

(a) Ers $\exists v_0\, v_0 \neq v_1\ v_0\ v_1\ \exists v_0\, v_1 \neq v_1$.

(b) Ers $\exists v_0\, v_0 \neq v_1\ v_1\ v_0\ \exists v_0\, v_0 \neq v_0$.

(2) (c) Ers $X = X\,X\,Y\ Y = X$.

(d) Ers $(\neg\neg\phi \wedge \psi)\ \neg\neg\phi\ \phi\ (\phi \wedge \psi)$.

(e) Ers $\iota v\ Xv\ .\!\in Y\ X\,X'\ \iota v\ X'v\ .\!\in Y$.

In (a), (b) wird in einer Formel ein Term (und zwar eine Variable) durch einen anderen Term (und zwar wieder eine Variable) ersetzt. In (c) geschieht eine Ersetzung nur an einigen Stellen (nämlich das erste Vorkommen in X in $X = X$ wird durch Y ersetzt). In (d) wird in einer Formel eine Teilformel durch eine andere Formel ersetzt, in (e) wird in einem Term ein Teilterm durch einen Term ersetzt.

Bei einer Ersetzung kann es geschehen, daß beim Herausnehmen des X eine gebundene Variable aus ihrer Bindung innerhalb Z gerissen wird (siehe Beispiel (a)) oder beim Hereinsetzen des X' eine neue Bindung hergestellt wird (siehe Beispiel (b)). In der schematischen Darstellung träten diese Fälle ein, wenn in X oder Y die Variablen v oder u frei wären.

Wir definieren

(3) **Def.**: *Es sei* Ers $Z\,X\,X'\,Z'$. *Diese Ersetzung ist v-gebunden, wenn X v frei enthält und X an einer Stelle aus Z herausgenommen wurde, an der dieses v innerhalb von Z gebunden war, oder wenn X' v frei enthält und X' an einer Stelle eingesetzt wurde, an der dieses v innerhalb von Z' dann gebunden ist.*
Eine Ersetzung, die für keine Variable v v-gebunden ist, ist frei.

Die Beispiele (a), (b) für Ersetzungen sind v_0-gebunden, die Ersetzung (e) ist v-gebunden, wenn v in X oder in X' frei vorkommt. Die anderen Ersetzungen sind frei.

Ersetzungen treten in mathematischen Beweisen, und zwar bei äquivalenten und identischen Umformungen häufig auf. Dabei kümmert man sich meist nicht um Variablenbedingungen, wie sie oben eingeführt wurden. Für eine genauere Betrachtung sind sie aber zu berücksichtigen.

Die Identitätslogischen Axiome lauten:

(4) **Id** $\dfrac{\cdot}{\vdash X = X}\,.$

(5) **Ers** $\dfrac{\cdot}{X = Y,\ \phi(X) \vdash \phi(Y)}\,,$ *wenn* Ers $\phi(X)\,X\,Y\,\phi(Y)$ *und diese Ersetzung frei ist.*

Bisher trat die Schreibweise $\phi(X)$ nur in Verbindung mit der Schreibweise $\phi(v)$ auf; dabei war $\phi(X)$ das Ergebnis einer Substitution (vgl. § 9 c; 3). Wir wollen für eine Formel ϕ aber auch $\phi(X)$ schreiben, wenn einige Vorkommen von X in ϕ hervorgehoben sein sollen, die einer Ersetzung unterworfen werden. $\phi(X')$ ist dann das Ergebnis der Ersetzung, durch die die hervorgehobenen Vorkommen von X in $\phi(X)$ durch X' ersetzt werden.

Die Korrektheit der beiden Grundregeln ist einleuchtend. Das erste

Axiom ist das Prinzip der Selbstidentität, das zweite Axiom besagt, daß man über Gleiches gleiches aussagen kann.

Man beachte, daß dabei nicht nur Individuenterme, sondern beliebige Terme zugelassen sind.

Die Grundeigenschaften der Identität, die sich hieraus ableiten lassen, sind:

(6) **Satz** *(Reflexivität):* $\vdash X = X.$

(7) **Satz** *(Symmetrie):* $X = Y \vdash Y = X.$

(8) **Satz** *(Komparabilität):* $Y = X, Z = X \vdash Y = Z.$

(9) **Satz** *(Transitivität):* $X = Y, Y = Z \vdash X = Z.$

(10) **Satz:**

(a) $X = X', Y = Y' \vdash X = Y \longleftrightarrow X' = Y',$

(b) $X = X', Y = Y' \vdash \langle X, Y \rangle = \langle X', Y' \rangle,$

(c) $X = X', Y = Y' \vdash X \in Y \longleftrightarrow X' \in Y'.$

Eine Verallgemeinerung von (c) ist:

(11) **Satz** *(Kongruenzeigenschaft für Relationen):*

$$X_1 = X_1', \ldots, X_n = X_n', X = X' \vdash X_1 \ldots X_n . \in X \longleftrightarrow X_1' \ldots X_n' . \in X'.$$

(12) **Satz** *(Kongruenzeigenschaft für Funktionen):*

$$X_1 = X_1', \ldots, X_n = X_n', X = X' \vdash X_1 \ldots X_n \multimap X = X_1' \ldots X_n' \multimap X'.$$

Beweise:

(6): ist trivial.

(7): $X = Y, X = X \vdash Y = X$ **(Ers)**

(Beachte: Ers $X = X \; X \; Y \; Y = X$, und diese Ersetzung ist frei)

$\vdash X = X$ **(Id)**

$X = Y \vdash Y = X.$ ∎ **(S)**

Übrigens gilt auch die Äquivalenz:

(7a) **Satz:** $\vdash X = Y \longleftrightarrow Y = X.$

Eine Richtung (→) ist (7). Der Beweis der anderen Richtung (←) ist völlig analog.

(8): $X = Y, X = Z \vdash Y = Z$ (Ers)

$Y = X \vdash X = Y$ (Satz 7, *Symmetrie*)

$Y = X, X = Z \vdash Y = Z$ (S)

$Z = X \vdash X = Z$ (Satz 7, *Symmetrie*)

$Y = X, Z = X \vdash Y = Z$. ▮ (S)

Den Inhalt dieses Satzes drückt man auch so aus: Sind zwei Größen (nämlich Y, Z) einer dritten Größe (nämlich X) gleich, so sind sie auch untereinander gleich.

Reflexivität und Komparabilität werden bisweilen als Grundregeln für die Identität genommen. Jedenfalls folgen daraus Symmetrie und Transitivität. Die Symmetrie ergibt sich so:

$Y = Y, X = Y \vdash Y = X$ (*Komparabilität*)

$\vdash Y = Y$ (*Reflexivität*)

$X = Y \vdash Y = X$. ▮ (S)

Wir beweisen jetzt die Transitivität:

(9): $X = Y, Z = Y \vdash X = Z$ (*Komparabilität*)

$Y = Z \vdash Z = Y$ (*Symmetrie*)

$X = Y, Y = Z \vdash X = Z$. ▮ (S)

(10a):

→: $X = X', X = Y \vdash X' = Y$ (Ers)

$Y = Y', X' = Y \vdash X' = Y'$ (Ers)

$X = X', Y = Y', X = Y \vdash X' = Y'$. ▮ (S)

←: analog.

(10b) $\vdash \langle X, Y\rangle = \langle X, Y\rangle$ (Id)

$X = X', \langle X, Y\rangle = \langle X, Y\rangle \vdash \langle X, Y\rangle = \langle X', Y\rangle$ (Ers)

$X = X' \vdash \langle X, Y\rangle = \langle X', Y\rangle$ (S)

$Y = Y', \langle X, Y\rangle = \langle X', Y\rangle \vdash \langle X, Y\rangle = \langle X', Y'\rangle$ (Ers)

$X = X', Y = Y' \vdash \langle X, Y\rangle = \langle X', Y'\rangle$. ▮ (S)

Statt (10c) beweisen wir gleich (11). Wir kürzen $X_1 \dots X_n . \in X \longleftrightarrow X_1 \dots X_n . \in X$ als $\theta(X_1, \dots, X_n, X)$ ab, wobei nur die auf der rechten Seite des Doppelpfeiles gezeigten Vorkommen von $X_1, \dots, X_n, X$ hervorgehoben seien, so daß z. B. $\theta(X_1', \dots, X_n', X')$ die Formel $X_1, \dots, X_n . \in X \longleftrightarrow X_1' \dots X_n' . \in X'$ bezeichnet. Man schließt dann folgendermaßen:

(11)

$$\begin{array}{rll}
 & \vdash \theta(X_1, \dots, X_n, X) & \textbf{(Taut § 8; 30)} \\
X_1 = X_1', \theta(X_1, \dots, X_n, X) & \vdash \theta(X_1', X_2, \dots, X_n, X) & \textbf{(Ers)} \\
X_1 = X_1' & \vdash \theta(X_1', X_2, \dots, X_n, X) & \textbf{(S)} \\
X_2 = X_2', \theta(X_1', X_2, \dots, X_n, X & \vdash \theta(X_1', X_2', \dots, X_n, X) & \textbf{(Ers)} \\
X_1 = X_1', X_2 = X_2' & \vdash \theta(X_1', X_2', \dots, X_n, X) & \textbf{(S)} \\
 & \vdots & \\
X_1 = X_1', \dots, X_n = X_n' & \vdash \theta(X_1', \dots, X_n', X) & \textbf{(S)} \\
X = X', \theta(X_1', \dots, X_n', X) & \vdash \theta(X_1', \dots, X_n', X') & \textbf{(Ers)} \\
X_1 = X_1', \dots, X_n = X_n', X = X' & \vdash \theta(X_1', \dots, X_n', X'). \blacksquare & \textbf{(S)}
\end{array}$$

(12): $\theta(X_1, \dots, X_n, X)$ sei jetzt die Formel $X_1 \dots X_n \multimap X = = X_1 \dots X_n \multimap X$, wobei wieder die gezeigten Vorkommen von $X_1, \dots, X_n$ X rechts vom Gleichheitszeichen hervorgehoben seien, so daß also $\theta(X_1', \dots, X_n', X')$ die Formel $X_1 \dots X_n \multimap X = X_1' \dots X_n' \multimap X'$ ist. Die Formel $\theta(X_1, \dots, X_n, X)$ ist jetzt nicht tautologisch, sondern durch die Regel **Id** zu gewinnen. Im übrigen geht der Beweis genauso wie oben.

Der nächste Satz gibt eine andere Formulierung für die Eigenschaft, ein Individuum der Sorte s zu sein.

(13) **Satz:** *v^s sei nicht frei in dem Term X. Dann:*

$$\vdash X \in \mathcal{V}^s \longleftrightarrow \exists v^s\, v^s = X.$$

Beweis:

$\longrightarrow$:

$$\begin{array}{rll}
 & \vdash X = X & \textbf{(Id)} \\
X \in \mathcal{V}^s & \vdash X \in \mathcal{V}^s & \textbf{(A)} \\
X \in \mathcal{V}^s & \vdash \exists v^s\, v^s = X. \blacksquare & \textbf{(Part)}
\end{array}$$

Man vergleiche (§ 11; 31). $\phi(v^s)$ ist hier die Formel $v^s = X$.

$\longleftarrow$:

$$v^s = X \vdash v^s = X \quad \text{(A)}$$

$$v^s = X \vdash \exists v^s\, v^s = X \quad \text{(}\exists\text{E)}$$

$$X \in \mathcal{V}^s,\, X = X \vdash \exists v^s\, v^s = X \quad \text{(Sub)}$$

$$\vdash X = X \quad \text{(Id)}$$

$$X \in \mathcal{V}^s \vdash \exists v^s\, v^s = X. \ \blacksquare \quad \text{(S)}$$

Aufgaben:

1. Welche der folgenden Ausdrücke gehen durch Ersetzung ineinander über? Man gebe jeweils an, welche Ausdrücke dabei durcheinander ersetzt werden und bezüglich welcher Variablen diese Ersetzungen gebunden sind.

(a) $\forall v_0\ v_0 v_1 . \in C,$

(b) $\forall v_0\ (v_0 \in K \longleftrightarrow v_0 = \bot),$

(c) $\forall v_0\ v_0\ \iota v_0\ v_0 \in K . \in C.$

2. Man beweise:

(a) $X \in \mathcal{V}^s \vdash \phi(X) \longleftrightarrow \exists v^s(v^s = X \wedge \phi(v^s)),$

(b) $X \in \mathcal{V}^s \vdash \phi(X) \longleftrightarrow \forall v^s(v^s = X \longrightarrow \phi(v^s)).$

§ 13. Ersetzungsregeln

Die zweite Identitätsregel ist eine Ersetzungsregel. Allerdings betrifft sie nur freie Ersetzungen. Tatsächlich aber ist man es gewohnt, sobald man eine Gleichung $X = X'$ bewiesen hat, nach Belieben in anderen Ausdrücken X durch X' zu ersetzen und umgekehrt. Man redet dann von *äquivalenten Umformungen* (wenn man Ersetzungen in einer Formel vornimmt) bzw. *identischen Umformungen* (wenn man Ersetzungen in einem Term vornimmt).

Man möchte aber nicht nur äquivalente und identische Umformungen auf Grund von bewiesenen Gleichungen vornehmen. Vielmehr möchte man auch bewiesene Äquivalenzen $\theta \longleftrightarrow \theta'$ benutzen, um in einem Ausdruck die Teilformel θ nach Belieben durch θ' zu ersetzen. Man ersetzt z. B. θ durch $\neg\neg\theta$, $\theta_1 \longrightarrow \theta_2$ durch $\neg\theta_1 \vee \theta_2$, $\theta_1 \wedge \theta_2$ durch $\theta_2 \wedge \theta_1$ usw. Dabei nimmt man nicht nur freie Ersetzungen vor, vielmehr kümmert man sich überhaupt nicht um gebundene Variablen. Es erhebt sich die Frage, ob solche Umformungen erlaubt sind.

Daß diese Frage nicht trivial ist, zeigen die folgenden Zeilen, die *nicht* korrekt sind:

$$v_1 = v_0,\ \exists v_0\ v_0 \neq v_1 \vdash \exists v_0\ v_0 \neq v_0,$$

$$v_0 = v_1,\ \exists v_0\ v_0 \neq v_1 \vdash \exists v_0\ v_1 \neq v_1.$$

Hier sind Ersetzungen vorgenommen worden, die nicht frei sind.
Um uns bequem ausdrücken zu können, treffen wir folgende

(1): **ständige Vereinbarung:** *$X \equiv Y$ sei dasselbe wie $X = Y$, wenn X und Y Terme sind, und sei dasselbe wie $(X \longleftrightarrow Y)$, wenn X und Y Formeln sind.*

Das zentrale Resultat über Ersetzungen lautet:

(2): **Ersetzungssatz**: *X, X', Z, Z' seien Ausdrücke, und zwar seien X, X' beides Terme oder beides Formeln, und auch Z, Z' seien beides Terme oder beides Formeln. Es sei Ers $Z\,X\,X'\,Z'$, und diese Ersetzung sei höchstens in bezug auf $w_1, \ldots, w_n$ gebunden. Dann:*

$$\forall w_1 \ldots w_n\ (X \equiv X') \vdash Z \equiv Z'.$$

Übrigens kann man aus (2) wieder **Id** und **Ers** gewinnen.

Da der Ersetzungssatz nicht sofort einsichtig, aber von großer praktischer Bedeutung ist, wollen wir ihn ausführlich beweisen. Als Beweismethode wählen wir Induktion über den Aufbau von Z. Wir zeigen, daß der Satz für die unzerlegbaren Ausdrücke (§ 3 a; 1, a_1, a_2) gilt und daß sich die Gültigkeit bei den Aufbauprozessen für Ausdrücke (§ 3 a; 1, r_1, ... , r_5) vererbt.

Zwei Sonderfälle können wir aber vorab behandeln.

(a) *Ersetzung an null Stellen.* Dann ist Z dasselbe wie Z', und der Beweis lautet:

$$\vdash Z \equiv Z' \qquad \textbf{(Taut bzw. Id)}$$

$$\forall w_1 \ldots w_n\ (X \equiv X') \vdash Z \equiv Z'. \ \blacksquare \qquad \textbf{(V)}$$

(b) *Ersetzung en bloc,* d. h., dann sind Z und X dieselben Ausdrücke, und $Z \equiv Z'$ ist dasselbe wie $X = X'$.

Der Beweis lautet:

$$\forall w_1 \ldots w_n\, (X \equiv X') \vdash Z \equiv Z'. \blacksquare \qquad \text{(A, } n\text{-mal } \forall\text{B)}$$

Wir kommen nun zu dem *Induktionsbeweis.*

Zur Abkürzung setzen wir noch:

$$Y \text{ sei } \forall w_1 \ldots w_n\, X \equiv X'.$$

(a_1), (a_2): Wenn Z unzusammengesetzt ist, d.h. $\top$ oder $\bot$ oder Variable oder Konstante ist, so sind nur die oben genannten Sonderfälle möglich, und die behauptete Ableitbarkeit ist schon gezeigt.

(r_1): Z sei $Z_1 \in Z_2$, und die Ersetzung sei nicht en bloc. Dann finden sie im Inneren von Z_1, Z_2 statt, d.h., es gibt Terme Z_1', Z_2' mit Ers Z_1 X X' Z_1', Ers Z_2 X X' Z_2', und Z' ist gleich $Z_1' \in Z_2'$.

Weil die beiden Ersetzungen ja auch höchstens in bezug auf $w_1, \ldots, w_n$ gebunden sind, liefert die Induktionsvoraussetzung:

$$Y \vdash Z_1 \equiv Z_1',$$
$$Y \vdash Z_2 \equiv Z_2'.$$

Wir setzen den Beweis fort:

$$Z_1 \equiv Z_1',\ Z_2 \equiv Z_2' \vdash Z_1 \in Z_2 \longleftrightarrow Z_1' \in Z_2' \qquad (\S\ 12; 10\,\text{c})$$
$$Y \vdash Z \equiv Z'. \blacksquare \qquad \text{(2}\mathit{mal}\text{ S)}$$

Z sei $Z_1 = Z_2$. Der Beweis geht genauso mit (§ 12; 10 a).

(r_4): Z sei $\langle Z_1, Z_2 \rangle$. Der Beweis geht genauso mit (§ 12; 10 b).

(r_2): Z sei $\neg \phi$, und die Ersetzung sei nicht en bloc. Dann finden die Ersetzungen in ϕ statt, und es gibt ϕ' mit Ers ϕ X X' ϕ', und Z' ist dasselbe wie $\neg \phi'$.

Nach Induktionsvoraussetzung ist:

$$Y \vdash \phi \longleftrightarrow \phi'.$$

Wir setzen den Beweis fort:

$$\phi \longleftrightarrow \phi' \vdash \neg \phi \longleftrightarrow \neg \phi' \qquad (\S\ 8; 75)$$
$$Y \vdash Z \equiv Z'. \blacksquare \qquad \text{(S)}$$

Z sei $\phi \wedge \psi$, und die Ersetzung sei nicht en bloc. Dann gibt es ϕ', ψ' mit Ers $\phi\, X\, X'\, \phi'$ und Ers $\psi\, X\, X'\, \psi'$, und Z' ist $\phi' \wedge \psi'$. Nach Induktionsvoraussetzung:

$$Y \vdash \phi \longleftrightarrow \phi',$$
$$Y \vdash \psi \longleftrightarrow \psi'.$$

Wir setzen den Beweis fort:

$$\phi \longleftrightarrow \phi',\ \psi \longleftrightarrow \psi' \vdash \phi \wedge \psi \longleftrightarrow \phi' \wedge \psi' \qquad (\S\ 8; 76)$$
$$Y \vdash Z \equiv Z'. \ \blacksquare \qquad (2mal\ \mathrm{S})$$

Wenn Z gleich $\phi \vee \psi$, $\phi \longrightarrow \psi$, $\phi \longleftrightarrow \psi$ ist, so geht der Beweis genauso mit (§ 8; 77, 78, 79).

(r_3): Z sei $\forall v\, \phi$, und die Ersetzung sei nicht en bloc und nicht nur an null Stellen.

Dann gibt es ϕ' mit Ers $\phi\, X\, X'\, \phi'$, und Z' ist $\forall v\, \phi'$. Die Variable v kann nicht frei in Y sein, denn wenn v frei in X oder frei in X' ist, so ist die Ersetzung v-gebunden, und der Quantor $\forall v$ kommt in dem Präfix $\forall w_1, \ldots, \forall w_n$ von Y vor. Ferner ist die Ersetzung, die von ϕ zu ϕ' führt, auch höchstens in bezug auf $w_1, \ldots, w_n$ gebunden, so daß die Induktionsvoraussetzung anwendbar ist:

$$Y \vdash \phi \longleftrightarrow \phi'.$$

Wir setzen den Beweis fort:

$$Y \vdash \forall v\, (\phi \longleftrightarrow \phi') \qquad (\forall \mathrm{E})\ (v \text{ nicht frei in } Y).$$
$$\forall v\, (\phi \longleftrightarrow \psi) \vdash \forall v\, \phi \longleftrightarrow \forall v\, \phi' \qquad (\S\ 11; 45\mathrm{a})$$
$$Y \vdash Z \equiv Z'. \ \blacksquare \qquad (\mathrm{S})$$

Z sei $\exists v\, \phi$. Die Überlegung ist völlig analog, nur wird (§ 11, 45b) benutzt.

(r_4): Z sei $\iota v\, \phi$ oder $\{v \mid \phi\}$.

Der Beweis geht genauso wie im vorigen Fall, nur werden die folgenden logischen Sätze benutzt:

$$\forall v\, (\phi \longleftrightarrow \psi) \vdash \iota v\, \phi = \iota v\, \psi,$$
$$\forall v\, (\phi \longleftrightarrow \psi) \vdash \{v \mid \phi\} = \{v \mid \psi\}.$$

Wir werden diese Sätze später beweisen (§ 16; 6), (§ 18; 9).

Wir können aber schon jetzt den Ersetzungssatz benutzen, sofern wir uns auf spezielle Ersetzungen beschränken. Und zwar dürfen wir noch keine Ersetzungen im Innern von Kennzeichnungstermen und von Abstraktionstermen vornehmen.

Wir wollen nun aus dem Ersetzungssatz Regeln gewinnen, die für das praktische Schließen brauchbar sind.

(3) **Allgemeine Ersetzungsregel:**

Vor.: *X, X' seien beides Terme oder seien beides Formeln, und es sei* $\Sigma \vdash X \equiv X'$.

Beh.: *Dann ist die folgende Regel eliminierbar:*

Ers $\dfrac{\phi_1, \ldots, \phi_n \vdash \phi_0}{\Sigma, \phi'_1, \ldots, \phi'_n \vdash \phi'_0}$, *wenn*

(a) *Ers* $\phi_i\, X\, X'\, \phi'_i$ $(i = 0, \ldots n)$ *und*
(b) *diese Ersetzungen höchstens in bezug auf solche Variablen gebunden sind, die in Formeln von* Σ *nicht frei vorkommen.*

Begründung der Eliminierbarkeit:
Seien die Ersetzungen in bezug auf $w_1, \ldots, w_n$ gebunden, und Y sei wieder $\forall w_1 \ldots w_n\, X = X'$. Dann gilt:

(*) $\Sigma \vdash Y.$

Beweis: $\Sigma \vdash X \equiv X'$ (*Voraussetzungen*)

$\Sigma \vdash \forall w_1 \ldots w_n\, X \equiv X.$ ∎ (*n-mal* **∀E**).

Ferner:
(**) $\phi_0, \Sigma \vdash \phi'_0$.

Beweis: Zunächst liefert Satz 2:

$$Y \vdash \phi_0 \longleftrightarrow \phi'_0.$$

Daraus ergibt sich sofort (**).
Schließlich:

(***) $\phi'_i, \Sigma \vdash \phi_i \quad (1 \leqslant i \leqslant n).$

Beweis: Zunächst liefert Satz 2:

$$Y \vdash \phi_i \longleftrightarrow \phi'_i.$$

Daraus ergibt sich sofort (***).

Wir zeigen jetzt die Eliminierbarkeit von 3.

$$\begin{array}{rll} \phi_1,\ldots,\phi_n & \vdash \phi_0 & (\textit{gegeben}) \\ Y, \phi_0 & \vdash \phi_0' & (**) \\ Y, \phi_1,\ldots,\phi_n & \vdash \phi_0' & \text{(S)} \\ Y, \phi_1' & \vdash \phi_1 & (***) \\ Y, \phi_1', \phi_2,\ldots,\phi_n & \vdash \phi_0' & \text{(S)} \\ & \vdots & \\ Y, \phi_1',\ldots,\phi_n' & \vdash \phi_0' & \\ \Sigma & \vdash Y & (*) \\ \Sigma, \phi_1',\ldots,\phi_n' & \vdash \phi_0'. \blacksquare & \text{(S)} \end{array}$$

Bemerkung: Die Ersetzungen Ers $\phi_i\ X\ X'\ \phi_i'$ können natürlich an null Stellen sein, d. h., nicht in allen Formeln der Prämissenzeile braucht wirklich eine Ersetzung stattzufinden. Ferner hat man mit $\Sigma \vdash X' \equiv X$ auch $\Sigma \vdash X \equiv X'$ zur Verfügung. Man kann also nicht nur X durch X', sondern auch X' durch X ersetzen.

Die Bedingung (b) in (3) ist gewiß ungewohnt, und in der üblichen Beweispraxis kümmert man sich um solche syntaktischen Bedingungen nicht. Wir wollen deshalb eine speziellere Form der Regel angeben, in der diese Bedingung überflüssig ist. Das ist der Fall, wenn Σ nur aus Aussagen besteht, also überhaupt keine freien Variablen enthält.

(4) **Spezielle Ersetzungsregel:**

Vor.: *X, X' seien beides Terme oder seien beides Formeln, Σ sei eine Menge von A u s s a g e n, und es sei $\Sigma \vdash X \equiv X'$.*

Beh.: *Dann ist die folgende Regel eliminierbar:*

Ers $\dfrac{\phi_1,\ldots,\phi_n \vdash \phi_0}{\Sigma, \phi_1',\ldots,\phi_n' \vdash \phi_0'}$, *wenn* Ers $\phi_i\ X\ X'\ \phi_i'$ $(i = 0,\ldots,n)$.

Mit einer Identität oder Äquivalenz, die man aus einer Menge von Aussagen abgeleitet hat, kann man also nach Belieben Ersetzungen vornehmen, ohne sich um gebundene Variablen kümmern zu müssen. Aus diesem Grunde ist es nützlich, die Axiome einer Theorie als Aussagen zu formulieren und nicht als Formeln mit freien Variablen. Oft ist auch Σ leer, und man formt auf Grund logischer Äquivalenzen oder logischer Identitäten um. Bei einer Anwendung der Regel spricht man von *äquivalenter Umformung.* Man sollte dabei, wenn Unklarheit droht, einen ausführlichen Kommentar geben. So sollte die Äquivalenz $\theta \longleftrightarrow \theta'$ oder die Identität $X = X'$, mit deren Hilfe man umformt, namhaft gemacht werden, ggf. auch die Stelle, wo der Beweis zu finden ist. Wenn die Ersetzung in den Annahmen und nicht (wie es meist der Fall sein wird) in der Behauptung der Zeile erfolgt, so ist ein Hinweis darauf hilfreich. Man kann auch mehrere Anwendungen der Ersetzungsregel auf einmal vornehmen, wenn man einen entsprechenden Kommentar gibt, etwa „Ersetzen von $\neg\neg\phi$ durch ϕ in der Behauptung und von $\neg(\phi \wedge \psi)$ durch $\neg\phi \vee \neg\psi$ in der letzten hingeschriebenen Annahme".

Wohlbekannte Äquivalenzen und Identitäten benutzt man aber auch stillschweigend, oft zugleich mit anderen Beweisschritten.

So werden wir ohne besondere Erwähnung benutzen:

(a) *Kommutativität und Assoziativität von* $\wedge$ *und* $\vee$ (§ 8; 9,10,11,12),

(b) *Negationsumformungen* (*Verneinungstechnik*), *wie:*
Einfügen oder Weglassen doppelter Negationszeichen (§ 8; 39),
Umformungen nach den de Morganschen Regeln (§ 8; 40, 41)
oder entsprechender Tautologien (§ 8; 42, 43, 44),
Ersetzen von $\neg\forall v$ *durch* $\exists v \neg$ *und von* $\neg\exists v$ *durch* $\forall v \neg$ *oder umgekehrt* (§ 11; 40 a, 40 b),

(c) *weitere Umformungen auf Grund einfacher Tautologien oder einfacher prädikatenlogischer Sätze, wie z. B. Ersetzen von* $\forall vw$ *durch* $\forall wv$, *von* $\exists vw$ *durch* $\exists wv$ (§ 11; 40g, 40h),

(d) *typische Äquivalenzen und Identitäten gewisser Theorien, etwa Umformungen auf Grund kommutativer und assoziativer Gesetze oder Kürzungsregeln in algebraischen Theorien. (Die sog. Termumformungen der Gleichungslehre sind solche Umformungen.)*

Wenn man aber zuviele Umformungen auf einmal vornimmt, so kann ein Beweisschritt unübersichtlich werden.

Oft kommen Ketten von fortlaufenden äquivalenten Umformungen vor.

Eine Formel ϕ wird sukzessive durch Ersetzen von Teilausdrücken durch andere Ausdrücke in ψ überführt. Ausgehend von $\phi \longleftrightarrow \phi$ erhält man durch Umformung der rechten Seite:

$$\phi \longleftrightarrow \phi_1, \phi \longleftrightarrow \phi_2, \ldots, \phi \longleftrightarrow \phi_n, \phi \longleftrightarrow \psi.$$

Das schreibt man fortlaufend:

$\phi \longleftrightarrow \phi_1 \longleftrightarrow \phi_2 \longleftrightarrow \quad \ldots \quad \longleftrightarrow \phi_n \longleftrightarrow \psi$

oder übersichtlicher untereinander. So kommen wir zu dem Beweistyp der *äquivalenten Umformung:*

Behauptung: $\phi \longleftrightarrow \psi$.
Beweis durch äquivalente Umformung.

$$\begin{array}{lll} & \phi & \\ & \longleftrightarrow \phi_1 & (\text{wegen } \Sigma_1 \quad \vdash X_1 \equiv X'_1) \\ (5) & \longleftrightarrow \phi_2 & (\text{wegen } \Sigma_2 \quad \vdash X_2 \equiv X'_2) \\ & \vdots & \\ & \longleftrightarrow \phi_n & (\text{wegen } \Sigma_n \quad \vdash X_n \equiv X'_n) \\ & \longleftrightarrow \psi & (\text{wegen } \Sigma_{n+1} \vdash X_{n+1} \equiv X'_{n+1}). \end{array}$$

Dabei gelte Ers $\phi X_1 X'_1 \phi_1$, Ers $\phi_i X_{i+1} X'_{i+1} \phi_{i+1}$ $(i = 1, \ldots, n-1)$, Ers $\phi_n X_{n+1} X'_{n+1} \psi$.

Natürlich gewinnt man die Behauptung nur unter den Annahmen, von denen die benutzten Äquivalenzen oder Identitäten $X_i \equiv X'_i$ abhängen. Wenn diese Annahmen Aussagen sind, so braucht man sich bei der Umformung nicht um gebundene Variablen zu kümmern.

Man beachte, daß man in einer solchen fortlaufenden Kette von Äquivalenzen $\phi \longleftrightarrow \phi_1 \longleftrightarrow \phi_2 \longleftrightarrow \ldots$ diese Kette nicht im Sinne einer iterierten Äquijunktion versteht, sondern $(\phi \longleftrightarrow \phi_1) \wedge (\phi \longleftrightarrow \phi_2) \wedge \ldots$ meint.

Äquivalente Umformungen treten nicht nur als selbständige Beweise, sondern auch als Teil anderer Beweise auf. Dann ist man weniger daran interessiert, die Äquijunktion $\phi \longleftrightarrow \psi$ als Endresultat zu erhalten, als vielmehr im Beweis von ϕ zu ψ überzugehen. Das können wir etwa so notieren:

$$\begin{array}{lll} & \vdots & \\ (*) & \Pi \vdash \phi & \\ & \textit{Äquivalente Umformung:} & \\ & \longleftrightarrow \phi_1 & (\text{Ers}, \quad \Sigma_1 \vdash X_1 \quad \equiv X'_1) \\ & \longleftrightarrow \phi_2 & (\text{Ers}, \quad \Sigma_2 \vdash X_2 \quad \equiv X'_2) \\ (5') & & \\ & \vdots & \end{array}$$

(5′)

$$\begin{array}{llll} & \vdots & & \\ & \longleftrightarrow \phi_n & (\text{Ers}, & \Sigma_n \vdash X_n \equiv X'_n) \\ (**) & \Sigma_1, \ldots \Sigma_{n+1}, \Pi \vdash \psi & (\text{Ers}, & \Sigma_{n+1} \vdash X_{n+1} \equiv X'_{n+1}) \\ & \vdots & & \end{array}$$

Oft sind $\Sigma_1, \ldots, \Sigma_{n+1}$ leer (so daß es sich um logisch äquivalente Umformungen handelt), oder $\Sigma_1, \ldots, \Sigma_{n+1}$ sind Teilmengen von Π, etwa als Axiome einer Theorie (so daß es sich um äquivalente Umformungen in einer Theorie handelt). In diesen Fällen hat die Zeile (**) dieselbe Annahmen wie die Zeile (*).

Außer äquivalenten Umformungen sind an dieser Stelle *identische Umformungen* zu besprechen, in denen ein *Term* durch Ersetzen von Teilausdrücken umgeformt wird. Ausgehend von $Y = Y$ erhält man sukzessive durch Umformung der rechten Seite:
$Y = Y_1$, $Y = Y_2, \ldots,$ $Y = Y_n$, $Y = Z$. Das schreibt man oft fortlaufend:
$Y = Y_1 = Y_2 = \ldots = Y_n = Z$.

Untereinandergeschrieben sieht dieser Beweistyp der *Identischen Umformung* so aus:

(6)

Behauptung: $Y = Z$.

Beweis durch identische Umformung.

$$\begin{array}{lllll} Y & & & & \\ = Y_1 & (\textit{wegen} & \Sigma_1 & \vdash X_1 & \equiv X'_1) \\ = Y_1 & (\textit{wegen} & \Sigma_2 & \vdash X_2 & \equiv X'_2) \\ \vdots & & & & \\ = Y_n & (\textit{wegen} & \Sigma_n & \vdash X_n & \equiv X'_n) \\ = Z & (\textit{wegen} & \Sigma_{n+1} & \vdash X_{n+1} & \equiv X'_{n+1}). \end{array}$$

Dabei gelte Ers $Y\ X_1\ X'_1\ Y_1$, Ers $Y_i\ X_{i+1}\ X'_{i+1}\ Y_{i+1}$ $(i = 1, \ldots, n-1)$, Ers $Y_n\ X_{n+1}\ X'_{n+1}\ Z$.

Bisweilen wird in einen anderen Beweis nur eine identische Umformung eingeschoben etwa nach folgendem Muster, wobei außerdem Ers $\phi(Y)\ YZ\ \phi\ (Z)$ gelte:

$$
\begin{array}{llll}
 & \vdots & & \\
(*) & \Pi \vdash \phi(Y) & & \\
 & \textit{Identische Umformung} & & \\
 & Y & & \\
 & = Y_1 & (\text{Ers}, & \Sigma_1 \vdash X_1 \equiv X'_1) \\
(6') & \vdots & & \\
 & = Y_n & (\text{Ers}, & \Sigma_n \vdash X_n \equiv X'_n) \\
 & = Z & (\text{Ers}, & \Sigma_{n+1} \vdash X_{n+1} \equiv X'_{n+1}) \\
(**) & \Sigma_1 \ldots, \Sigma_{n+1}, \Pi \vdash \phi(Z) & (\text{Ers}, \Sigma_1, \ldots, \Sigma_{n+1} \vdash Y = Z). &
\end{array}
$$

Aufgaben:

1. Man diskutiere den Ersetzungssatz für die Ersetzungen:

   Ers $\exists v_0\ v_0 \neq v_1\ v_1\ v_0\ \exists v_0\ v_0 \neq v_0$,

   Ers $\exists v_0\ v_0 \neq v_1\ v_0\ v_1\ \exists v_0\ v_1 \neq v_1$.

2. Man beweise die Sätze (§ 11; 43a, 44) durch äquivalente Umformung.

§ 14. Anwendungen der Ersetzungsregeln

(a) Gebundene Umbenennung

Wir erinnern an die Umbenennungssätze (§ 11; 29)

$$
(1) \quad \begin{array}{l} \vdash \forall v^s\, \phi(v^s) \longleftrightarrow \forall w^s\, \phi(w^s), \\ \vdash \exists v^s\, \phi(v^s) \longleftrightarrow \exists w^s\, \phi(w^s). \end{array}
$$

Später werden wir entsprechende Sätze für Kennzeichnungsterme und Abstraktionsterme beweisen (§ 16; 5), (§ 18; 4):

$$
(2) \quad \begin{array}{l} \vdash \iota v^s\, \phi(v^s) = \iota w^s\, \phi(w^s), \\ \vdash \{v^s \mid \phi(v^s)\} = \{w^s \mid \phi(w^s)\}. \end{array}
$$

Hier handelt es sich um die gebundene Umbenennung einer ganz außen stehenden Operatorvariablen. Man spricht aber auch von gebundener Umbenennung, wenn man im Innern von Ausdrücken gemäß (1) oder (2) Umformungen vornimmt.

Wenn Z durch eine Kette von Ersetzungen in Z' übergeht, wobei nur Ersetzungen von $\forall v^s \phi(v^s)$ durch $\forall w^s \phi(w^s)$, von $\exists v^s \phi(v^s)$ durch $\exists w^s \phi(w^s)$, von $\iota v^s \phi(v^s)$ durch $\iota w^s \phi(w^s)$ und von $\{v^s \mid \phi(v^s)\}$ durch $\{w^s \mid \phi(w^s)\}$ erlaubt sind, so sagen wir, daß Z und Z' durch *gebundene Umbenennung* auseinander hervorgehen und schreiben:

(3) Gebu $Z\ Z'$.

Beispiel: Gebu $\forall u_0\ \exists u_1\ u_0 < u_1\ \ \forall u_1\ \exists u_0\ u_1 < u_0$.

(4) **Satz** (*allgemeiner Umbenennungssatz*):

$$\vdash Z \equiv Z', \text{ wenn Gebu } Z\ Z'.$$

Durch gebundene Umbennenung kann man stets erreichen, daß in einem vorgegebenen Ausdruck alle freien Variablen von allen gebundenen Variablen verschieden sind und daß keine gebundene Variable an zwei verschiedenen Stellen als Operatorvariable auftritt. Ein solcher Ausdruck möge *gewöhnlich* heißen. In der Praxis bevorzugt man gewöhnliche Ausdrücke, obwohl andere Ausdrücke durchaus sinnvoll sind. Bei mathematischen Operatoren vermeidet man auch Übereinstimmungen von gebundenen Variablen und Parametern. So schreibt man $\int_0^x y^2\,dy$ und nicht $\int_0^x x^2\,dx$, man schreibt $\sum_{m=0}^{n} m^2$ und nicht $\sum_{n=0}^{n} n^2$.

(b) Allgemeine Substitution

Bisweilen blockieren gebundene Variablen eine Substitution. Man kann einen Term nicht substituieren, weil dabei ein Parameter des Terms gebunden würde. Durch gebundene Umbenennung kann man jedoch zunächst die gebundenen Variablen von den Parametern der einzusetzenden Terme verschieden machen, so daß man anschließend substituieren kann. *Diesen Prozeß „Substitution, ggf. vorher gebundene Umbenennung" bezeichnen wir als allgemeine Substitution.*

Wenn es eine Formel ϕ^* gibt mit ϕ^* Gebu ϕ und Sub $\phi^* S \phi'$, so schreiben wir:

(1) GSub ϕ S ϕ'.

Beispiel: Auf die Formel $\forall v_0\, v_0\, v_1 . \in C$ soll die Substitution $\binom{v_1}{v_0}$ angewendet werden. Durch gebundene Umbennenung geht diese Formel in $\forall v_2\, v_2\, v_1 . \in C$ über. Die anschließende Substitution $\binom{v_1}{v_0}$ liefert $\forall v_2\, v_2\, v_0 . \in C$.

Es gilt also GSub $\forall v_0\, v_0\, v_1 . \in C \binom{v_1}{v_0} \forall v_2\, v_2\, v_0 . C$.

Die allgemeine Substitution ist stets durchführbar, das Ergebnis ist aber nur bis auf logische Äquivalenz bestimmt. In allen Regeln, in denen Subsitution auftritt, kann man auch allgemeine Substitution verwenden.

(c) Verneinungstechnik

Die Negation einer Formel wird dadurch gebildet, daß man das Negationszeichen davor schreibt. Oft möchte man die Negation aber äquivalent umformen und „positiv ausdrücken". Dazu kann man die Negationszeichen nach innen bringen, bis sie vor quasiatomaren Formeln stehen.

Negationszeichen vor Konjunktionen, Disjunktionen, Subjunktionen und Äquijunktion formt man mit (§ 8; 40, . . . , 44) um. Negationszeichen vor quantifizierten Formeln formt man mit (§ 11; 40a, 40b) um.

Doppelte Negationszeichen kann man mit (§ 8; 39) wegelassen.

Oft kann man noch weiter vereinfachen:

Für $\neg \top$ schreibt man $\bot$, für $\neg \bot$ schreibt man $\top$ (§ 8; 37, 38), schließlich kann man $\top$, $\bot$ noch weitgehend herauskürzen (§ 8; 47, ... 56).

Als Beispiel betrachten wir die Formalisierung von:

f ist stetig auf A,

nämlich:

$$(\forall x \in A)\,(\forall \epsilon > 0)\,(\exists \delta > 0)\,(\forall y \in A)(\,|x - y| < \delta \longrightarrow |f(x) - f(y)| < \epsilon).$$

Die Formalisierung von:

f ist unstetig auf A

lautet dann:

$$\neg(\forall x \in A)(\forall \epsilon > 0)(\exists \delta > 0)(\forall y \in A)(|x-y| < \delta \longrightarrow |f(x)-f(y)| < \epsilon).$$

Bringen wir das Negationszeichen nach innen, so erhalten wir sukzessive:

$$\longleftrightarrow (\exists x \in A)\neg(\forall \epsilon > 0)(\exists \delta > 0)(\forall y \in A)(|x-y| < \delta \longrightarrow |f(x)-f(y)| < \epsilon$$

$$\longleftrightarrow (\exists x \in A)(\exists \epsilon > 0)\neg(\exists \delta > 0)(\forall y \in A)(|x-y| < \delta \longrightarrow |f(x)-f(y)| < \epsilon$$

$$\longleftrightarrow (\exists x \in A)(\exists \epsilon > 0)(\forall \delta > 0)\neg(\forall y \in A)(|x-y| < \delta \longrightarrow |f(x)-f(y)| < \epsilon)$$

$$\longleftrightarrow (\exists x \in A)(\exists \epsilon > 0)(\forall \delta > 0)(\exists y \in A)\neg(|x-y| < \delta \longrightarrow |f(x)-f(y)| < \epsilon)$$

$$\longleftrightarrow (\exists x \in A)(\exists \epsilon > 0)(\forall \delta > 0)(\exists y \in A)(|x-y| < \delta \wedge \neg|f(x)-f(y)| < \epsilon)$$

$$\longleftrightarrow (\exists x \in A)(\exists \epsilon > 0)(\forall \delta > 0)(\exists y \in A)(|x-y| < \delta \wedge |f(x)-f(y)| \geqslant \epsilon).$$

Dabei sind die Negationen der Relativierungen $(\forall \epsilon > 0)$, $(\exists \epsilon > 0)$ in derselben Weise gebildet wie bei den Relativierungen $(\forall x \in A)$, $(\exists x \in A)$. Man kann leicht zeigen, daß das korrekt ist:

$\neg(\forall \epsilon > 0)\,\phi$	$\neg(\exists \epsilon > 0)\,\phi$
$\longleftrightarrow \neg\forall \epsilon\,(\epsilon > 0 \longrightarrow \phi)$	$\longleftrightarrow \neg\exists \epsilon\,(\epsilon > 0 \wedge \phi)$
$\longleftrightarrow \exists \epsilon\,\neg(\epsilon > 0 \longrightarrow \phi)$	$\longleftrightarrow \forall \epsilon\,\neg(\epsilon > 0 \wedge \phi)$
$\longleftrightarrow \exists \epsilon\,(\epsilon > 0 \wedge \neg\phi)$	$\longleftrightarrow \forall \epsilon\,(\epsilon > 0 \longrightarrow \neg\phi)$
$\longleftrightarrow (\exists \epsilon > 0)\neg\phi$	$\longleftrightarrow (\forall \epsilon > 0)\neg\phi.$

Ferner wurde in der letzten Zeile $\neg|f(x)-f(y)| < \epsilon$ durch $|f(x)-f(y)| \geqslant \epsilon$ ersetzt. Dabei wurde eine Eigenschaft der Ordnungsbeziehung benutzt. Es handelt sich deshalb nicht um eine logische äquivalente Umformung, sondern um eine Umformung in einer Theorie (zu der der Satz $\forall x_0 x_1 (\neg x_0 < x_1 \longleftrightarrow x_0 \geqslant x_1)$ gehört).

(d) Normalformen

Durch sukzessive logisch äquivalente Umformungen kann man jede Formel in bestimmte Normalformen überführen. Dabei betrachten wir nur die prädikatenlogische Struktur der Formeln, d. h. ihren Aufbau aus quasiatomaren Formeln mit Hilfe von Junktoren und Quantoren.

Wir definieren zunächst Präfixe:

Ein *Präfix* ist eine Folge von Quantoren mit zugehörigen Variablen.

Beispiele: $\forall v_0\ \exists v_7\ \forall v_0^M$,

$\exists v_0^M\ \exists v_0^Z\ \forall v_3$.

Die Teilfolge der Quantoren eines Präfixes ist der *Typ* des Präfixes. Ein Präfix vom Typ $\forall \ldots \forall$ (nur Allquantoren) ist ein Allpräfix, ein Präfix vom Typ $\exists \ldots \exists$ (nur Existenzquantoren) ist ein *Existenzpräfix*.

Die oben angegebenen Präfixe sind vom Typ $\forall\exists\forall$ bzw. $\exists\exists\forall$, es sind gemischte Präfixe.

Eine Formel ϕ ist pränex, wenn es ein Präfix $\mathfrak{P}$ und eine quasiatomare oder molekulare Formel ϕ gibt, so daß ϕ die Formel $\mathfrak{P}\theta$ ist. θ ist der Kern von $\mathfrak{P}\theta$.

Beispiel: Die folgende Formel ist pränex mit dem Präfix $\forall v_0\ \exists v_1\ \forall v_2$:

$$\forall v_0 \exists v_1 \forall v_2\ (v_2 \in v_1 \longleftrightarrow v_2 \in \{v_3 \mid \exists v_4\ v_3 \in v_4 \wedge v_4 \in v_0\}).$$

Man beachte, daß die quasiatomare Formel rechts von $\longleftrightarrow$ noch Quantoren enthält.

ψ ist pränexe Normalform (PNF) *von ϕ, wenn ψ pränex ist und $\phi \mathrel{=\!\!|} \models \psi$.*

(1) **Satz:** *Zu jeder Formel ϕ gibt es eine pränexe Normalform, die dieselben Parameter wie ϕ hat.*

Beweis: Zunächst überführen wir die Formel durch gebundene Umbenennung in eine gewöhnliche Formel.

Wir nehmen dann nur noch Umformungen vor, die nicht innerhalb quasiatomarer Formeln stattfinden. Zunächst eliminieren wir mit (§ 8; 21, 34) die Junktoren $\longrightarrow$, $\longleftrightarrow$, so daß danach nur noch $\top, \bot, \neg, \wedge, \vee$ außerhalb quasiatomarer Formeln vorkommen. (Die Eliminierung der Junktoren $\longrightarrow$, $\longleftrightarrow$ wäre an dieser Stelle noch nicht erforderlich. Sie erfolgt im Hinblick auf noch speziellere Normalformen, s. (2), (3).)

Dann bringen wir mit der Verneinungstechnik die Negationszeichen nach innen, so daß anschließend Negationszeichen, sofern sie nicht nicht innerhalb quasiatomarer Formeln vorkommen, nur noch unmittelbar vor Gleichungen und prädikativen Formeln stehen. Mit Hilfe von (§ 11; 42 a, 42 b) ersetze man dann Teilformeln $\theta \vee \forall v\ \psi$ bzw. $\theta \wedge \exists v\ \psi$ durch $\forall v\ (\theta \vee \psi)$ bzw. $\exists v\ (\theta \wedge \psi)$ (beachte, daß v nicht frei in θ ist).

Mit Hilfe von (§ 11; 41 a, 41 b) ersetze man $\theta \wedge \forall v\ \psi$ bzw. $\theta \vee \exists v\ \psi$ durch $\forall v\, \theta \wedge \forall v\ \psi$ bzw. $\exists v\, \theta \vee \exists v\ \psi$ (beachte, daß v nicht frei in θ

ist), und ersetze diese Formel damit mit Hilfe von (§ 11; 40c, 40d) durch $\forall v\,(\theta \wedge \psi)$ bzw. $\exists v\,(\theta \vee \psi)$. Entsprechend verfahre man mit Teilformeln $\forall v\ \psi \vee \theta$, $\exists v\ \psi \wedge \theta$, $\forall v\ \psi \wedge \theta$, $\exists v\ \psi \vee \psi$.

So kann man alle Junktoren, die über einem Quantor stehen, unter den Quantor bringen. Auf diese Weise entsteht eine pränexe Formel. Dabei bleiben die freien Variablen unverändert, und auch die nichtlogischen Konstanten ändern sich nicht.

Beispiel:

ϕ sei $\forall v_0\,(\exists v_1\, v_0\, v_1\, . \in R \longrightarrow v_0\, v_1\, . \in R \wedge \forall v_2\, \exists v_0\, v_2\, v_0\, . \in R)$.

Gebundene Umbenennung:

$\forall v_0\,(\exists v_2\, v_0\, v_2\, . \in R \longrightarrow v_0\, v_1\, . \in R \wedge \forall v_3\, \exists v_4\, v_3\, v_4\, . \in R)$.

Eliminieren von $\longrightarrow$:

$\forall v_0\,(\neg \exists v_2\, v_0\, v_2\, . \in R \vee (v_0\, v_1\, . \in R \wedge \forall v_3\, \exists v_4\, v_3\, v_4\, . \in R))$.

$\neg$ nach innen:

$\forall v_0\,(\forall v_2\, v_0\, v_2\, . \notin R \vee (v_0\, v_1\, . \in R \wedge \forall v_3\, \exists v_4\, v_3\, v_4\, . \in R))$.

Quantoren nach vorne holen:

$\forall v_0\, \forall v_2\, \forall v_3\, \exists v_4\, (v_0\, v_2\, . \notin R \vee (v_0\, v_1\, . \in R \wedge v_3\, v_4\, . \in R))$.

Genausogut könnte man $\forall v_3\, \exists v_4$ zuerst und dann $\forall v_2$ nach vorne holen. Dann erhielte man:

$\forall v_0\, \forall v_3\, \exists v_4\, \forall v_2\, (v_0\, v_2\, . \notin R \vee (v_0\, v_1\, . \in R \wedge v_3\, v_4\, . \in R))$.

Die unter dem Präfix stehende Formel kann man noch weiter umformen.

So kann man mit dem distributiven Gesetz (§ 8; 16) erreichen, daß kein $\wedge$ über einem $\vee$ steht. Wir reden dann von einer *disjunktiven Normalform.* Das ist eine Disjunktion von Konjunktionen.

Man kann auch mit (§ 8; 15) erreichen, daß kein $\vee$ über einem $\wedge$ steht. Wir reden dann von *konjunktiver Normalform.* das ist eine Konjunktion von Disjunktionen.

Dabei kann man jeweils noch durch die kommutativen und assoziativen Gesetze (§ 8; 9, . . . , 12) dafür sorgen, daß in jedem Disjunktionsglied bzw. Konjunktionsglied zunächst die negierten quasiatomaren Formeln kommen.

Somit erhalten wir folgende Sätze:

(2) **Satz über pränexe disjunktive Normalformen (PDNF):**

Zu jeder Formel ϕ *gibt es ein Präfix* $\mathfrak{P}$
und natürliche Zahlen n, k_i, l_i $(i < n)$
und quasiatomare Formeln $\phi_{i\nu}$ $(i < n, \nu < k_i)$
und $\psi_{i\nu}$ $(i < n, \nu < l_i)$ *mit*

(a) $\phi \dashv\models \mathfrak{P} \bigvee_{i<n} (\bigwedge_{\nu<k_i} \neg \phi_{i\nu} \wedge \bigwedge_{\nu<l_i} \psi_{i\nu})$.

(b) *In den beiden Formeln der Äquivalenz* (a) *kommen dieselben freien Variablen und Konstanten vor.*

(3) **Satz über pränexe konjunktive Normalformen (PKNF):**

Zu jeder Formel ϕ *gibt es ein Präfix* $\mathfrak{P}$
und natürliche Zahlen n, k_i, l_i $(i < n)$
und quasiatomare Formeln $\phi_{i\nu}$ $(i < n, \nu < k_i)$
und $\psi_{i\nu}$ $(i < n, \nu < l_i)$ *mit:*

(a) $\phi \dashv\models \mathfrak{P} \bigwedge_{i<n} (\bigvee_{\nu<k_i} \neg \phi_{i\nu} \vee \bigvee_{\nu<l_i} \psi_{i\nu})$.

(b) *In den beiden Formeln der Äquivalenz* (a) *kommen dieselben freien Variablen und Konstanten vor.*

Oft formt man die in (3, a) vorkommenden Disjunktionen noch einmal um.

Für $\bigvee_{\nu<k_i} \neg\phi_{i\nu}$ schreibt man: $\neg \bigwedge_{\nu<k_i} \phi_{i\nu}$, und für

$\neg \bigwedge_{\nu<k_i} \phi_{i\nu} \vee \bigvee_{\nu<l_i} \psi_{i\nu}$ schreibt man: $\bigwedge_{\nu<k_i} \phi_{i\nu} \rightarrow \bigvee_{\nu<l_i} \psi_{i\nu}$.

So erhält man:

(4) **Satz über pränexe implikative Normalformen (PINF):**

Zu jeder Formel ϕ *gibt es ein Präfix* $\mathfrak{P}$
und natürliche Zahlen n, k_i, l_i $(i < n)$
und quasiatomare Formeln $\phi_{i\nu}$ $(i < n, \nu < k_i)$
und $\psi_{i\nu}$ $(i < n, \nu < l_i)$ *mit:*

(a) $\phi \dashv\models \mathfrak{P} \bigwedge_{i<n} (\bigwedge_{\nu<k_i} \phi_{i\nu} \rightarrow \bigvee_{\nu<l_i} \psi_{i\nu})$.

(b) *In den beiden Formeln der Äquivalenz* (a) *kommen dieselben freien Variablen und Konstanten vor.*

Viele logische Untersuchungen gehen von solchen Normalformen aus. Mathematische Axiome gibt man gern in der Form von **PINF**. Als Beispiel betrachten wir das Axiom der Nullteilerfreiheit, das in der Ringtheorie vorkommt.

Statt:

$$\forall x_0 x_1 \, (x_0 \cdot x_1 \neq 0 \vee x_0 = 0 \vee x_1 = 0) \qquad \textbf{(PKNF)}$$

schreibt man lieber:

$$\forall x_0 x_1 \, (x_0 \cdot x_1 = 0 \longrightarrow x_0 = 0 \vee x_1 = 0) . \qquad \textbf{(PINF)}$$

Hier ist $n = 1$, $k_0 = 1$, $l_0 = 2$, ϕ_{00} ist $x_0 \cdot x_1 = 0$, ψ_{00} ist $x_0 = 0$, und ψ_{01} ist $x_1 = 0$.

Man beachte, daß auch die Stetigkeitsbedingung und ihre Negation (s. o) in **PINF** gegeben sind.

Eine Formel in **PINF** läßt sich gut in einem Beweis auswerten. Das Präfix wird gewöhnlich mit Allbeseitigung und Beispieleinführung entfernt. Bei dem dann vorliegenden quantorenfreien Kern weiß man auch sofort, welche Annahmen man machen kann (das, was vor dem Pfeil steht) und was man dann behaupten kann (das, was dahinter steht). Beseitigung eines Präfixes und Annahmenerzeugung macht man oft in einem Schritt und stößt so gleich zu der Behauptung hinter dem Pfeil vor. Wenn das Präfix kein reines Allpräfix ist, so sind damit natürlich – was nicht immer klar erkannt wird – weitere Annahmen (Beispieleinführungen) verbunden.

Aufgaben:

1. Man wende die Substitution $\begin{pmatrix} v_0 & v_1 & P \\ c & v_0 \multimap F & \{v_0 \mid v_0 \notin Q\} \end{pmatrix}$ (wobei c, F, P, Q nichtlogische Konstanten seien) auf die folgenden Ausdrücke an:

   (a) $\forall v_0 \, (v_0 \in Q \longrightarrow v_0 \multimap F = c)$,

   (b) $\exists v_0 \, (v_1 \in P \longleftrightarrow v_0 \multimap F = v_1)$,

   (c) $\{v_1 \mid v_1 = v_0 \multimap F\} = \{v_0 \mid \iota v_2 \, v_2 \notin Q = v_1\}$.

2. Man überführe folgende Ausdrücke durch gebundene Umbenennung in gewöhnliche Ausdrücke:

   (a) den Ausdruck aus Aufgabe 1 h von § 3,

   (b) den Ausdruck aus Aufgabe 1 j von § 3,

(c) Den Ausdruck aus Aufgabe 1 m von § 3,

(d) $\forall v_0 (\exists v_0 v_0 \in C \land \exists v_0 v_0 \in D \rightarrow (v_0 \in C \rightarrow v_0 \in D)$.

3. Man bringe folgende Formeln auf **PKNF**:

(a) das Monotoniegesetz (§ 6 b; 43):
$\forall x_0 x_1 x_2 (x_0 \leqslant x_1 \land \underline{0} \leqslant x_2 \rightarrow x_0 \cdot x_2 \leqslant x_1 \cdot x_2 \land x_2 \cdot x_0 \leqslant x_2 \cdot x_1)$,

(b) das Axiom der Invertierbarkeit:
$\forall x_0 (x_0 \neq \underline{0} \rightarrow \exists x_1 (x_0 \cdot x_1 = x_1 \cdot x_0 = \underline{1}))$,

(c) $(\forall v_0 \in \mathbb{M})((\exists v_1 \in \mathbb{M}) v_1 \in v_0 \rightarrow (\exists v_1 \in \mathbb{M})(v_1 \in v_0 \land \neg (\exists v_2 \in \mathbb{M}) (v_2 \in v_1 \land v_2 \in v_0)))$,

(d) die Formel aus Aufgabe 2 d.

4. Man forme die folgenden Formeln mit Hilfe der Verneinungstechnik um:

(a) die Negation der Formel aus Aufgabe 2 d,

(b) die Negation der Formel aus Aufgabe 3 c.

§ 15. Anzahlquantoren

In § 4 haben wir schon den Quantor $\overset{1}{\exists}$ eingeführt und bei den Formalisierungen bereits im Sinne eines inhaltlichen Verständnisses benutzt. Wir wollen jetzt einige Sätze über diesen Quantor formal beweisen. Wir geben noch einmal die Definition an.

(1) **Def.:** *v, w seien verschiedene Variablen derselben Sorte, und w sei nicht frei in ϕ. Dann ist*

$$\overset{1}{\exists} v\, \phi \longleftrightarrow_{\mathrm{Df}} \exists w\, \forall v\, (\phi \longleftrightarrow v = w).$$

Wenn es *genau ein* Individuum mit einer bestimmten Eigenschaft gibt, so gibt es natürlich auch *wenigstens ein* solches Individuum.

(2) **Satz:** $\overset{1}{\exists} v\, \phi \vdash \exists v\, \phi$.

Beweis:

1	$\forall v\, (\phi \longleftrightarrow v = w) \vdash \phi \longleftrightarrow v = w$	**(A, ∀B)**
2	$v = w \vdash v = w$	**(A)**
3	(1), (2) $\vdash \phi$	**(Taut, §8; 65)**

4	(1), (2)	$\vdash \exists v\, \phi$	**(∃E)**
5	(1), $\exists v\, v = w$	$\vdash \exists v\, \phi$	**(BB)**
6		$\vdash w = w$	**(Id)**
7		$\vdash w \in \mathcal{U}^s$	**(Sort)**
8		$\vdash \exists v\, v = w$	**(Part** § 11; 31)
9	(1)	$\vdash \exists v\, \phi$	**(S)**
10	$\exists w\, \forall v\, (\phi \longleftrightarrow v = w)$	$\vdash \exists v\, \phi$. ∎	**(BB)**

Wir haben in dem Beweis eine neue Abkürzung zur Angabe von Annahmen eingeführt. Wir geben Annahmen einfach durch die Zeilennummer an, in der sie eingeführt wurden.

Der folgende Satz bringt eine oft benutzte Umformulierung des Es-gibt-genau-ein-Quantors:

(3) **Satz:** *v, w_1, w_2 seien verschiedene Variablen derselben Sorte. Dann:*

$$\vdash \overset{1}{\exists} v\, \phi(v) \longleftrightarrow \exists v\, \phi(v) \wedge \forall w_1 w_2 (\phi(w_1) \wedge \phi(w_2) \longrightarrow w_1 = w_2).$$

Beweis: w sei ebenfalls von derselben Sorte und von v, w_1, w_2 verschieden.

→:	1	(1)	$\vdash \forall v(\phi(v) \longleftrightarrow v = w)$	**(A)**
	2	(1)	$\vdash \phi(w_1) \longleftrightarrow w_1 = w$	**(Spez)**
	3	(1)	$\vdash \phi(w_2) \longleftrightarrow w_2 = w$	**(Spez)**
	4	(4)	$\vdash \phi(w_1) \wedge \phi(w_2)$	**(A)**
	5	(1, 4)	$\vdash w_1 = w \wedge w_2 = w$	**(Taut** § 8; 65)
	6	$w_1 = w, w_2 = w$	$\vdash w_1 = w_2$	(§ 12,7)
	7	(1, 4)	$\vdash w_1 = w_2$	**(AV, S)**
	8	(1)	$\vdash \phi(w_1) \wedge \phi(w_2) \longrightarrow w_1 = w_2$	**(AB)**
	9	(1)	$\vdash \forall w_1 w_2 (\phi(w_1) \wedge \phi(w_2) \longrightarrow w_1 = w_2)$	(*2mal* **∀E)**
	10	$\overset{1}{\exists} v\, \phi(v)$	$\vdash \forall w_1 w_2 (\phi(w_1) \wedge \phi(w_2) \longrightarrow w_1 = w_2)$	**(BB)**
	11	$\overset{1}{\exists} v\, \phi(v)$	$\vdash \exists v\, \phi(v)$	**(Satz** 2)

12	$\overset{1}{\exists} v\, \phi(v)$	$\vdash \exists v \phi(v) \wedge \forall w_1 w_2 (\phi(w_1) \wedge \phi(w_2) \rightarrow w_1 = w_2)$. ∎	**(Kon)**
←: 1	$v = w,\ \phi(w)$	$\vdash \phi(v)$	**(Ers)**
2	$\phi(w)$	$\vdash v = w \longrightarrow \phi(v)$	**(AB)**
3	$\forall w_1 w_2 (\phi(w_1) \wedge \phi(w_2) \rightarrow w_1 = w_2)$	$\vdash \phi(w_1) \wedge \phi(w_2) \rightarrow w_1 = w_2$	**(A, ∀B)**
4	(3)	$\vdash \phi(v) \wedge \phi(w) \longrightarrow v = w$	(*2mal* **Sub**)
5	(3)	$\vdash \phi(w) \longrightarrow (\phi(v) \longrightarrow v = w)$	**(Taut** § 8; 69)
6	(3), $\phi(w)$	$\vdash \phi(v) \longrightarrow v = w$	**(AB)**
7	(3), $\phi(w)$	$\vdash \phi(v) \longleftrightarrow v = w$	**(Äq**; 6,2)
8	(3), $\phi(w)$	$\vdash \forall v (\phi(v) \longleftrightarrow v = w)$	**(∀E)**
9	(3), $\phi(w)$	$\vdash \exists w\, \forall v (\phi(v) \longleftrightarrow v = w)$	**(∃E)**
10	(3), $\exists v\, \phi(v)$	$\vdash \overset{1}{\exists} v\, \phi(v)$	**(BB)**
11	$\exists v \phi(v) \wedge \forall w_1 w_2 (\phi(w_1) \wedge \phi(w_2) \longrightarrow w_1 = w_2)$	$\vdash \overset{1}{\exists} v \phi(v)$. ∎	**(AV)**

Wir gewinnen hieraus einen Beitrag zur Verneinungstechnik.

(4) **Satz**: *Die Bezeichnungen seien wie in* (3). *Dann:*

$$\vdash \neg \overset{1}{\exists} v \phi(v) \longleftrightarrow \neg \exists v \phi(v) \vee \exists w_1 w_2 (\phi(w_1) \wedge \phi(w_2) \wedge w_1 \neq w_2).$$

Beweis durch äquivalente Umformung:

$$\neg \overset{1}{\exists} v\, \phi(v)$$
$$\longleftrightarrow \neg (\exists v \phi(v) \wedge \forall w_1 w_2 (\phi(w_1) \wedge \phi(w_2) \longrightarrow w_1 = w_2))$$
$$\longleftrightarrow \neg \exists v \phi(v) \vee \neg \forall w_1 w_2 (\phi(w_1) \wedge \phi(w_2) \longrightarrow w_1 = w_2)$$
$$\longleftrightarrow \neg \exists v \phi(v) \vee \exists w_1 w_2 \neg (\phi(w_1) \wedge \phi(w_2) \longrightarrow w_1 = w_2)$$
$$\longleftrightarrow \neg \exists v \phi(v) \vee \exists w_1 w_2 (\phi(w_1) \wedge \phi(w_2) \wedge w_1 \neq w_2).$$ ∎

Um weitere Quantoren zu definieren, führen wir für beliebige Terme $X_0, X_1, \ldots, X_n$ folgende Abkürzungen ein.

(5) **Def.:** (a) $\neq(X_0,\dots,X_n) \longleftrightarrow_{\mathrm{Df}} \bigwedge_{0\leqslant i<j\leqslant n} X_i \neq X_j$,

(b) $=(X_0,\dots,X_n) \longleftrightarrow_{\mathrm{Df}} \bigvee_{0\leqslant i<j\leqslant n} X_i = X_j$.

Beispiele:

$\neq(X_0)$ *ist* $\top$ (*leere Konjunktion*).
$\neq(X_0, X_1)$ *ist* $X_0 \neq X_1$.
$\neq(X_0, X_1, X_2)$ *ist* $X_0 \neq X_1 \wedge X_0 \neq X_2 \wedge X_1 \neq X_2$.

Man lese $\neq(X_0,\dots,X_n)$ als:

$X_0,\dots,X_n$ *sind paaarweise verschieden (Distinktheitsformeln).*

$=(X_0)$ *ist* $\bot$ (*leere Disjunktion*).
$=(X_0, X_1)$ *ist* $X_0 = X_1$.
$=(X_0, X_1, X_2)$ *ist* $X_0 = X_1 \vee X_0 = X_2 \vee X_1 = X_2$.

Man lese $=(X_0,\dots,X_n)$ als:

$X_0,\dots,X_n$ *sind teilweise gleich (Gleichheitsformeln)*

Aus den de Morganschen Gesetzen (§ 8; 40, 41) ergibt sich sofort

(6) **Satz:** $\vdash \neg=(X_0,\dots,X_n) \longleftrightarrow \neq(X_0,\dots,X_n)$.

Für das folgende seien $w_0, w_1,\dots,w_n$ paarweise verschiedene, in ϕ nicht frei vorkommende Variablen derselben Sorte wie v (wegen des Umbenennungssatzes kommt es auf die spezielle Wahl dieser Variablen nicht an).

(7) **Def.** (*Höchstzahlquantoren*):

$$\overset{\leqslant n}{\exists}\, \phi(v) \longleftrightarrow_{\mathrm{Df}} \forall w_0 \dots w_n \Big(\bigwedge_{0\leqslant i\leqslant n} \phi(w_i) \to =(w_0,\dots,w_n)\Big).$$

Man lese $\overset{\leqslant n}{\exists} v\, \phi(v)$ als: Es gibt höchstens n v mit $\phi(v)$, auch: Es gibt weniger als $n+1$ v mit $\phi(v)$.

Offenbar ist die Lesart die richtige Verbalisierung der Formel

$\overset{\leqslant n}{\exists}\, v\, \phi(v)$.

Als Grenzfall ergibt sich:

(8) **Satz:** $\overset{\leqslant 0}{\exists} v\, \phi(v) \longleftrightarrow \neg \exists v\, \phi(v)$.

Beweis durch äquivalente Umformung:

$$\overset{\leqslant 0}{\exists} v\, \phi(v)$$
$$\longleftrightarrow \forall w_0\, (\phi(w_0) \longrightarrow {=}(w_0))$$
$$\longleftrightarrow \forall w_0\, (\phi(w_0) \longrightarrow \bot)$$
$$\longleftrightarrow \forall w_0\, \neg \phi(w_0)$$
$$\longleftrightarrow \neg \exists w_0\, \phi(w_0)$$
$$\longleftrightarrow \neg \exists v\, \phi(v). \quad \blacksquare$$

Erwartungsgemäß gilt ein Monotoniegesetz:

(9) **Satz:** Wenn $n \leqslant m$, so $\overset{\leqslant n}{\exists} v\, \phi(v) \vdash \overset{\leqslant m}{\exists} v\, \phi(v)$.

Beweis:

$$\overset{\leqslant n}{\exists} v\, \phi(v) \vdash \bigwedge_{0 \leqslant i \leqslant n} \phi(w_i) \longrightarrow {=}(w_0, \ldots, w_n) \qquad \textbf{(A, }\forall\textbf{B)}$$
$$\vdash {=}(w_0, \ldots, w_n) \longrightarrow {=}(w_0, \ldots, w_m) \qquad \textbf{(Taut § 8;60)}$$
$$\vdash \bigwedge_{0 \leqslant i \leqslant m} \phi(w_i) \longrightarrow \bigwedge_{0 \leqslant i \leqslant n} \phi(w_i) \qquad \textbf{(Taut § 8;62)}$$
$$\overset{\leqslant n}{\exists} v\, \phi(v) \vdash \bigwedge_{0 \leqslant i \leqslant m} \phi(w_i) \longrightarrow {=}(w_0, \ldots, w_m) \qquad \textbf{(Kett)}$$
$$\overset{\leqslant n}{\exists} v\, \phi(v) \vdash \overset{\leqslant m}{\exists} v\, \phi(v). \quad \blacksquare \qquad \textbf{(}\forall\textbf{E)}$$

(10) **Def.** (*Mindestzahlquantoren*):

$$\overset{>n}{\exists} v\, \phi(v) \longleftrightarrow_{\mathrm{Df}} \exists w_0 \ldots w_n \Big(\bigwedge_{0 \leqslant i \leqslant n} \phi(w_i) \wedge \neq (w_0, \ldots, w_n) \Big).$$

Man lese $\overset{>n}{\exists} v\, \phi(v)$ als: Es gibt mehr als n v mit $\phi(v)$,
auch: Es gibt wenigstens $n + 1$ v mit $\phi(v)$.

Als Grenzfall ergibt sich:

(11) **Satz:** $\vdash \overset{>0}{\exists} v\, \phi(v) \longleftrightarrow \exists v\, \phi(v)$.

Beweis durch äquivalente Umformung

$$
\begin{aligned}
& \overset{>0}{\exists} v\, \phi(v) \\
\longleftrightarrow\ & \exists w_0\, (\phi(w_0) \wedge \ddagger(w_0)) \\
\longleftrightarrow\ & \exists w_0\, (\phi(w_0) \wedge \top) \\
\longleftrightarrow\ & \exists w_0\, \phi(w_0) \\
\longleftrightarrow\ & \exists v \quad \phi(v)\,. \ \blacksquare
\end{aligned}
$$

Der Existenzquantor $\exists$ stellt sich also erwartungsgemäß als Es-gibt-wenigstens-ein-Quantor heraus.

Auch für die Quantoren $\overset{>n}{\exists}$ gilt ein Monotoniegesetz:

(12) **Satz:** Wenn $n \leqslant m$, so $\overset{>m}{\exists} v\, \phi(v) \vdash \overset{>n}{\exists} v\, \phi(v)$.

Beweis:

1		$(1) \vdash \bigwedge_{0 \leqslant i \leqslant m} \phi(w_i) \wedge \ddagger(w_0, \ldots, w_m)$	**(A)**
2		$(1) \vdash \bigwedge_{0 \leqslant i \leqslant n} \phi(w_i) \wedge \ddagger(w_0, \ldots, w_n)$	**(Taut § 8; 62)**
3		$(1) \vdash \overset{>n}{\exists} v\, \phi(v)$	**($\exists$E)**
4	$\overset{>m}{\exists} v\, \phi(v)$	$\vdash \overset{>n}{\exists} v\, \phi(v)$. $\blacksquare$	**(BB)**

Der folgende Satz liefert einen Beitrag zur Verneinungstechnik:

(13) **Satz:**

(a) $\vdash \neg \overset{>n}{\exists} v\, \phi(v) \longleftrightarrow \overset{\leqslant n}{\exists} v\, \phi(v)$,

(b) $\vdash \neg \overset{\leqslant n}{\exists} v\, \phi(v) \longleftrightarrow \overset{>n}{\exists} v\, \phi(v)$.

Beweise durch äquivalente Umformung:

(a): $\neg \overset{>n}{\exists} v\, \phi(v)$

$\longleftrightarrow \neg \exists w_0 \ldots w_n \,(\bigwedge_{0 \leqslant i \leqslant n} \phi(w_i) \wedge \ddagger (w_0, \ldots, w_n))$

$\longleftrightarrow \quad \forall w_0 \ldots w_n \,(\neg \bigwedge_{0 \leqslant i \leqslant n} \phi(w_i) \vee \neg \ddagger (w_0, \ldots, w_n))$

$\longleftrightarrow \quad \forall w_0 \ldots w_n \,(\bigwedge_{0 \leqslant i \leqslant n} \phi(w_i) \longrightarrow = (w_0, \ldots, w_n))$

$\longleftrightarrow \quad \overset{\leqslant n}{\exists} v\, \phi(v)$. ∎

(b): $\neg \overset{\leqslant n}{\exists} v\, \phi(v)$

$\longleftrightarrow \neg\neg \overset{>n}{\exists} v\, \phi(v)$ (nach (a))

$\longleftrightarrow \quad \overset{>n}{\exists} v\, \phi(v)$. ∎

Natürlich schreibt man auch $\overset{<n+1}{\exists}$ statt $\overset{\leqslant n}{\exists}$ und $\overset{\geqslant n+1}{\exists}$ statt $\overset{>n}{\exists}$.

Nach Mindest- und Höchstzahlquantoren definieren wir jetzt Genaue-Anzahl-Quantoren.

(14) **Def.** (*Genaue-Anzahl-Quantoren*):

$$\overset{n+1}{\exists} v\, \phi(v) \longleftrightarrow_{\mathrm{Df}} \overset{>n}{\exists} v\, \phi(v) \wedge \overset{\leqslant n+1}{\exists} v\, \phi(v).$$

Man lese $\overset{n+1}{\exists} v\, \phi(v)$ als: Es gibt genau $n+1$ v mit $\phi(v)$.

Für $n=0$ haben wir den Quantor $\overset{1}{\exists}$ bereits definiert. Wegen (3) stimmen die Definitionen aber überein. (3) besagt ja gerade:

„*Es gibt genau ein*" ist gleichwertig mit
„*es gibt wenigstens und es gibt höchstens ein*".

Der Quantor $\overset{0}{\exists}$ (es gibt kein) ist nicht definiert worden. Man kann ihn mit $\overset{\leqslant 0}{\exists}$ gleichsetzen (vgl. (8)).

Wir wollen jetzt die folgende Aussage formalisieren:

Zu jeder komplexen Zahl z gibt es genau eine reelle Zahl x und genau eine reelle Zahl y mit $z = x + i \cdot y$. Wir schreiben das so:

$$\forall z \overset{1}{\exists} x\, y \quad z = x + i \cdot y .$$

Der Quantor $\overset{1}{\exists} x\, y$ ist ein zweistelliger Es-gibt-genau-ein-Quantor, der aussagt, daß es genau ein Paar $\langle x, y \rangle$ gibt, so daß x, y eine gewisse Bedingung erfüllen.

Allgemein definieren wir den n-stelligen Es-gibt-genau-ein-Quantor folgendermaßen:

(15) **Def.** *(n-stelliger Es-gibt-genau-ein-Quantor):*
Es seien $w_1, \ldots, w_n$ paarweise verschieden Variablen und u eine von $w_1, \ldots, w_n$ verschiedene und in ϕ nicht frei vorkommende universelle Variable. Dann sei

$$\overset{1}{\exists} w_1 \ldots w_n \phi \longleftrightarrow_{\mathrm{Df}} \overset{1}{\exists} u\, \exists w_1 \ldots w_n (u = \langle w_1, \ldots, w_n \rangle \wedge \phi) .$$

Man beachte, daß der Quantor $\overset{1}{\exists} w_1 \ldots w_n$ nicht $\overset{1}{\exists} w_1 \ldots \overset{1}{\exists} w_n$ bedeutet (wie es bei den Quantoren $\forall$ und $\exists$ der Fall ist). So sind die Aussagen:

$\overset{1}{\exists} n_0\, \overset{1}{\exists} n_1\; n_1 < n_0$ (Zu genau einer Zahl (nämlich 1) gibt es genau eine kleinere (nämlich 0)),

$\overset{1}{\exists} n_1\, \overset{1}{\exists} n_0\; n_1 < n_0$ (Es gibt genau eine Zahl, zu der es genau eine größere gibt),

$\overset{1}{\exists} n_0 n_1\; n_1 < n_0$ (Es gibt genau ein Zahlenpaar in der Kleiner-Relation)

nicht gleichwertig. Die Erste Aussage ist in $\mathfrak{J}_{St}$ wahr, die beiden anderen sind darin falsch.

Beachte, daß in $\overset{\leqslant n}{\exists}$, $\overset{>n}{\exists}$, $\overset{n}{\exists}$ der Buchstabe n keine objektsprachliche Variable ist und man keine Aussagen wie z.B.
$\forall n \overset{>n}{\exists} x_0 x_0 \in G$ bilden kann. Anzahlquantoren, über deren Grenzen man auch in der Objektsprache quantifizieren kann, behandelt man besser im Rahmen einer allgemeinen Anzahltheorie in einer weiter gehenden Mengenlehre.

Aufgaben:

1. Es gelte $\mathfrak{J} \models \overset{>3}{\exists}\, v_0^s\, v_0^s = v_0^s \wedge \overset{\leqslant 5}{\exists}\, v_0^s v_0^s = v_0^s$.
   Was läßt sich über den Individuenbereich $I_{\mathfrak{J}}^s$ aussagen?

2. Man beweise:

   (a) $\overset{3}{\exists}\, v^s\, \phi,\ \overset{2}{\exists}\, v^s\, \psi,\ \overset{\leqslant 1}{\exists}\, v^s (\phi \wedge \psi) \vdash \overset{\geqslant 4}{\exists}\, v^s (\phi \vee \psi)$,

   (b) $\overset{3}{\exists}\, v^s \phi,\ \overset{2}{\exists}\, v^s\, \psi \vdash \overset{\leqslant 5}{\exists}\, v^s (\phi \vee \psi)$,

3. Man beweise:

   $$\exists w_0^s\, (\phi(w_0^s) \wedge \overset{>n}{\exists}\, w_1^s\, (\phi(w_1^s) \wedge w_0^s \neq w_1^s) \longleftrightarrow \overset{>n+1}{\exists}\, w_0^s\, \phi(w_0^s).$$

4. Man definiere für L_{AR} mit der Standardinterpretation Quantoren:

   $\overset{\infty}{\exists} n\, \phi$ (es gibt unendlich viele n mit ϕ),

   $\overset{\text{fast}}{\forall} n\, \phi$ (für fast alle $n : \phi$).

5. Man zeige $\vdash \overset{1}{\exists}\, v^s\, \phi(v^s) \longleftrightarrow (\overset{1}{\exists} u \in \mathcal{V}^s)\, \phi(u)$.

§ 16. Regeln und Sätze über Kennzeichnungen

Für den Kennzeichnungsoperator nehmen wir drei Grundregeln in unser Regelsystem auf. Eine Regel wird erst am Ende von § 19 genannt werden.

Die erste Regel (**EK**) legt die Werte der Jotaterme im Fall der eigentlichen Kennzeichnung fest, die zweite Regel (**UK**) im Fall der uneigentlichen Kennzeichnung. Alle Regeln sind auf Grund unserer Definition der Bewertung der Ausdrücke korrekt.

(1) **EK** $$\frac{\cdot}{\overset{1}{\exists}\, v\ \phi, \phi \vdash \iota v\, \phi = v}.$$

(2) **UK** $$\frac{\cdot}{\neg \overset{1}{\exists}\, v\ \ \phi \vdash \iota v\, \phi = \perp}.$$

Wir wollen wieder die wichtigsten logischen Sätze über diese Begriffe kennenlernen.

Jeder eigentliche Kennzeichnungsterm ist ein Individuenterm. Die benutzte Operatorvariable gibt dabei die Sorte an.

(3) **Satz:** $\overset{1}{\exists} v^s \phi \vdash \iota v^s \phi \in \mathcal{V}^s$.

Beweis:

1	$\overset{1}{\exists} v^s\phi, \phi$	$\vdash \iota v^s \phi = v^s$	**(EK)**
2		$\vdash v^s \in \mathcal{V}^s$	**(Sort)**
3	$\overset{1}{\exists} v^s\phi, \phi$	$\vdash \iota v^s \phi \in \mathcal{V}^s$	**(Ers)**
4	$\overset{1}{\exists} v^s\phi, \exists v^s \phi$	$\vdash \iota v^s \phi \in \mathcal{V}^s$	**(BB)**
5	$\overset{1}{\exists} v^s\phi$	$\vdash \exists v^s \phi$	(§ 15, 2)
6	$\overset{1}{\exists} v^s \phi$	$\vdash \iota v^s \in \mathcal{V}^s$. ∎	**(S)**

Wir zeigen jetzt den *Umbenennungssatz:*

Der Beweis erfolgt durch Fallunterscheidung, ein Fall für die eigentliche, ein Fall für die uneigentliche Kennzeichnung. Dieses ist bei anderen Sätzen über Jotaterme genauso und macht die formalen Beweise etwas umständlich.

(4) **Satz:** $\vdash \iota v^s \phi(v^s) = \iota w^s \phi(w^s)$.

Beweis durch Fallunterscheidung:

1. Fall:

1	$\overset{1}{\exists} v^s\phi(v^s), \phi(v^s)$	$\vdash \iota v^s\phi(v^s) = v^s$	**(EK)**
2	$\overset{1}{\exists} v^s\phi(v^s), \phi(w^s)$	$\vdash \iota v^s\phi(v^s) = w^s$	**(Sub)**
3	$\overset{1}{\exists} w^s\phi(w^s), \phi(w^s)$	$\vdash \iota w^s\phi(w^s) = w^s$	**(EK)**
4	$\overset{1}{\exists} v^s\phi(v^s), \overset{1}{\exists} w^s\phi(w^s), \phi(w^s)$	$\vdash \iota v^s\phi(v^s) = \iota w^s\phi(w^s)$	**(Ers, 2,3)**
5	$\overset{1}{\exists} v^s\phi(v^s), \overset{1}{\exists} w^s\phi(w^s), \exists w^s\phi(w^s)$	$\vdash \iota v^s\phi(v^s) = \iota w^s\phi(w^s)$	**(BB)**
6	$\overset{1}{\exists} w^s\phi(w^s)$	$\vdash \exists w^s\phi(w^s)$	(§ 15; 2)
7		$\vdash \overset{1}{\exists} v^s\phi(v^s) \leftrightarrow \overset{1}{\exists} w^s\phi(w^s)$	(*gebundene Umbenennung.*)
8	$\overset{1}{\exists} v^s\phi(v^s)$	$\vdash \iota v^s\phi(v^s) = \iota w^s\phi(w^s)$. ∎	**(S, Ers 5)**

Mit der Äquivalenz von Zeile 7 wird die Annahme $\overset{1}{\exists} w^s \phi(w^s)$ ersetzt.

2. Fall:

1 $$\neg \overset{1}{\exists} v^s \phi(v^s) \vdash \iota v^s \phi(v^s) = \perp \qquad \text{(UK)}$$

2 $$\neg \overset{1}{\exists} w^s \phi(w^s) \vdash \iota w^s \phi(w^s) = \perp \qquad \text{(UK)}$$

3 $$\neg \overset{1}{\exists} v^s \phi(v^s),\ \neg \overset{1}{\exists} w^s \phi(w^s) \vdash \iota v^s \phi(v^s) = \iota w^s \phi(w^s) \qquad \text{(Ers, 1,2)}$$

4 $$\vdash \overset{1}{\exists} v^s \phi(v^s) \longleftrightarrow \overset{1}{\exists} w^s \varphi(w^s) \qquad (\textit{gebund. Umbeneng.})$$

5 $$\neg \overset{1}{\exists} v^s \phi(v^s) \vdash \iota v^s \phi(v^s) = \iota w^s \phi(w^s). \ \blacksquare \qquad \text{(Ers, 3. 4)}$$

Als nächstes zeigen wir, daß äquivalente Bedingungen dasselbe kennzeichnen.

(5) **Satz:** $\forall v(\phi \longleftrightarrow \psi) \vdash \iota v \phi = \iota v \psi.$

Beweis durch Fallunterscheidung. s sei die Sorte von v.

1. Fall:

$$\overset{1}{\exists} v \phi,\ \phi \vdash \iota v \phi = v \qquad \text{(EK)}$$

$$\overset{1}{\exists} v \psi,\ \psi \vdash \iota v \psi = v \qquad \text{(EK)}$$

$$\overset{1}{\exists} v \phi,\ \overset{1}{\exists} v \psi,\ \phi,\ \psi \vdash \iota v \phi = \iota v \psi \qquad \text{(Ers)}$$

(*) $$\forall v(\phi \longleftrightarrow \psi) \vdash \phi \longleftrightarrow \psi \qquad (\text{A}, \forall\text{B})$$

$$\ldots,\ \overset{1}{\exists} v \phi,\ \phi \vdash \iota v \phi = \iota v \psi. \qquad \text{(Ers)}$$

Und zwar wurde mit (*) in der zweiten und vierten Annahme ψ durch ϕ ersetzt. Die Punkte deuten die Annahme der Zeile (*) an.

$$\ldots,\ \overset{1}{\exists} v \phi,\ \exists v \phi \vdash \iota v \phi = \iota v \psi \qquad \text{(BB)}$$

$$\overset{1}{\exists} v \phi \vdash \exists v \phi \qquad (\S\ 14;2)$$

$$\ldots,\ \overset{1}{\exists} v \phi \vdash \iota v \phi = \iota v \psi. \ \blacksquare \qquad \text{(S)}$$

2. Fall:

$$\neg \overset{1}{\exists} v \phi \vdash \iota v \phi = \perp \qquad \text{(UK)}$$

$$\neg \overset{1}{\exists} v \psi \vdash \iota v \psi = \perp \qquad \text{(UK)}$$

$$\neg \overset{1}{\exists} v \phi,\ \neg \overset{1}{\exists} v \psi \vdash \iota v \phi = \iota v \psi \qquad \text{(Ers)}$$

(*) $$\forall v(\phi \longleftrightarrow \psi) \vdash \phi \longleftrightarrow \psi \qquad (\text{A}, \forall\text{B})$$

$$\ldots,\ \neg \overset{1}{\exists} v \phi \vdash \iota v \phi = \iota v \psi. \ \blacksquare \qquad \text{(Ers)}$$

Es wurde wieder mit (*) in der zweiten Annahme ψ durch ϕ ersetzt.

Wir haben mit diesem Satz das Ersetzungstheorem ausgedehnt und können jetzt auch Ersetzungen im Innern von Jotatermen vornehmen.

Von den Kennzeichnungstermen erwartet man natürlich, daß sie auch wirklich die kennzeichnende Bedingung erfüllen. Allgemein drückt das der nächste Satz aus:

(6) **Satz:** $\overset{1}{\exists} v\, \phi(v) \vdash \phi(\iota v\, \phi)$.

Man beachte, daß wir $\phi(\iota v\, \phi)$ natürlich nur für *eigentliche* Kennzeichnungen beweisen können. Es besteht kein Grund, $\phi(\perp)$ zu erwarten.

Beweis:

$$\overset{1}{\exists} v\, \phi(v), \phi(v) \vdash \iota v\, \phi(v) = v \qquad \textbf{(EK)}$$

$$\phi(v) \vdash \phi(v) \qquad \textbf{(A)}$$

$$\overset{1}{\exists} v\, \phi(v), \phi(v) \vdash \phi(\iota v\, \phi(v)) \qquad \textbf{(Ers)}$$

(Die Substitution ist eine spezielle freie Ersetzung)

$$\overset{1}{\exists} v\, \phi(v), \exists v\, \phi(v) \vdash \phi(\iota v\, \phi(v)) \qquad \textbf{(BB)}$$

(Beachte, daß v nicht frei in der Behauptung ist.)

$$\overset{1}{\exists} v\, \phi(v) \vdash \exists v\, \phi(v) \qquad (\S\, 15;2)$$

$$\overset{1}{\exists} v\, \phi(v) \vdash \phi(\iota v\, \phi(v))\,. \blacksquare \qquad \textbf{(S)}$$

Aufgaben:

1. Man zeige:

$$X \in \mathcal{V}^s,\ \overset{1}{\exists} v^s \phi(v^s) \vdash \phi(X) \rightarrow X = \iota v^s \phi(v^s).$$

2. Man zeige:

$$\vdash (\iota u \in \mathcal{V}^s)\, \phi(u) = \iota v^s \phi(v^s).$$

§ 17. Regeln und Sätze über Paare

Für geordnete Paare haben wir zwei Grundregeln. Die erste sagt aus, daß Paare ihre Koordinaten eindeutig bestimmen, die zweite, daß das Paar von Individuen wieder ein Individuum ist:

(1) **OP**

$$\frac{\bullet}{\langle X, Y\rangle = \langle X', Y'\rangle \vdash X = X' \wedge Y = Y'}$$

(2) **PI**

$$\frac{\bullet}{\vdash \langle v_0, v_1\rangle \in \mathcal{V}}$$

Nach dem, was wir über Paare voraussetzen, sind diese Regeln korrekt.

Wenn wir (1) und (§ 12; 10b) zusammen nehmen, so erhalten wir den

(3) **Satz über die geordneten Paare:**

$$\vdash \langle X, Y\rangle = \langle X', Y'\rangle \longleftrightarrow X = X' \wedge Y = Y'.$$

Eine Verallgemeinerung hiervon ist der

(4) **Satz über die n-Tupel:**

$$\vdash \langle X_1, \ldots, X_n\rangle = \langle X'_1, \ldots, X'_n\rangle \longleftrightarrow X_1 = X'_1 \wedge \ldots \wedge X_n = X'_n.$$

Beweis durch vollständige Induktion über n (in der Metasprache).

Für $n = 1$ steht auf beiden Seiten des Doppelpfeiles dasselbe, die Formel ist dann tautologisch und somit ableitbar.

Sei der Satz für n-Tupel bewiesen (Ind. Vor.), dann führen wir für $n+1$-Tupel eine äquivalente Umformung durch.

$$\langle X_1, \ldots, X_{n+1}\rangle = \langle X'_1, \ldots, X'_{n+1}\rangle$$

$$\longleftrightarrow \langle X_1, \ldots, X_n\rangle = \langle X'_1, \ldots, X'_n\rangle \wedge X_{n+1} = X'_{n+1} \qquad \textbf{(OP)}$$

$$\longleftrightarrow X_1 = X'_1 \wedge \ldots \wedge X_n = X'_n \wedge X_{n+1} = X'_{n+1}. \qquad \textbf{(Ers } \textit{mit Ind. Vor.}\textbf{)}$$

Aus dem Axiom über die Paare von Individuen erhalten wir

(5) **Satz:** $\vdash \langle v_1, \ldots, v_n\rangle \in \mathcal{V}$.

Beweis durch vollständige Induktion über n.

Für $n = 1$ *liefert das Sortenaxiom*

$$\vdash \langle v_1\rangle \in \mathcal{V}$$

Sei $\vdash \langle v_1, \ldots, v_n\rangle \in \mathcal{V}$ *(Ind. Vor.)*

Ferner $\vdash \langle v_0, v_{n+1} \rangle \in \mathcal{U}$ **(Sub** *aus* **PI)**

$\langle v_1, \ldots, v_n \rangle \in \mathcal{U} \vdash \langle v_1, \ldots, v_{n+1} \rangle \in \mathcal{U}$ **(Sub)**

$\vdash \langle v_1, \ldots, v_{n+1} \rangle \in \mathcal{U}$. ∎ **(S)**

Durch Substitution erhalten wir aus Satz (5):

(6) **Satz:** $X_1, \ldots, X_n \in \mathcal{U} \vdash \langle X_1, \ldots, X_n \rangle \in \mathcal{U}$.

In Worten: Tupel von Individuen sind wieder Individuen, $\mathcal{U}$ ist gegen Paarbildung und Tupelbildung abgeschlossen.

Im allgemeinen besteht aber kein Grund, anzunehmen, daß auch die speziellen Bereiche gegen Paarbildung abgeschlossen sind. In den meisten Anwendungsfällen werden sie es n i c h t sein, ein Paar von Zahlen ist i.a. keine Zahl, ein Paar von Geraden keine Gerade usw. Aber in $\mathcal{U}$ liegen alle diese Paare.

Wir haben jeweils in der Metasprache die logischen Begriffe, die wir in die formalen Sprachen einführen, bereits inhaltlich vorausgesetzt. Es sollte aber darauf hingewiesen werden, daß der Begriff des geordneten Paares keineswegs in derselben Weise intuitiv festliegt, wie es bei Junktoren, Quantoren oder eigentlichen Kennzeichnungen der Fall ist. Einigkeit besteht nur über einige Eigenschaften, die ein vernünftiger Paarbegriff haben muß: So sollen Paare ihre Koordinaten eindeutig bestimmen, ferner sollen Paare von Individuen wieder Individuen sein, kurz: es sollen die Axiome **OP**, **PI** gelten.

Es gibt mehrere Möglichkeiten, einen Paarbegriff einzuführen, der in diesem Sinne vernünftig ist. Wenn wir bisher sagten, daß wir den Begriff des geordneten Paares als logischen Grundbegriff voraussetzen, so sollte man also eigentlich genauer sagen, daß wir annehmen, daß eine vernünftige Paardefinition gegeben sei.

Eine in der Mengenlehre häufig verwendete Paardefinition stammt von Kuratowski. Dabei wird $\langle X, Y \rangle$ mit $\{\{X\}, \{X, Y\}\}$ gleichgesetzt. Das ist in der Mengenlehre vernünftig, da man dort Axiome hat die fordern, daß $\{X\}, \{X, Y\}$ auch zum Individuenbereich gehören. Wir wollen solche Axiome nicht beim Aufbau der Logik fordern, deshalb haben wir es vorgezogen, den Begriff des geordneten Paares als eigenen Grundbegriff zu behandeln.

Es sei noch darauf hingewiesen, daß es auf jeder unendlichen Menge M eine zweistellige eineindeutige Funktion von M in M gibt, die also als vernünftiger Paarbegriff auf M brauchbar ist. (Es braucht somit $M \times M$ nicht notwendig „mehr" als M zu sein.)

Als Beispiel geben wir eine Paarfunktion J auf der Menge $\mathbb{N}$ der natürlichen Zahlen an:

Sei $J(m, n) = 1/2 \cdot (m+n)(m+n+1) + m$ Dann gilt,

wenn $J(m, n) = J(m', n')$, so $m = m'$ und $n = n'$,

und: $J(m, n) \in \mathbb{N}$.

Wir wollen das nicht beweisen, sondern nur den Anfang einer Wertetabelle geben.

m \ n	0	1	2	3	4	5	6	7
0	0	1	3	6	10	15	21	28
1	2	4	7	11	16	22	29	
2	5	8	12	17	23	30		
3	9	13	18	24	31			
4	14	19	25	32				
5	20	26	33					
6	27	34						
7	35							

Aufgaben:

1. $w_1, \ldots, w_n$ seien paarweise verschiedene Variablen der Sorten $s_1, \ldots, s_n$, $w'_1, \ldots, w'_n$ seien ebenfalls paarweise verschiedene Variablen der Sorten $s_1, \ldots, s_n$.

   Man zeige:

   (a) $$\vdash \phi(w'_1, \ldots, w'_n) \longleftrightarrow \exists w_1 \ldots w_n (\langle w_1, \ldots, w_n \rangle = \langle w'_1, \ldots, w'_n \rangle \wedge \phi(w_1, \ldots, w_n)).$$

   (b) $$X_1 \in \mathcal{U}^{s_1}, \ldots, X_n \in \mathcal{U}^{s_n} \vdash \phi(X_1, \ldots, X_n) \longleftrightarrow \exists w_1 \ldots w_n (\langle w_1, \ldots, w_n \rangle = \langle X_1, \ldots, X_n \rangle \wedge \phi(w_1, \ldots, w_n)).$$

2. Man zeige, daß für jede natürliche Zahl n:

   $$\vdash \overset{1}{\exists}\, v_0\; v_0 = v_0 \vee \overset{>n+1}{\exists}\, v_0 \quad v_0 = v_0 .$$

   Man verbalisiere das Ergebnis.

§ 18. Regeln und Sätze über Klassen

Wir erinnern zunächst an die Definition der Klassen

(1) **Def.:** $Cls(X) \longleftrightarrow_{\mathrm{Df}} X = \{u \mid u \in X\}$.

Dabei sei u die erste universelle Variable, die in X nicht frei vorkommt. Wir werden in (4) den Umbenennungssatz für Abstraktionsterme beweisen. Daraus ergibt sich, daß es auf die spezielle Wahl von u nicht ankommt.

Unser erstes Klassenaxiom besagt, daß nur Klassen Elemente haben können.

(2) **EL**

$$\frac{\cdot}{X \in Y \vdash Cls(Y)}$$

Das zweite Axiom über Klassen lautet:

(3) **Cl**

$$\frac{\cdot}{\vdash X = \{w^s \mid \phi\} \longleftrightarrow Cls(X) \land \forall u(u \in X \longrightarrow u \in \mathcal{V}^s) \land \forall w^s(w^s \in X \longleftrightarrow \phi).}$$

Dabei seien u und w^s nicht frei in X.

Dieses Axiom legt fest, wann X gleich $\{w^s \mid \phi\}$ ist, und zwar werden folgende Bedingungen gestellt:

1) *X ist eine Klasse; d. h., X ist die Zusammenfassung seiner Elemente.*

2) *X enthält nur Individuen der Sorte s.*

3) *X enthält genau die Individuen der Sorte s, die die Formel ϕ erfüllen.*

Die beiden Klassenaxiome geben in der formalen Sprache wieder, welche Eigenschaften Klassen in der Metasprache haben, und sind daher korrekt.

Wir beweisen jetzt den Umbenennungssatz für Abstraktionsterme.

(4) **Satz:** $\vdash \{v^s \mid \phi(v^s)\} = \{w^s \mid \phi(w^s)\}$.

Beweis:

$$1 \quad \vdash \{v^s \mid \phi(v^s)\} = \{v^s \mid \phi(v^s)\} \longleftrightarrow Cls(\{v^s \mid \phi(v^s)\} \land \forall u\,(u \in \{v^s \mid \phi(v^s)\} \longrightarrow u \in \mho^s) \land \forall v^s(v^s \in \{v^s \mid \phi(v^s)\} \longleftrightarrow \phi(v^s)) \qquad \text{(Cl)}$$

$$2 \quad \vdash \{v^s \mid \phi(v^s)\} = \{v^s \mid \phi(v^s)\} \qquad \text{(Id)}$$

$$3 \quad \vdash Cls(\{v^s \mid \phi(v^s)\}) \qquad \text{(Taut § 8;65, 62)}$$

$$4 \quad \vdash \forall u\,(u \in \{v^s \mid \phi(v^s)\} \longrightarrow u \in \mho^s \qquad \text{(Taut § 8;65, 62)}$$

$$5 \quad \vdash \forall v^s\,(v^s \in \{v^s \mid \phi(v^s)\} \longleftrightarrow \phi(v^s)) \qquad \text{(Taut § 8;65, 62)}$$

$$6 \quad \vdash \forall w^s(w^s \in \{v^s \mid \phi(v^s)\} \longleftrightarrow \phi(w^s)). \qquad \text{(§ 11; 29a)}$$

In den Zeilen 3, 4, 6 haben wir genau die Bedingungen zusammengestellt, die notwendig sind, um mit der Regel **(Cl)** zeigen zu können, daß $\{v^s \mid \phi(v^s)\} = \{w^s \mid \phi(w^s)\}$ gilt. Also:

$$7 \quad \vdash \{v^s \mid \phi(v^s)\} = \{w^s \mid \phi(w^s)\}. \qquad \text{(Cl; 3, 4, 6)}$$

Dem Beweis entnehmen wir weitere Sätze.
Zeile 3 liefert:

(5) **Satz:** $\vdash Cls(\{v^s \mid \phi\})$.

Alle Abstraktionsterme sind also Klassenterme.
Zeile 4 liefert:

(6) **Satz:** $\vdash \forall u\,(u \in \{v^s \mid \phi\} \longrightarrow u \in \mho^s)$.

Wenn wir (5) und (6) zusammenfassen, so erhalten wir unter der Benutzung der Inklusionsschreibweise (§ 5a; 7):

(7) **Satz:** $\vdash \{v^s \mid \phi\} \subseteq \mho^s$.

Alle mit einer Variablen der Sorte s gebildeten Abstraktionsterme bezeichnen also Teilklassen von $\mho^s$.
Zeile 5 liefert:

(8) **Abstraktionsprinzip:** $\vdash v^s \in \{v^s \mid \phi\} \longleftrightarrow \phi$.

Durch Substitution erhalten wir daraus:

(8′) **Abstraktionsprinzip:**

$$X \in \mho^s \vdash X \in \{v^s \mid \phi(v^s)\} \longleftrightarrow \phi(X).$$

Das Abstraktionsprinzip drückt aus, daß $\{v^s \mid \phi(v^s)\}$ genau diejenigen Individuen der Sorte s enthält, die die Bedingung ϕ erfüllen. Wir zitieren das Abstraktionsprinzip in Beweisen durch **Abstr.**

Um auch in Abstraktionstermen Ersetzungen vornehmen zu können, müssen wir zeigen, daß von äquivalenten Bedingungen gleiche Klassen abstrahiert werden.

(9) **Satz:** $\forall v\,(\phi \longleftrightarrow \psi) \vdash \{v \mid \phi\} = \{v \mid \psi\}$.

Beweis: Es sei s die Sorte von v.

1	$\vdash Cls(\{v \mid \phi\})$	(Satz 5)
2	$\vdash \forall u\,(u \in \{v \mid \phi\} \longrightarrow u \in \mathcal{V}^s)$	(Satz 6)
3	$\vdash \forall v\,(v \in \{v \mid \phi\} \longleftrightarrow \phi)$	(Abstr)
4	$\forall v\,(\phi \longleftrightarrow \psi) \vdash \phi \longleftrightarrow \psi$	(A, ∀B)
5	$\forall v\,(\phi \longleftrightarrow \psi) \vdash \forall v\,(v \in \{v \mid \phi\} \longleftrightarrow \psi)$ Man beachte, daß diese Ersetzung nicht innerhalb eines Abstraktionstermes stattfindet.	(Ers)
6	$\forall v\,(\phi \longleftrightarrow \psi) \vdash \{v \mid \phi\} = \{v \mid \psi\}$. ▮	(Cl; 1, 2, 5)

Damit ist der Ersetzungssatz (§ 13; 2) vollständig bewiesen.

(9) läßt sich allgemeiner als Extensionalitätssatz aussprechen. Dieser Satz besagt, daß Klassen durch ihre Elemente bestimmt sind. Zwei Klassen sind gleich, wenn sie dieselben Elemente haben.

(10) **Extensionalitätssatz:**

u sei nicht frei in X, Y. Dann:

$Cls(X),\ Cls(Y),\ \forall u\,(u \in X \longleftrightarrow u \in Y) \vdash X = Y.$

Beweis:

$Cls(X)$	$\vdash X = \{u \mid u \in X\}$	(A)
$Cls(X)$	$\vdash Y = \{u \mid u \in Y\}$	(A)
$\forall u\,(u \in X \longleftrightarrow u \in Y)$	$\vdash \{u \mid u \in X\} = \{u \mid u \in Y\}$	(Satz 9)
$Cls(X),\ Cls(Y),\ \forall u\,(u \in X \longleftrightarrow u \in Y)$	$\vdash X = Y$. ▮	(Ers)

Wir zitieren den Extensionalitätssatz in Beweisen durch **Ext.** Man kann den Satz noch in anderer Form aufschreiben.

(10′) **Extensionalitätssatz:**

$X \subseteq Y \subseteq X \vdash X = Y.$

Beweis: u sei nicht frei in X, Y.

1	$X \subseteq Y \vdash Cls(X) \wedge \forall u\,(u \in X \longrightarrow u \in Y)$	**(A)**
2	$Y \subseteq X \vdash Cls(Y) \wedge \forall u\,(u \in Y \longrightarrow u \in X)$	**(A)**
3	$X \subseteq Y \vdash u \in X \longrightarrow u \in Y$	**(Kon; ∀B)**
4	$Y \subseteq Y \vdash u \in Y \longrightarrow u \in X$	**(Kon; ∀B)**
5	$X \subseteq Y \subseteq X \vdash u \in X \longleftrightarrow u \in Y$	**(Taut § 8; 33, AV)**
6	$X \subseteq Y \subseteq X \vdash \forall u\,(u \in X \longleftrightarrow u \in Y)$	**(∀E)**
7	$X \subseteq Y \subseteq X \vdash Cls(X) \wedge Cls(Y)$	**(Kon; 1, 2)**
8	$X \subseteq Y \subseteq X \vdash X = Y.$ ∎	**(S *mit* Ext)**

Wenn X Teilklasse von $\mathcal{V}^s$ ist, so ist Y eine Oberklasse von X genau dann, wenn Y alle Individuen der Sorte s, die in X liegen, enthält. Wir formulieren daher:

(11) **Inklusionssatz der Sorte** $s\ (s \in S^*)$:

v^s sei nicht frei in X, Y. Dann:

$X \subseteq \mathcal{V}^s \vdash \forall v^s\,(v^s \in X \longrightarrow v^s \in Y) \longleftrightarrow X \subseteq Y.$

Beweis: u sei nicht frei in X, Y.

$\longrightarrow$:

1	$X \subseteq \mathcal{V}^s$	$\vdash Cls(X)$	**(Taut § 8; 62)**
2	$X \subseteq \mathcal{V}^s$	$\vdash u \in X \rightarrow u \in \mathcal{V}^s$	**(Taut § 8; 63, ∀B**
3	$X \subseteq \mathcal{V}^s, u \notin \mathcal{V}^s$	$\vdash u \notin X$	**(AE, KP)**
4	$X \subseteq \mathcal{V}^s, u \notin \mathcal{V}^s$	$\vdash u \in X \rightarrow u \in Y$	**(Taut § 8; 84)**
5	$\forall v^s\,(v^s \in X \longrightarrow v^s \in Y)$	$\vdash v^s \in X \rightarrow v^s \in Y$	**(A, ∀B)**
6	$\forall v^s(v^s \in X \rightarrow v^s \in Y), u \in \mathcal{V}^s$	$\vdash u \in X \rightarrow u \in Y$	**(Sub)**
7	(1), (5)	$\vdash u \in X \rightarrow u \in Y$	**(TND; 4, 6)**
8	(1), (5)	$\vdash \forall u\,(u \in X \rightarrow u \in Y)$	**(∀E)**
9	(1), (5)	$\vdash X \subseteq Y.$ ∎	**(Kon; 1, 8)**

$\longleftarrow$:

1	$X \subseteq Y \vdash u \in X \rightarrow u \in Y$	(**Taut** § 8;63, **∀B**)
2	$X \subseteq Y, v^s \in \mathcal{V} \vdash v^s \in X \rightarrow v^s \in Y$	(**Sub**)
3	$\vdash v^s \in \mathcal{V}$	(§ 11;37)
4	$X \subseteq Y \vdash \forall v^s (v^s \in X \rightarrow v^s \in Y)$	(**S, ∀E**)
5	$X \subseteq \mathcal{V}^s, X \subseteq Y \vdash \forall v^s (v^s \in X \rightarrow v^s \in Y)$. ▮	(**V**)

Mit einer analogen Überlegung gewinnen wir einen Extensionalitätssatz für Teilklassen von $\mathcal{V}^s$:

(12) **Extensionalitätssatz der Sorte** *s*: $(s \in S^*)$

v^s sei nicht frei in X, Y. Dann:

$$X \subseteq \mathcal{V}^s, Y \subseteq \mathcal{V}^s \vdash \forall v^s (v^s \in X \longleftrightarrow v^s \in Y) \longleftrightarrow X = Y.$$

Beweis:

$\longrightarrow$:

$\forall v^s (v^s \in X \longleftrightarrow v^s \in Y) \vdash v^s \in X \longleftrightarrow v^s \in Y$	(**A, ∀B**)
$\ldots \vdash \forall v^s (v^s \in X \longrightarrow v^s \in Y)$	(**Taut** § 8;33, 62, **∀E**)
$\ldots \vdash \forall v^s (v^s \in Y \longrightarrow v^s \in X)$	(**Taut** § 8;33, 63, **∀E**)
$\ldots, X \subseteq \mathcal{V}^s \vdash X \subseteq Y$	(**S** *mit* **Satz** 11)
$\ldots, Y \subseteq \mathcal{V}^s \vdash Y \subseteq X$	(**S** *mit* **Satz** 11)
$\ldots, X \subseteq \mathcal{V}^s, Y \subseteq \mathcal{V}^s \vdash X = Y$. ▮	(**S** *mit* **Satz** 10′)

$\longleftarrow$:

$X = Y \vdash v^s \in X \longleftrightarrow v^s \in Y$	(**Ers**)
$X = Y, X \subseteq \mathcal{V}^s, Y \subseteq \mathcal{V}^s \vdash \forall v^s (v^s \in X \longleftrightarrow v^s \in Y)$. ▮	(**∀E, V**)

Wir haben bis jetzt noch gar nicht unser erstes Klassenaxiom benutzt. Wir brauchen es, um die folgende Charakterisierung der Klassen zu zeigen.

(13) **Satz:** *u sei eine in X nicht frei vorkommende Variable. Dann:*

$$\vdash Cls(X) \longleftrightarrow X = \emptyset \lor \exists u\, u \in X.$$

Beweis:

1	$Cls(X), Cls(\emptyset), \forall u\,(u \in X \longleftrightarrow u \in \emptyset) \vdash X = \emptyset$	**(Ext)**
2	$\vdash Cls(\emptyset)$	**(Satz 5)**
3	$Cls(X) \vdash X = \emptyset \vee \neg \forall u\,(u \in X \longleftrightarrow u \in \emptyset)$	**(S, Neg)**
4	$Cls(X) \vdash X = \emptyset \vee \exists u \neg (u \in X \longleftrightarrow u \in \emptyset)$	**(Ers)**
5	$\vdash u = u$	**(Id)**
6	$\vdash u \in \emptyset \longleftrightarrow u \neq u$	**(Abstr, Sub)**
7	$\vdash u \notin \emptyset$	**(Taut** § 8;68**)**
8	$\vdash \neg (u \in X \longleftrightarrow u \in \emptyset) \longleftrightarrow u \in X$	**(Taut** § 8;101**)**
9	$Cls(X) \vdash X = \emptyset \vee \exists u\, u \in X.$ ▮	**(Ers, 4, 8)**

$\longleftarrow$: (durch Fallunterscheidung $X = \emptyset \vee \exists u\, u \in X$)

1. Fall:

$\vdash Cls(\emptyset)$	**(Satz 4)**
$X = \emptyset \vdash X = \emptyset$	**(A)**
$X = \emptyset \vdash Cls(X).$ ▮	**(Ers)**

2. Fall:

$u \in X \vdash Cls(X)$	**(El)**
$\exists u\, u \in X \vdash Cls(X).$ ▮	**(BB)**

Man beachte, daß im Klassenbildungsoperator vor dem Abstraktionsstrich *nur eine Variable* stehen darf. Nichtsdestoweniger wird statt der Operatorvariablen auch oft ein zusammengesetzter Term genommen. Z. B. gibt man die Menge der Quadratzahlen so an:

$$\{x^2 \mid x \in \mathbb{N}\}.$$

Für die sog. Komplexaddition $A + B$ zweier Mengen A, B einer algebraischen Struktur schreibt man

$$\{x + y \mid x \in A \wedge y \in B\}.$$

Bei dieser Schreibweise können jedoch Zweifel auftauchen, welches die Variablen sind, „über die" die Klassenbildung zu erstrecken ist.

So kann bei dem Ausdruck

$$\{n^2 + m^3 \mid n \leqslant m\}$$

unklar sein, ob m „fest" ist (dann würde eine endliche Zahlenmenge bezeichnet) oder ob die Mengenbildung auch über m zu erstrecken ist (dann würde der Ausdruck eine unendliche Menge von Zahlen benennen). Oft ergibt sich aus der Abkürzung, die man für einen Ausdruck einführt (z. B. A_m oder A), welche Variablen Parameter sein sollen und welche „Abstraktionsvariablen" sind.

Wir wollen jetzt einen *allgemeinen Klassenbildungsoperator* definieren. In der systematischen Schreibweise sind dabei die *Abstraktionsvariablen* anzugeben.

(14) **Def.**: *$w_1, \ldots, w_n$ seien verschiedene Variablen, u sei universelle von $w_1, \ldots, w_n$ verschiedene Variable, die nicht frei in X, ϕ ist. Dann sei:*

$$\{X \mid_{w_1, \ldots, w_n} \phi\} =_{\mathrm{Df}} \{u \mid \exists w_1 \ldots w_n (u = X \wedge \phi)\}.$$

Die Abstraktionsvariablen $w_1, \ldots, w_n$ werden in der Praxis gewöhnlich nicht notiert, sondern müssen erraten werden (siehe die Beispiele oben). In vollständiger Schreibweise lauten diese Beispiele:

$$\{x^2 \mid_x x \in \mathbb{N}\} = \{u \mid \exists x (u = x^2 \wedge x \in \mathbb{N})\},$$

$$\{x + y \mid_{x,y} x \in A \wedge y \in B\} = \{u \mid \exists xy (u = x + y \wedge x \in A \wedge y \in B)\},$$

$$\{n^2 + m^3 \mid_n n \leqslant m\} = \{u \mid \exists n (u = n^2 + m^3 \wedge n \leqslant m)\},$$

$$\{n^2 + m^3 \mid_{n,m} n \leqslant m\} = \{u \mid \exists nm (u = n^2 + m^3 \wedge n \leqslant m)\}.$$

Man mache sich auch inhaltlich klar, daß die rechte Seite jeweils das trifft, was man mit der Abkürzung auf der linken Seite bezeichnen möchte.

Eine gegenüber (14) noch stärker verkürzte Schreibweise wird durch Einführung einer weiteren Relativierung erreicht.

(15) **Def.**: *$w_1, \ldots, w_n$ seien verschiedene Variablen. Dann sei:*

$$\{X \in Y \mid_{w_1 \ldots w_n} \phi\} =_{\mathrm{Df}} \{X \mid_{w_1, \ldots, w_n} (X \in Y \wedge \phi)\}.$$

Beispiel: $\{x \in \mathbb{Z} \mid x^3 + 2x^2 = 3x + 6\}$ bezeichnet die Menge der ganzen (rationalen) Lösungen der auftretenden Gleichung.

Wir haben in diesem Kapitel die wichtigsten logischen Sätze kennengelernt. In den folgenden Kapiteln werden wir die mehr mengentheoretischen Begriffe einführen und untersuchen.

Wir wollen aber zuvor noch erörtern, ob Klassen auch Elemente sein können. Ferner wollen wir einen Paragraphen mit Beispielen bringen.

Aufgaben:

1. Man zeige (u nicht frei in X):

$$\vdash \neg\, Cls(X) \longrightarrow \{u \mid u \in X\} = \emptyset\,.$$

2. Man zeige (u nicht frei in X, Y):

$$\exists u\, u \in X,\ \forall u\,(u \in X \longleftrightarrow u \in Y) \vdash X = Y.$$

3. Man zeige:

(a) $\vdash X \in \{v^s \mid \phi(v^s)\} \longleftrightarrow X \in \mathcal{V}^s \wedge \phi(X)$,

(b) $\vdash \{u \in \mathcal{V}^s \mid \phi(u)\} = \{v^s \mid \phi(v^s)\}$.

§ 19. Klassen als Individuen?

Der Mengenlehre liegt zweifellos die Absicht zugrunde, mit Klassen, Relationen und Funktionen in derselben Weise zu hantieren wie mit Zahlen, Punkten oder anderen mathematischen Objekten, d. h., man möchte auch Klassen als Individuen betrachten.

Bisher sind wir auf die Frage, welche Klassen auch Individuen sind, gar nicht eingegangen. Immerhin sind Formeln syntaktisch erlaubt, die aussagen, daß gewisse Klassen Individuen sind (z. B. $+ \in \mathcal{V}$).

Man wird sich vielleicht fragen, warum wir nicht fordern, daß *alle* Klassen auch Individuen sind. Die einfache Antwort ist, daß das gar nicht der Fall ist. Und zwar kann man leicht eine Klasse angeben, die *kein* Individuum ist.

Wir definieren die *Russellsche Klasse* **Ru**:

(1) **Def.:** $\mathbf{Ru} =_{\mathrm{Df}} \{v_0 \mid v_0 \notin v_0\}$.

Es folgt sofort:

(2) **Satz:** $\vdash \mathbf{Ru} \notin \mathcal{V}$.

Beweis (indirekt):

1	$\vdash v_0 \in \mathbf{Ru} \longleftrightarrow v_0 \notin v_0$	**(Abstr)**
2	$\mathbf{Ru} \in \mathcal{V} \vdash \mathbf{Ru} \in \mathbf{Ru} \longleftrightarrow \mathbf{Ru} \notin \mathbf{Ru}$	**(Sub)**

Das ist ein Widerspruch zur Annahme. ▮

Ein Gebilde wird als *real* bezeichnet, wenn es ein Individuum ist, andernfalls als *virtuell*. Die Russellsche Klasse **Ru** ist also virtuell.

Wir können daraus folgendes lernen. Man kann nicht von allen Klassen verlangen, daß sie Individuen sind. Es gibt stets auch virtuelle Klassen. Natürlich könnte man den Individuenbereich vergrößern und alle virtuellen Gebilde zu Individuen (neuer Art) machen. Die alten Individuen würden dann so etwas wie eine spezielle Sorte in dem neuen größeren Bereich bilden.

Aber natürlich würde es *auf* dem größeren Bereich wieder eine neue Russellsche Klasse geben, die nicht *in* diesem Bereich liegt.

Wenn also nicht alle Klassen Individuen sein können, so erhebt sich die Frage, welche Klassen denn Individuen sein können. Eine Antwort darauf wird von der axiomatischen Mengenlehre gegeben. Gewisse Klassen werden als *Mengen* bezeichnet, und jedenfalls die Mengen sind real. Die Klassen aller Mengen werde mit

$$\mathbb{M}$$

bezeichnet. Natürlich kann man eine besondere Variablensorte einführen, nämlich Mengenvariablen. Wir werden das in Kapitel IV tun.

In der axiomatischen Mengenlehre stellt man Axiome auf, die aussagen, welche Klassen Mengen sind. Ein erstes solches Axiom ist z. B. das Nullmengenaxiom, das fordert, daß die leere Klasse eine Menge ist.

(3) **Nullmengenaxiom**: $\emptyset \in \mathbb{M}$.

Das folgende Axiomenschema fordert, daß alle nicht leeren endlichen Klassen Mengen sind:

(4) **Axiomenschema der endlichen Mengen:**

$$\forall v_0 \ldots v_n \; \{v_0, \ldots, v_n\} \in \mathbb{M}.$$

Dabei ist die aufzählende Schreibweise $\{-, \ldots, -\}$ für Klassen benutzt worden (s. auch Kap. III).

Mit (3), (4) würde man erreichen, daß alle endlichen Klassen Mengen sind. Doch ist das für die Zwecke der Mathematik zu wenig. Man möchte auch, daß alle Klassen von Zahlen Mengen sind. Das könnte man so formulieren:

(5) **Axiomenschema der Zahlenmengen:**

$$X \subseteq \mathbb{C} \rightarrow X \in \mathbb{M}.$$

Außerdem möchte man, daß gewisse Relationen und Funktionen auf Mengen wieder Mengen sind usw.

Es sei aber noch einmal darauf hingewiesen, daß man nicht von jeder Klasse verlangen kann, daß sie Menge ist, z. B. nicht von **Ru.**

Wir wollen an dieser Stelle nicht die axiomatische Mengenlehre entwickeln. Wir werden in Kapitel IV darauf eingehen. Zunächst kommen wir noch ohne die Axiome aus.

Man wird sich vielleicht fragen, ob die mengentheoretischen Axiome nicht auch Unmögliches verlangen, d. h. ebenso widerspruchsvoll sind wie das „Axiom“: $\{v \mid \phi\} \in \mathcal{V}$. Zwar kann man keinen konstruktiven Widerspruchsfreiheitsbeweis für die axiomatische Mengenlehre geben. Doch kann man immerhin feststellen, daß der Mengenbegriff (im Sinne der axiomatischen Mengenlehre von Zermelo und Fraenkel) noch niemals zu Widersprüchen geführt hat.

Man kann sich ferner fragen, ob nicht auch schon in unserem bisherigen System Widersprüche stecken. Das ist aber *nachweisbar nicht* der Fall. Wir können unser System als widerspruchsfrei erkennen, indem wir ein einfaches Modell angeben.

Und zwar nehmen wir die einsortige Sprache ohne nichtlogische Konstanten und dafür Interpretationen $\mathfrak{I}$, deren Individuenbereich $I_{\mathfrak{I}}$ nur ein einziges Individuum enthält, das auch gleich dem einzigen auftretenden Paar von Individuen ist.

Sei $a =_{\mathrm{Df}} \iota v_0 \; v_0 \in \mathcal{V}$. Dann ist also $a^{\mathfrak{I}}$ dieses einzige Individuum der Interpretation $\mathfrak{I}$.

In den Interpretationen $\mathfrak{I}$ gilt also

$$\forall v_0 v_1 \; v_0 = v_1, \quad a = \langle a, a \rangle, \; \mathcal{V} = \{ a \}.$$

Es gibt nur zwei Klassen, nämlich:

$$\emptyset^{\mathfrak{I}} \text{und } \mathcal{V}^{\mathfrak{I}}.$$

Daneben gibt es in den Interpretationen $\mathfrak{I}$ noch unendlich viele Gebilde, die man, ausgehend von

$$a^{\mathfrak{J}}, \emptyset^{\mathfrak{J}}, \mathcal{V}^{\mathfrak{J}},$$

durch iterierte Paarbildung erhält. Diese sind bis auf das Paar $\langle a, a\rangle^{\mathfrak{J}}$ alle virtuell und interessieren nicht weiter.

Die Klassen $\emptyset^{\mathfrak{J}}$, $\mathcal{V}^{\mathfrak{J}}$, die verschieden sind, können natürlich nicht beide real sein. Es bleiben drei Möglichkeiten, beide sind virtuell (1. Fall) $\emptyset^{\mathfrak{J}}$ ist real und $\mathcal{V}^{\mathfrak{J}}$ virtuell (2. Fall), $\emptyset^{\mathfrak{J}}$ ist virtuell und $\mathcal{V}^{\mathfrak{J}}$ real (3. Fall).

1. Fall: Es gilt: $a \neq \emptyset$, $a \neq \mathcal{V}$.
Dann gilt insbesondere $a \notin a$, und $\emptyset^{\mathfrak{J}}$ und $\mathcal{V}^{\mathfrak{J}}$ sind beide virtuell, $a^{\mathfrak{J}}$ ist keine Klasse, sondern ein sogen. *Urelement*.
Es gilt: $\emptyset \notin \mathcal{V}$, $\mathcal{V} \notin \mathcal{V}$. Ferner gilt: $\mathbf{Ru} = \mathcal{V}$.

2. Fall: Es gilt: $a = \emptyset$, $a \neq \mathcal{V}$.
Dann gilt auch $a \notin a$. In diesem Fall ist $\emptyset^{\mathfrak{J}}$ real und $\mathcal{V}^{\mathfrak{J}}$ virtuell. Es gilt: $\emptyset \in \mathcal{V}$, $\mathcal{V} \notin \mathcal{V}$. Ferner gilt $\mathbf{Ru} = \mathcal{V}$.

3. Fall: Es gilt: $a \neq \emptyset$, $a = \mathcal{V}$.
Dann gilt $a \in a$. In diesem Fall ist $\emptyset^{\mathfrak{J}}$ virtuell und $\mathcal{V}^{\mathfrak{J}}$ real.
Es gilt: $\emptyset \notin \mathcal{V}$, $\mathcal{V} \in \mathcal{V}$. Ferner gilt $\mathbf{Ru} = \emptyset$.

In allen drei Fällen sind im übrigen alle logischen Axiome wahr. Es also nicht möglich, aus unseren Regeln einen Widerspruch zu deduzieren.

Diese Interpretationen zeigen, daß unser logisches System keinerlei Voraussetzungen über die Realität von Klassen enthält. Von keiner einzigen Klasse können wir logisch *beweisen,* daß sie real ist (siehe Fall 1). „Elementare" Mengenlehre ist eben im wesentlichen eine Logik und noch keine „echte" Mengenlehre.

Immerhin ist unsere Sprache geeignet, die mengentheoretischen Axiome zu *formulieren.*

Wir sehen auch, daß es für die Widerspruchsfreiheit unseres Systems wesentlich ist, daß die Terme Gebilde bezeichnen, die nicht notwendig real sind. Deshalb müssen wir in der Substitutionsregel Realitätsprämissen $X \in \mathcal{V}$ als zusätzliche Annahmen hinzunehmen. Wenn man davon ausgegangen wäre, daß alle Terme Individuen bezeichnen, so hätte man die Substitutionsregel ohne Realitätsprämissen formulieren können. Dann würde man aber mit dem (entsprechend modifizierten) Beweis von (2) einen Widerspruch erhalten (Russellsche Antinomie). Für uns liegt allerdings keine Antinomie vor, weil wir von vornherein damit gerechnet haben, daß nicht alle Klassen Individuen sind.

Es fehlt noch eine logische Regel, die im Grunde zur Kennzeichnungslogik gehört. Man sollte nämlich sagen, das der Joker eigentlich sein soll. Natürlich könnte man das weiterhin offenlassen. Doch ist eine endgültige Festlegung vielleicht befriedigender, selbst wenn es sich nur um eine Konvention handelt.

Man könnte als Joker durchaus ein irgendwie ausgezeichnetes Individuum nehmen. Das hätte den Vorteil, daß Kennzeichnungsterme stets Individuen bezeichnen. Wenn man das tut, dann empfiehlt es sich, für jede Sorte s einen besonderen Joker $\underline{\underline{\perp}}^s$ (der natürlich $\iota v_0^s\; v_0^s \neq v_0^s$ wäre) zu nehmen, wobei in der Regel **UK** Variable und Joker von derselben Sorte seien sollten. Mit dem Axiom $\underline{\underline{\perp}}^s \in \mathcal{V}^s$ würde man dann sogar $\iota v^s\, \phi \in \mathcal{V}^s$ beweisen können. Ich hatte ursprünglich einen solchen Aufbau vorgenommen, doch ist mir klargemacht worden, daß das auch didaktische Nachteile hat. So würde z. B. zu sehr verwirren, wenn der Term 0^{-1} eine Zahl bezeichnen würde (wie es in (§ 5a; 34) gemacht wurde). Vielmehr wäre es besser, etwas als Joker zu nehmen, das „möglichst weit weg" wäre. So etwas ist aber z. B. die Russelsche Klasse, die ja niemals (d. h. in keiner Interpretation) ein Individuum ist, also immer von allen Individuen „weit weg" ist.

Wir stellen deshalb das folgende Jokeraxiom auf.

(6) **Jo**
$$\frac{\cdot}{\vdash \underline{\underline{\perp}} = \mathbf{Ru}}$$

Wir haben die Bewertung der Ausdrücke (§ 6 c; 4 r_{10}) gleich so eingerichtet, daß diese Regel korrekt ist. Hiermit erhalten wir natürlich den Satz, daß der Joker kein Individuum ist.

(7) **Satz:** $\vdash \underline{\underline{\perp}} \notin \mathcal{V}$

Die Angabe der logischen Grundregeln ist nunmehr abgeschlossen.

Ferner ist jetzt eine Kennzeichnung genau dann eigentlich, wenn der betreffende Kennzeichnungsterm ein Individuum bezeichnet. Man kann das auch als eine Umformulierung des Es-gibt-genau-ein-Quantors auffassen.

(8) **Satz** $\vdash \overset{1}{\exists} v\, \phi \longleftrightarrow \iota v\, \phi \in \mathcal{V}$.

Beweis:

$\longrightarrow$: (§ 16; 3)

$\longleftarrow$ (Kontraposition): voriger Satz. ∎

Es sei aber darauf hingewiesen, daß die Festsetzungen über uneigentliche Kennzeichnungen durchaus Konventionen sind. Als solche sind sie weder absolut wahr noch falsch, sondern höchstens mehr oder weniger zweckmäßig.

Aufgaben:

1. Man zeige:

   $\{v_0 \in \mathbb{M} \mid v_0 \notin v_0\} \notin \mathbb{M}$.

2. Man zeige:

   (a) $\forall v_0\, v_0 \notin v_0 \vdash \mathbf{Ru} = \mathcal{V}$,

   (b) $\forall v_0 \neg Cls\,(v_0) \vdash \mathbf{Ru} = \mathcal{V}$.

3. Man zeige:

   $\forall v_0 \{v_0\} \in \mathcal{V} \vdash \{\{v_0\} \mid_{v_0} \{v_0\} \notin v_0\} \notin \mathcal{V}$

   (dabei ist $\{v_0\} = \{v_1 \mid v_1 = v_0\}$).

§ 20. Beispiele für Beweise und Formalisierungen

In diesem Kapitel sind bisher nur wenig Beispiele gebracht worden. Deshalb soll in diesem Paragraphen exemplarisch gezeigt werden, wie sich mathematische Theorien in unserem System formulieren und entwickeln lassen.

(a) Ordnungstheoretische Sätze und Begriffe

Wir legen die ordnungstheoretische Sprache L_O zugrunde. Wir erinnern an das Axiomensystem Ax_{HO}, das aus dem Rahmenaxiom $\leqslant \subseteq G \times G$ sowie aus Reflexivitätsaxiom, Transitivitätsaxiom, Antisymmetrieaxiom besteht (s. § 5b). Wir hatten in § 5 b die Begriffe des minimalen und kleinsten Elementes eingeführt und einige Sätze formuliert.

Wir zeigen zunächst

(1) **Satz:** $\models_{HO} \forall x_0 x_1\, (x_0 \leqslant x_1 \rightarrow \neg\, x_1 < x_0)$.

Darin ist $x_1 < x_0$ Abkürzung für $x_1 \leqslant x_0 \wedge x_1 \neq x_0$. Das Zeichen $\models_{\overline{HO}}$ gibt an, daß die dahinter stehende Formel aus Ax_{HO} logisch folgt. Um das zu zeigen, genügt es, einen formalen Beweis für die Formel anzugeben, dessen letzte Zeile nur Aussagen aus Ax_{HO} als Annahmen enthält.

Beweis:

$\ldots \vdash \forall x_0 x_1 \, (x_1 \leqslant x_0 \wedge x_0 \leqslant x_1 \rightarrow x_1 = x_0)$ (*Antisymmetrie*)

$\vdash x_1 \leqslant x_0 \wedge x_0 \leqslant x_1 \rightarrow x_1 = x_0$

$.\leftrightarrow. \; x_0 \leqslant x_1 \rightarrow \neg(x_1 \leqslant x_0 \wedge x_1 \neq x_0)$ **(Taut** § 8;102)

$\ldots \vdash \forall x_0 x_1 \, (x_0 \leqslant x_0 \rightarrow \neg x_1 < x_0)$. ∎ **(Ers)**

Wir zeigen jetzt, daß jedes kleinste Element minimal ist.

(2) **Satz:** $\models_{\overline{HO}} \forall x_0$ (x_0 *kleinstes Element* $\rightarrow$ x_0 *minimal*).

Beweis: (konditionaler Allbeweis):

1	$\forall x_1 \; x_0 \leqslant x_1 \vdash x_0 \leqslant x_1$	**(A, ∀B)**
2	$\ldots, x_0 \leqslant x_1 \vdash \neg x_1 < x_0$	**(Satz 1)**
3	$\ldots, (1) \vdash \neg x_1 < x_0$	**(S)**
4	$\ldots, (1) \vdash \forall x_1 \neg x_1 < x_0$	**(∀E)**
5	$\ldots, (1) \vdash \neg \exists x_1 \; x_1 < x_0$. ∎	**(Ers)**

Wir zeigen als nächstes, daß jedes kleinste Element mit jedem minimalen Element übereinstimmt.

(3) **Satz:** $\models_{\overline{HO}} \forall x_0$ (x_0 *kleinstes Element*
$\wedge$ x_1 *minimal* $\rightarrow x_0 = x_1$).

Beweis (konditionaler Allbeweis):

$\forall x_1 \; x_0 \leqslant x_1 \vdash x_0 \leqslant x_1$	**(A, ∀B)**
$x_0 \neq x_1 \vdash x_0 \neq x_1$	**(A)**
$\forall x_1 \; x_0 \leqslant x_1, x_1 \neq x_1 \vdash x_0 < x_1$	**(Kon)**
$\forall x_1 \; x_0 \leqslant x_1, x_1 \neq x_1 \vdash \exists x_0 \; x_0 < x_1$	**(E)**
$\forall x_1 \; x_0 \leqslant x_1, \neg \exists x_0 \; x_0 < x_1 \vdash x_0 = x_1$. ∎	**(KP)**

Es gibt höstens ein kleinstes Element:

(4) **Satz:** $\underset{HO}{\models} \overset{\leqslant 1}{\exists} x_0 (x_0 \textit{ kleinstes Element})$.

Beweis:

x_1 *kleinstes Element*	$\vdash x_1 \leqslant x_2$	(A, ∀B)
x_2 *kleinstes Element*	$\vdash x_2 \leqslant x_1$	(A, ∀B)
	$\ldots\ldots \vdash x_1 \leqslant x_2 \wedge x_2 \leqslant x_1 \longrightarrow x_1 = x_2$	(*Antisymmetrie*)
	$\ldots\ldots \vdash x_1 = x_2$	(Kon, MP)
	$\vdash \overset{\leqslant 1}{\exists} x_0\, x_0 \textit{ kleinstes Element}$. ▮	(AV, AB, 2mal ∀)

Man beachte die Definition des Quantors $\overset{\leqslant 1}{\exists}$ (§ 15).

Verschiedene minimale Elemente sind unvergleichbar:

(5) **Satz:** $\underset{HO}{\models} \forall x_0 x_1 (x_0 \textit{ minimal} \wedge x_1 \textit{ minimal} \wedge x_0 \neq x_1 \longrightarrow x_0 \parallel x_1)$.

Beweis (konditionaler Allbeweis):

x_0 *minimal*	$\vdash \forall x_1 \neg x_1 < x_0$	(A, Ers)
	$\ldots \vdash \neg (x_1 \leqslant x_0 \wedge x_1 \neq x_0)$	(∀B)
x_1 *minimal*	$\vdash \forall x_0 \neg x_0 < x_1$	(A, Ers)
	$\ldots \vdash \neg (x_0 \leqslant x_1 \wedge x_0 \neq x_1)$	(∀B)
	$\ldots \vdash x_0 \neq x_1$	(A)
	$\ldots \vdash x_1 \neq x_0$	(Ers, vgl. § 12;7a)
	$\ldots \vdash \neg x_0 \leqslant x_1 \wedge \neg x_1 \leqslant x_0$. ▮	(Taut § 8;103)

In der Theorie der Ordnungen tritt als weiteres Axiom das Konnexitätsaxiom $\forall x_0 x_1 (x_0 \leqslant x_1 \vee x_1 \leqslant x_0)$ hinzu.

Dann gilt folgende Verschärfung von Satz 1.

(6) **Satz:** $\underset{O}{\models} \forall x_0 x_1 (x_0 \leqslant x_1 \longleftrightarrow \neg x_1 < x_0)$.

Wir beweisen die Formel unter den Quantoren durch Äquivalenzbeweis und wenden dann Alleinführung an. Wir reden von Äquivalenz- und Allbeweis.

$\rightarrow$: Siehe Satz (1)

$\leftarrow$: (Allbeweis)

$\ldots \vdash x_1 \leqslant x_0 \vee x_0 \leqslant x_1$ (*Konnexität*)

$\ldots \vdash x_0 \leqslant x_0$ (*Reflexivität*)

$\ldots \vdash x_1 = x_0 \rightarrow x_0 \leqslant x_1$ (Ers)

$\ldots \vdash \neg(x_1 \leqslant x_0 \wedge x_0 \neq x_0) \rightarrow x_0 \leqslant x_1$. ∎ (Taut§ 8;104)

In der Theorie der Ordnungen ist dementsprechend jedes minimale Element kleinstes Element. Es gilt

(7) **Satz:** $\models_{O} \forall x_0\,(x_0 \text{ minimal} \leftrightarrow x_0 \text{ kleinstes Element})$.

Beweis: Wir zeigen die Äquivalenz unter dem Quantor durch äquivalente Umformung und wenden dann $\forall$**E** an.

$\neg \exists x_1\, x_1 < x_0$

$\leftrightarrow\ \forall x_1 \neg x_1 < x_0$ (*Prädikatenlogische Umformung*)

$\leftrightarrow\ \forall x_1\, x_0 \leqslant x_1$. ∎ (*Umformung in T_O mit Satz 6*)

Entsprechende Sätze gelten natürlich für maximale und größte Elemente.

Wir wollen noch einige weitere Begriffe in L_O einführen.

(8) **Def.:** *x, y seien verschiedene Variablen (der Sorte G) und nicht frei in X. Dann sei:*

X ist Kette $\underset{\mathrm{Df}}{\longleftrightarrow} (\forall x \in X)(\forall y \in X)(x \leqslant y \vee y \leqslant x)$,

X ist Antikette $\underset{\mathrm{Df}}{\longleftrightarrow} (\forall x \in X)(\forall y \in X)(x = y \vee x \parallel y)$.

In der folgenden Halbordnung ist eine Kette durch ⁞⋯⁞ und eine Antikette durch ⁞- - -⁞ hervorgehoben.

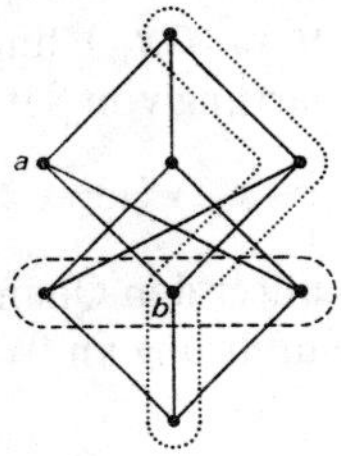

In der Teilbarkeitshalbordung (§ 5 b; 7) bilden z. B. die Primzahlen eine Antikette, alle Potenzen einer festen Zahl bilden eine Kette

(9) **Def.:** x_0 *ist unterer Nachbar von* x_1

$\longleftrightarrow$ x_1 *ist oberer Nachbar von* x_0

$\longleftrightarrow x_0 < x_1 \wedge \neg \exists x_2\, x_0 < x_2 < x_1$.

In dem Beispiel oben ist das mit a bezeichnete Element oberer Nachbar des Elementes b.

Die oberen Nachbarn des kleinsten Elementes heißen *Atome*, die unteren Nachbarn des größten Elementes heißen *Antiatome*. In dem Beispiel ist b Atom, a Antiatom.

In der Teilbarkeitshalbordnung sind die Primzahlen Atome, während es keine Antiatome gibt.

Wie die rationalen Zahlen zeigen, braucht es keine benachbarten Elemente zu geben. Die Halbordnung heißt dann dicht.

(10) **Def.:** $\leqslant$ *ist dicht* $\longleftrightarrow_{\mathrm{Df}} \forall x_0 x_1 (x_0 < x_1 \longrightarrow \exists x_2\, x_0 < x_2 < x_1)$.

Eine endliche Halbordnung mit mehr als einem Element ist nicht dicht. Die Ordnung der natürlichen und der ganzen Zahlen ist ebenfalls nicht dicht, während die Ordnungen der rationalen und der reellen Zahlen dicht sind.

(11) **Def.:** *x, x', y seien verschiedene Variablen, die nicht frei in X sind. Dann sei:*

x ist obere Schranke von X $\longleftrightarrow_{\mathrm{Df}} (\forall y \in X)\, y \leqslant x$,

x ist untere Schranke von X $\longleftrightarrow_{\mathrm{Df}} (\forall y \in X)\, x \leqslant y$,

x ist Supremum von X $\longleftrightarrow_{\mathrm{Df}} (\forall y \in X)\, y \leqslant x \wedge \forall x' ((\forall y \in X)\, y \leqslant x' \longrightarrow x \leqslant x')$,

x ist Infimum von X $\longleftrightarrow_{\mathrm{Df}} (\forall y \in X)\, x \leqslant y \wedge \forall x' ((\forall y \in X)\, x' \leqslant y \longrightarrow x' \leqslant x)$.

Das Supremum ist die kleinste obere, das Infinum die größte untere Schranke. Der bestimmte Artikel deutet an, daß diese Elemente eindeutig durch X bestimmt sind.

(12) **Satz:** $\models_{\overline{HO}} \overset{\leqslant 1}{\exists} x$ *x ist Supremum von X.*

Beweis (konditionaler Allbeweis):

1	(1)	$\vdash x$ *Supremum von* X	**(A)**
2	(1)	$\vdash (\forall y \in X)\, y \leqslant x$	**(Kon)**
3	(3)	$\vdash x'$ *Supremum von* X	**(A)**
4	(3)	$\vdash \forall x\, ((\forall y \in X)\, y \leqslant x \longrightarrow x' \leqslant x)$	**(Kon)**
5	(3)	$\vdash (\forall y \in X)\, y \leqslant x \longrightarrow x' \leqslant x$	**(∀B)**
6	(1,3)	$\vdash x' \leqslant x;$	**(MP**; 2,5**)**

völlig analog:

7	(3,1)	$\vdash x \leqslant x'$	
8	(1,3)	$\vdash x \leqslant x' \leqslant x$	**(Kon**, 6,7**)**
9	...	$\vdash x \leqslant x' \leqslant x \longrightarrow x = x'$	**(A, ∀B)**
10...	,(1,3)	$\vdash x = x'$. ∎	**(MP)**

Die Punkte deuten das Antisymmetrieaxiom als Annahme an.

Ein entsprechender Satz gilt natürlich für Infima. Wir definieren:

(13) **Def.**: Sup $X = \iota x$ x *ist Supremum von* X.
Inf $X = \iota x$ x *ist Infinum von* X.

Es hat keineswegs jede Menge X ein Supremum und ein Infinum, d. h., die Jotaterme sind oft uneigentlich.

Eine Halbordnung, in der alle Mengen $\{x_0, x_1\}$ Suprema und Infima haben, heißt *Verbandshalbordnung*. Die Teilbarkeitshalbordnung ist eine Verbandshalbordnung. Suprema und Infima sind kgV (kleinstes gemeinsames Vielfaches) und ggT (größter gemeinsamer Teiler).

(b) Neutrale Elemente und Inverse in der Gruppentheorie

Es werde jetzt die Sprache L_{GR} zugrunde gelegt. Wir erinnern an die Gruppenaxiome Ax_{GR} und an die Menge T_{GR} der Folgerungen daraus. Als Folgerungszeichen in der Theorie hatten wir $\models_{GR}$ eingeführt (§ 5b, § 6 f).

Wir definieren zunächst:

(1) **Def.:** x_0 *ist linksneutral* $\longleftrightarrow_{\text{Df}} \forall x_1\, x_0 \cdot x_1 = x_1$,
x_0 *ist rechtsneutral* $\longleftrightarrow_{\text{Df}} \forall x_1\, x_1 \cdot x_0 = x_1$,
x_0 *ist neutral* $\longleftrightarrow_{\text{Df}} \forall x_1 (x_0 \cdot x_1 = x_1 \cdot x_0 = x_1)$.

(2) **Satz:** $\models_{\overline{GR}} \exists x_0 \quad x_0$ *ist linksneutral.*

Beweis:

1 (1) $\vdash x_0 \cdot x_2 = x_2$, **(A)**

2 (2) $\vdash x_2 \cdot x_3 = x_1$. **(A)**

Identische Umformung:

$x_0 \cdot x_1$
$= x_0 \cdot (x_2 \cdot x_3)$ (*nach* 2)
$= (x_0 \cdot x_2) \cdot x_3$ (*Assoziativität, Gruppenaxiom*)
$= x_2 \cdot x_3$ (*nach* 1)
$= x_1$. (*nach* 2)

Also 3 $\ldots, (1), (2) \vdash x_0 \cdot x_1 = x_1$
(Die Pünktchen deuten das Assoziativitätsaxiom an)

4 $\ldots, (1), \exists x_3 (x_2 \cdot x_3 = x_1) \vdash x_0 \cdot x_1 = x_1$ **(BB)**

5 $\forall x_0 x_1\, \exists x_2 (x_0 \cdot x_2 = x_1) \vdash \exists x_3 (x_2 \cdot x_3 = x_1)$ (**A** (*Gruppenaxiom*), **Spez**)

6 $\ldots, (1) \vdash x_0 \cdot x_1 = x_1$ **(S)**
(Die Pünktchen deuten jetzt zusätzlich das in (5) eingeführte Gruppenaxiom an)

7 $\ldots, (1) \vdash \exists x_0 \forall x_1 (x_0 \cdot x_1 = x_1)$ **($\forall$E, $\exists$E)**

8 $\ldots, \exists x_0 (x_0 \cdot x_2 = x_2) \vdash \exists x_0\, x_0$ *ist linksneutral* **(BB)**

9 $\forall x_0 x_1\, \exists x_2 (x_2 \cdot x_0 = x_1) \vdash \exists x_0 (x_0 \cdot x_2 = x_2)$ (**A** (*Gruppenaxiom*), **Spez**)

10 $\ldots . \vdash \exists x_0\, x_0$ *ist linksneutral* **(S)**. ∎

Auf ganz analoge Weise zeigt man:

(3) Satz: $\models_{\overline{GR}} \exists x_0 \quad x_0$ *ist rechtsneutral.*

Ferner gilt folgende Eindeutigkeitsuassage:

(4) Satz: x_0 *ist linksneutral,* x_1 *ist rechtsneutral* $\models x_0 = x_1$.

Beweis:

1	x_0 *ist linksneutral*	$\vdash x_0 \cdot x_1 = x_1$,	**(A, ∀B)**
2	x_1 *ist rechtsneutral*	$\vdash x_0 \cdot x_1 = x_0$.	**(A, ∀B)**

Identische Umformung:

$$
\begin{aligned}
& x_0 \\
&= x_0 \cdot x_1 && \text{(nach 2)} \\
&= x_1 . \ \blacksquare && \text{(nach 1)}
\end{aligned}
$$

Hieraus ergibt sich:

(5) **Satz:** $\models_{\overline{GR}} \overset{1}{\exists} x_0 \qquad x_0$ ist neutral.

Beweis:

Die Äquivalenz $\vdash x_0$ *ist neutral* $\longleftrightarrow x_0$ *ist linksneutral* $\wedge x_0$ *ist rechtsneutral*
wird stillschweigend benutzt.

1	(1)	$\vdash x_0$ *ist linksneutral*	**(A)**
2	(2)	$\vdash x_1$ *ist rechtsneutral*	**(A)**
3	(1,2)	$\vdash x_0 = x_1$	**(S** *mit* **Satz** 4)
4	(1,2)	$\vdash x_0$ *ist rechtsneutral*	**(Ers**, 3, 2)
5	(1,2)	$\vdash x_0$ *ist neutral*	**(Kon**, 1, 4)
6	(1,2)	$\vdash \exists x_0 x_0$ *ist neutral*	**(∃E)**
7	$\exists x_0 x_0$ *ist linksneutral,* $\exists x_1 x_1$ *ist rechtsneutral*	$\vdash \exists x_0 x_0$ *ist neutral*	**(BB)**
8		$\vdash \exists x_0 x_0$ *ist neutral*	**(S** *mit* **Satz** 2 *und* **Satz** 3)
9	x_0 *ist neutral*	$\vdash x_0$ *ist linksneutral*	**(Kon)**
10	x_1 *ist neutral*	$\vdash x_1$ *ist rechtsneutral*	**(Kon)**

11	x_0 *ist neutral*, x_1 *ist neutral*	$\vdash x_0 = x_1$	(S *mit* Satz 4)
12		$\vdash x_0$ *ist neutral* $\wedge\, x_1$ *ist neutral* $\longrightarrow x_0 = x_1$	(AV, AB)
13		$\vdash \overset{\leqslant 1}{\exists} x_0\, x_0$ *ist neutral*	(∀E)
14	...	$\vdash \overset{1}{\exists} x_0\, x_0$ *ist neutral.* ▮	(Kon 8, 13 *und* § 15; 3)

Wir definieren jetzt:

(6) **Def.:** $\underline{1} =_{\mathrm{Df}} \iota x_0\, x_0$ *ist neutral.*

$\underline{1}$ *ist das Einselement oder neutrale Element.* Wir unterstreichen die Ziffer, um den Unterschied zur Zahl 1 hervorzuheben. Oft wird einfach 1 oder auch e geschrieben.

Nach (§ 16; 7) gilt:

(7) **Satz:** $\models_{\overline{GR}} \forall x_1(\underline{1} \cdot x_1 = x_1 \cdot \underline{1} = x_1)$.

Wir führen jetzt inverse Elemente ein.

(8) **Def.:** x_1 *ist linksinvers zu* $x_0 \longleftrightarrow_{\mathrm{Df}} x_1 \cdot x_0 = \underline{1}$,
x_1 *ist rechtsinvers zu* $x_0 \longleftrightarrow_{\mathrm{Df}} x_0 \cdot x_1 = \underline{1}$,
x_1 *ist invers zu* $x_0 \longleftrightarrow_{\mathrm{Df}} x_1 \cdot x_0 = x_0 \cdot x_1 = \underline{1}$.

(9) **Satz:** $\models_{\overline{GR}} \forall x_0\, \exists x_1\;\; x_1$ *ist linksinvers zu* x_0.

Beweis:

$\forall x_0 x_1\, \exists x_2\, x_2 \cdot x_0 = x_1 \vdash \exists x_2\, x_2 \cdot x_0 = x_1$ (A, ∀B)

... $\vdash \exists x_1\, x_1 \cdot x_0 = \underline{1}$. ▮ (Sub)

Ebenso folgt:

(10) **Satz:** $\models_{\overline{GR}} \forall x_0\, \exists x_1\;\; x_1$ *ist rechtsinvers zu* x_0.

(11) **Satz:** x_1 *ist linksinvers zu* x_0,
x_2 *ist rechtsinvers zu* $x_0 \models_{\overline{GR}} x_1 = x_2$.

Beweis:

1	x_1 *ist linksinvers zu* $x_0 \vdash x_1 \cdot x_0 = \underline{1}$,	**(A)**
2	x_2 *ist rechtsinvers zu* $x_0 \vdash x_0 \cdot x_2 = \underline{1}$.	**(A)**

Identische Umformung:

x_1	
$= x_1 \cdot \underline{1}$	($\underline{1}$ *ist neutral*)
$= x_1 \cdot (x_0 \cdot x_2)$	(*nach* 2)
$= (x_1 \cdot x_0) \cdot x_2$	(*Assoziativität, Gruppenaxiom*)
$= \underline{1} \cdot x_2$	(*nach* 1)
$= x_2$. ∎	($\underline{1}$ *ist neutral*)

Hieraus ergibt sich:

(12) **Satz:** $\underset{GR}{\models} \forall x_0 \overset{1}{\exists} x_1 \quad x_1$ *ist invers zu* x_0.

Beweis:

1	(1)	$\vdash x_1 \cdot x_0 = \underline{1}$	**(A)**
2	(2)	$\vdash x_0 \cdot x_2 = \underline{1}$	**(A)**
3	..., (1,2)	$\vdash x_1 = x_2$	**(S** *mit* **Satz** 11)
4	..., (1,2)	$\vdash x_0 \cdot x_1 = \underline{1}$	**(Ers**, 3, 2)
5	..., (1,2)	$\vdash x_1 \cdot x_0 = x_0 \cdot x_1 = \underline{1}$	**(Kon**, 1, 4)
6	..., (1,2)	$\vdash \exists x_1\, x_1$ *ist invers zu* x_0	**(∃E)**
7	..., $\exists x_1\, x_1 \cdot x_0 = \underline{1}$, $\exists x_2\, x_0 \cdot x_2 = \underline{1}$	$\vdash \exists x_1\, x_1$ *ist invers zu* x_0	**(BB)**
8	....	$\vdash \exists x_1\, x_1$ *ist invers zu* x_0	**(S** *mit* **Satz** 9, *und* **Satz 10)**
9	x_1 *ist invers zu* x_0	$\vdash x_1$ *ist linksinvers zu* x_0	**(Kon)**
10	x_2 *ist invers zu* x_0	$\vdash x_2$ *ist rechtsinvers zu* x_0	**(Kon)**
11	..., x_1 *ist invers zu* x_0, x_2 *ist invers zu* x_0	$\vdash x_1 = x_2$	**(S** *mit* **Satz 11)**
12	...	$\vdash x_1$ *ist invers zu* $x_0 \wedge x_2$ *ist invers zu* $x_0 \longrightarrow x_1 = x_2$	**(AV, AB)**

13 ... $\vdash \overset{\leq 1}{\exists} x_1\, x_1$ *ist invers zu* x_0 ($\forall$E)

14 ... $\vdash \overset{1}{\exists} x_1\, x_1$ *ist invers zu* x_0. ∎ (**Kon**, 8, 13 *und* § 15;3)

Wir können jetzt definieren

(13) **Def.**: $X^{-1} =_{\mathrm{Df}} \iota x\, x \cdot X = X \cdot x = \underline{1}$ (x *nicht frei in* X).
X^{-1} *ist das Inverse von* X.

Nach (§ 16;7) gilt dann:

(14) **Satz**: $\models_{GR} \forall x_0 (x_0^{-1} \cdot x_0 = x_0 \cdot x_0^{-1} = \underline{1})$.

Wer die hier gegebenen Beweis mit entsprechenden mathematischen Beweisen vergleicht, wird feststellen, daß unsere Beweise sehr viel länger und umständlicher sind. Das liegt nicht daran, daß die mathematischen Beweise eine bessere Beweisidee benutzen. Vielmehr werden in mathematischen Beweisen viele Beweisschritte gar nicht notiert, aber dennoch intuitiv vollzogen.

(c) Die verbandstheoretische Sprache

Wir nehmen die Sorten wie in Beispiel B, jedoch andere Konstanten, nämlich $\sqcap$, $\sqcup$.

Es sei also:

$$L_{VB} = L(G; \sqcap, \sqcup) \text{ (\textit{verbandstheoretische Sprache})}.$$

Man interessiert sich in diesem Zusammenhang für Verbände, d. h. Interpretationen, die die folgenden Axiome erfüllen:

Rahmenaxiome:

(1) $\sqcap : G \times G \longrightarrow G$,

(2) $\sqcup : G \times G \longrightarrow G$.

Verbandsaxiome:

(3) $\forall x_0\, x_1 (x_0 \sqcap x_1 = x_1 \sqcap x_0)$,

(4) $\forall x_0\, x_1 (x_0 \sqcup x_1 = x_1 \sqcup x_0)$,

(5) $\forall x_0\, x_1\, x_2 ((x_0 \sqcap x_1) \sqcap x_2 = x_0 \sqcap (x_1 \sqcap x_3))$,

(6) $\forall x_0\, x_1\, x_2 ((x_0 \sqcup x_1) \sqcup x_2 = x_0 \sqcup (x_1 \sqcup x_2))$,

(7) $\forall x_0 x_1((x_0 \sqcap x_1) \sqcup x_0 = x_0)$,

(8) $\forall x_0 x_1((x_0 \sqcup x_1) \sqcap x_0 = x_0)$.

Ein Beispiel wird durch die folgende Interpretation geliefert:

$G \triangleq \mathbb{N}$,

(9) $\sqcap \triangleq$ ggT (*größter gemeinsamer Teiler*),

$\sqcup \triangleq$ kgV (*kleinstes gemeinsames Vielfaches*)

(dabei sei ggT $(n, 0) = n$, kgV $(n, 0) = 0)$.

Ein weiteres Beispiel ist der Potenzmengenverband. Dazu sei A eine Menge derart, daß alle Teilmengen von A auch zum Individuenbereich $\mathcal{V}$ gehören.

Dann sei:

$G \triangleq$ *alle Teilmengen von* A,

(10) $\sqcap \triangleq \cap$ (*mengentheoretischer Durchschnitt*),

$\sqcup \triangleq \cup$ (*mengentheoretische Vereinigung*).

Den Zusammenhang von Verbänden und Verbandshalbordnungen wollen wir hier nicht darlegen.

(d) Die Vektorraumsprache

Die Sprache (*Vektorraumsprache*) L_{VR} sei eine Erweiterung von L_{RI}. Wir haben also die Variablensorte G, schreiben jetzt aber K für $\mathcal{V}^G$, und wir haben die Konstanten $+$, $\cdot$.

Wir nehmen eine weitere Variablensorte V hinzu und schreiben V Für $\mathcal{V}^V$ und $\vec{x_0}, \vec{x_1}, \ldots$, für $v_0^V, v_1^V \ldots$ (*Vektorvariablen*).

Als weitere Konstanten kommen hinzu:

$+_V$ (*Vektorsumme*),

$\cdot_V$ (*Produkt von Skalar und Vektor, Vielfachenbildung*).

Nach Wunsch kann man hinzunehmen:

$\cdot_s$ (*Skalarprodukt von Vektoren*),

x (*Vektorprodukt*, wenn die Dimension 3 ist und eine Orientierung ausgezeichnet ist).

Man definiert:

(1) $\vec{0} = \iota \vec{x}_0 \ \forall \vec{x}_1 \vec{x}_1 + \vec{x}_0 = \vec{x}_1$ (*Nullvektor*).

Als *Rahmenaxiome* fordert man:

(2) $+ : K \times K \longrightarrow K,$

(3) $\cdot : K \times K \longrightarrow K,$

(4) $+_V : V \times V \longrightarrow V,$

(5) $\cdot_V : K \times V \longrightarrow V.$

Die *Vektorraumaxiome* sind

(a) die Körperaxiome für $K, +, \cdot$,

(b) die Axiome für abelsche Gruppen für $V, +_V$,

(c) die folgenden weiteren Axiome:

(6) $\forall x_0 \, x_1 \, \vec{x}_0((x_0 \cdot x_1) \cdot_V \vec{x}_0 = x_0 \cdot_V (x_1 \cdot_V \vec{x}_0)),$

(7) $\forall x_0 \, x_1 \, \vec{x}_0((x_0 + x_1) \cdot_V \vec{x}_0 = (x_0 \cdot_V \vec{x}_0) +_V (x_1 \cdot_V \vec{x}_0)),$

(8) $\forall x_0 \, \vec{x}_0 \, \vec{x}_1(x_0 \cdot_V (\vec{x}_0 +_V \vec{x}_1) = (x_0 \cdot_V \vec{x}_0) +_V (x_0 \cdot_V \vec{x}_1)),$

(9) $\forall \vec{x}_0(\underline{1} \cdot_V \vec{x}_0 = \vec{x}_0).$

Ggf. sind noch Axiome über $\cdot_s$ und $\times$ hinzuzufügen.

Die Indizes an den Verknüpfungszeichen läßt man in der Praxis weg.

Die wichtigsten Beispiele sind reelle und komplexe Vektorräume; dabei wird die Teilsprache L_{RI} in der Standardweise über $\mathbb{R}$ bzw. $\mathbb{C}$ interpretiert. Wenn außerdem V durch die Menge $\mathbb{R}^n$ bzw. $\mathbb{C}^n$ aller n-Tupel reeller bzw. komplexer Zahlen interpretiert wird, $+_V$ durch die koordinatenweise Addition von Tupeln, $\cdot_V$ durch die koordinatenweise Multiplikation von Tupeln mit einem Skalar, so bezeichnen wir die entstehenden Interpretationen mit $\mathfrak{J}_{\mathbb{R}^n}$ bzw. $\mathfrak{J}_{\mathbb{C}^n}$.

(e) Die Sprache der metrischen Räume

Die *Sprache der metrischen Räume* L_{MR} ist eine Erweiterung von $L(\mathbb{R}; +, \cdot, \leqslant, 0)$. Es tritt eine neue Variablensorte P auf. Wir schreiben:

R für $\mathfrak{V}^P$ (*metrischer Raum*) und

$P_0, P_1, \ldots$ (syntaktisch: $P, Q, \ldots$) für $v_0^P, v_1^P, v_2^P, \ldots$ (*Punktvariablen*).

Als weitere nichtlogische Konstante tritt hinzu:

d (*Distanzfunktion*).

Wir schreiben $d(P, Q)$ für $PQ -\!\!\circ d$.

Als Axiome nimmt man einerseits *alle wahren Sätze über reelle Zahlen* und außerdem das

Rahmenaxiom:

(1) $d: R \times R \longrightarrow \mathbb{R}$,

und die folgenden *Axiome für metrische Räume:*

(2) $\forall P_0 P_1 \quad d(P_0, P_1) \geqslant 0$,

(3) $\forall P_0 P_1 \quad (d(P_0, P_1) = 0 \longleftrightarrow P_0 = P_1)$,

(4) $\forall P_0 P_1 \quad d(P_0, P_1) = d(P_1, P_0)$,

(5) $\forall P_0 P_1 P_2 (d(P_0, P_2) \leqslant d(P_0, P_1) + d(P_1, P_2))$.

T_{MR} sei die Theorie der metrischen Räume, als Folgerungszeichen in der Theorie verwenden wir $\models_{\overline{MR}}$. Standardbeispiele sind wieder die Zahlenräume $\mathbb{R}^n, \mathbb{C}^n$ mit der üblichen Abstandsfunktion: Wurzel aus der Summe der Quadrate der Beträge der Koordinatendifferenzen.

In unseren Formalisierungsbeispielen benutzen wir, wie es in der Analysis üblich ist, ϵ, δ als Variablen für reelle Zahlen. Bei den Termen A, B denke man an Teilmengen von R, d. h., in Sätzen, in denen diese Begriffe auftreten, sind die Prämissen $A \subseteq R$, $B \subseteq R$ hinzuzufügen.

Als *ϵ-Umgebung eines Punktes P* wird die folgende Menge bezeichnet:

(6) **Def.:** $U_\epsilon(P) =_{\mathrm{Df}} \{Q \mid d(P, Q) < \epsilon\}$.

Dann gilt natürlich:

(7) **Satz:** $\epsilon > 0 \models_{\overline{MR}} P \in U_\epsilon(P)$.

Jeder Punkt ist in allen seinen ϵ-Umgebungen (für $\epsilon > 0$) enthalten. Wenn es eine ϵ-Umgebung gibt, die nur diesen Punkt P enthält, so ist P ein *isolierter Punkt* (von R):

(8) **Def.:** P *ist isoliert* $\longleftrightarrow_{\mathrm{Df}} (\exists \epsilon > 0) \overset{1}{\exists} Q \; Q \in U_\epsilon(P)$.

P ist ein *isolierter Punkt der Menge* A, wenn P zu A gehört und es eine ϵ-Umgebung gibt, die außer P keinen Punkt von A enthält.

(9) **Def.:** *P ist isolierter Punkt von A*

$$\longleftrightarrow_{\mathrm{Df}} P \in A \wedge (\exists \epsilon > 0)(\overset{1}{\exists} Q \in A)\, Q \in U_\epsilon(P).$$

Zu einem *inneren Punkt von A* gibt es eine ϵ-Umgebung, die ganz in A liegt:

(10) **Def.:** *P ist innerer Punkt von A*

$$\longleftrightarrow_{\mathrm{Df}} (\exists \epsilon > 0)\, U_\epsilon(P) \subseteq A.$$

Zu einem *äußeren Punkt von A* gibt es eine ϵ-Umgebung, die A nicht trifft:

(11) **Def.:** *P ist äußerer Punkt von A*

$$\longleftrightarrow_{\mathrm{Df}} (\exists \epsilon > 0)(\forall Q \in U_\epsilon(P))\, Q \notin A.$$

Jede ϵ-Umgebung eines *Berührungspunktes von A* trifft die Menge A:

(12) **Def.:** *P ist Berührungspunkt von A*

$$\longleftrightarrow_{\mathrm{Df}} (\forall \epsilon > 0)(\exists Q \in U_\epsilon(P))\, Q \in A.$$

Ein *Randpunkt von A* ist ein Berührungspunkt von A, der zugleich das Komplement von A berührt:

(13) **Def.:** *P ist Randpunkt von A*

$$\longleftrightarrow_{\mathrm{Df}} (\forall \epsilon > 0)(\exists Q \in U_\epsilon(P))(\exists Q' \in U_\epsilon(P))(Q \in A \wedge Q' \notin A).$$

In jeder ϵ-Umgebung eines *Häufungspunktes von A* gibt es einen von diesem verschiedenen Punkt von A:

(14) **Def.:** *P ist Häufungspunkt von A*

$$\longleftrightarrow_{\mathrm{Df}} (\forall \epsilon > 0)(\exists Q \in U_\epsilon(P))(Q \in A \wedge Q \neq P).$$

Der *offene Kern* A° von A ist die Menge der inneren Punkte von A:

(15) **Def.** $A^\circ =_{\mathrm{Df}} \{P \mid P$ *ist innerer Punkt von* $A\}$

Die *abgeschlossene Hülle* $\overline{A}$ von A ist die Menge der Berührpunkte von A:

(16) **Def.:** $\overline{A} =_{\mathrm{Df}} \{P \mid P$ *ist Berührpunkt von* $A\}$.

Als *Ableitung* A' von A bezeichnet man die Menge der Häufungspunkte von A:

(17) **Def.:** $A' =_{\mathrm{Df}} \{P \mid P \text{ ist Häufungspunkt von } A\}$.

Die Menge der Randpunkte von A wird als *Rand* ∂A von A bezeichnet:

(18) **Def.:** $\partial A =_{\mathrm{Df}} \{P \mid P \text{ ist Randpunkt von } A\}$.

Eine Menge ist *offen*, wenn sie nur aus inneren Punkten besteht. Das können wir auch so ausdrücken:

(19) **Def.:** A *ist offen* $\longleftrightarrow_{\mathrm{Df}} A = A^{\circ}$.

Eine Menge ist *abgeschlossen*, wenn sie alle ihre Berührpunkte enthält:

(20) **Def.:** A *ist abgeschlossen* $\longleftrightarrow_{\mathrm{Df}} A = \overline{A}$.

Eine Menge, die gleich der Menge ihrer Häufungspunkte ist, wird als *perfekt* bezeichnet:

(21) **Def.:** A *ist perfekt* $\longleftrightarrow_{\mathrm{Df}} A = A'$.

Eine Menge, die nur aus Randpunkten besteht, wird als *Randmenge* bezeichnet:

(22) **Def.:** A *ist Randmenge* $\longleftrightarrow_{\mathrm{Df}} A \subseteq \partial A$.

Eine Menge, die gleich dem Kern ihrer abgeschlossenen Hülle ist, wird als *regulär-offen* bezeichnet:

(23) **Def.:** A *ist regulär-offen* $\longleftrightarrow_{\mathrm{Df}} A = (\overline{A})^{\circ}$.

Eine Menge wird *dicht* (in R) genannt, wenn ihre abgeschlossene Hülle ganz R ist:

(24) **Def.:** A *ist dicht* $\longleftrightarrow_{\mathrm{Df}} \overline{A} = R$.

Wenn der offene Kern der abgeschlossenen Hülle von A leer ist, so heißt A *nirgendsdicht*:

(25) **Def.:** A *ist nirgendsdicht* $\longleftrightarrow_{\mathrm{Df}} (\overline{A})^{\circ} = \emptyset$.

Für den nächsten Satz benutzen wir eine mengentheoretische Begriffsbildung (*relatives Komplement*), die wir im nächsten Paragraphen systematisch betrachten. Wir brauchen hier nur zu wissen:

(26) $R - B = \{P \mid P \notin B\}, R - (R - B) = B$ (für $B \subseteq R$).

Wir wollen den folgenden Satz beweisen. Eine Menge von Punkten ist genau dann offen, wenn ihr Komplement (relativ zum Gesamtraum) abgeschlossen ist.

(27) **Satz:** $A \subseteq R \models_{\overline{MR}} A$ *offen* $\longleftrightarrow R - A$ *abgeschlossen.*

Beweis durch äquivalente Umformung.

A *ist offen*

$\longleftrightarrow A = A^\circ$

$\longleftrightarrow R - A = R - A^\circ$

$\longleftrightarrow R - A = \{P \mid P \notin A^\circ\}$

$\longleftrightarrow R - A = \{P \mid \neg P \text{ ist innerer Punkt von } A\}$

$\longleftrightarrow R - A = \{P \mid \neg (\exists \epsilon > 0)\ U_\epsilon(P) \subseteq A\}$

$\longleftrightarrow R - A = \{P \mid \neg (\exists \epsilon > 0)\ (\forall Q \in U_\epsilon(P))\ Q \in A\}$

$\longleftrightarrow R - A = \{P \mid (\forall \epsilon > 0)\ (\exists Q \in U_\epsilon(P))\ Q \notin A\}$

$\longleftrightarrow R - A = \{P \mid (\forall \epsilon > 0)\ (\exists Q \in U_\epsilon(P))\ Q \in R - A\}$

$\longleftrightarrow R - A = \{P \mid P \text{ ist Berührungspunkt von } R - A\}$

$\longleftrightarrow R - A = \overline{R - A}$

$\longleftrightarrow R - A$ *ist abgeschlossen.* ∎

Der *Abstand eines Punktes P von einer Menge A* ist das Infinum der Abstände von P zu den Punkten von A:

(28) **Def.:** $d(P, A) =_{\text{Df}} \text{Inf}\,\{d(P, Q) \mid_Q Q \in A\}$.

Der Abstraktionsterm bezeichnet in jedem Fall eine Menge nicht negativer Zahlen. Die Vollständigkeit der reellen Zahlen garantiert, daß das Infinum existiert (sofern A nicht leer ist), d.h., der Jotaterm ist dann eigentlich. Ähnlich ist es in dem folgenden Fall, wo der *Abstand zweier Punktmengen definiert* wird. Der Jotaterm ist eigentlich, wenn $A \neq \emptyset \neq B$:

(29) **Def.:** $d(A, B) =_{\text{Df}} \text{Inf}\,\{d(P, Q) \mid_{P,Q} P \in A \wedge Q \in B\}$.

Abgesehen von den beiden letzten Begriffen (27), (28), wird die Metrik nur benutzt, um den Begriff der ϵ-Umgebung zu definieren (6). In den anderen Definitionen wird dann nur mit diesem Umgebungsbegriff gearbeitet. Diese Definitionen kann man auch auf allgemeine topologische Räume übertragen, in denen man ja einen Umgebungsbegriff zur Verfügung hat. In metrischen Räumen kann man jedoch über Umgebungen quantifizieren, indem man über die Parameter ϵ und P quantifiziert. In topologischen Räumen fehlt der Parameter ϵ, und man müßte direkt über die Umgebungen, d.h. über Mengen quantifizieren. Dort sind also mengentheoretische Voraussetzungen nötig (nämlich, daß Umgebungen zum Individuenbereich gehören). Deshalb behandelt man topologische Räume besser im Rahmen einer weiter gehenden Mengenlehre (siehe § 35).

(f) Geometrische Sprachen

(1) Ebene Geometrie

L_{EG} habe die Variablensorten P (*Punkte*) und g (*Geraden*). Wir schreiben:

E für $\mathcal{V}^P$ und

$P_0, P_1, \ldots$ für $v_0^P, v_1^P, \ldots,$

$g_0, g_1, \ldots$ für $v_0^g, v_1^g, \ldots$

Als nichtlogische Konstanten werden für die Inzidenzgeometrie:

I (*Inzidenzrelation*)

und für die metrische Geometrie zusätzlich:

$\perp$ (*Orthogonalität*)

genommen.

(2) Räumliche Geometrie

L_{GR} ist eine Erweiterung von L_{EG} mit der neuen Variablensorte e (*Ebenen*). Wir schreiben im räumlichen Fall:

R für $\mathcal{V}^P$ und

$\alpha_0, \alpha_1, \ldots$ für $v_0^e, v_1^e, \ldots$

Als weitere Grundbegriffe benutzt man für die euklidische Geometrie auch die *Streckenkongruenz* (eine vierstellige Relation D zwischen Punkten, so daß $P_0P_1P_2P_3 .\in D$ bedeutet: *die Strecke* $\overline{P_0P_1}$ *ist kongruent zur Strecke* $\overline{P_2P_3}$) sowie die *Zwischenrelation* (eine dreistellige Relation B zwischen Punkten, so daß $P_0P_1P_2 .\in B$ bedeutet: *der Punkt* P_1 *liegt auf der Strecke* $\overline{P_0P_2}$).

(3) Endlich dimensionale Geometrie

Hierbei ist an eine Sprache gedacht, in der man über endlich dimensionale lineare Teilräume eines endlich dimensionalen affinen oder projektiven Raumes reden kann. Da man auch über die Dimension reden will (die eine ganze Zahl $\geqslant -1$ ist), empfiehlt sich eine Sprache, die Erweiterung von $L(\mathbb{Z}; +, \cdot, \leqslant)$ ist (wobei diese Teilsprache stets in der Standardweise interpretiert werden soll). Als neue Variablensorte nehmen wir TR (*Teilräume*) hinzu und schreiben:

TR für $\mathcal{V}^{TR}$ und

$L_0, L_1, \ldots$ für $v_0^{TR}, v_1^{TR}, \ldots$

Als neue Konstanten treten hinzu

dim (*Dimensionsfunktion*),

$\sqcap, \sqcup$ (*Durchschnitt, Kompositum von Teilräumen*)

sowie ggf.

$\perp$ (*Orthogonalität*).

Die entstehende Sprache sei L_G.

In dieser Sprache L_G ist die Zahlensprache $L(\mathbb{Z}; +, \cdot, \leqslant)$ als Hilfssprache enthalten (weil dim: $TR \longrightarrow \mathbb{Z}$). In ähnlicher Weise ist in der Sprache L_{MR} die Zahlensprache $L(\mathbb{R}; +, \cdot, \leqslant)$ enthalten (weil $d: R \times R \longrightarrow \mathbb{R}$). So wie man in der Theorie der metrischen Räume Sätze über Zahlen stillschweigend benutzt und nicht als eigene Axiome für metrische Räume formuliert, wird man auch in der Geometrie Sätze über Zahlen benutzen (d. h. stillschweigen als Axiome voraussetzen) und nicht als geometrische Axiome explizit formulieren.

Darüber hinaus benutzt man in der Mathematik auch andere Hilfsmittel, z. B. analytische, algebraische, topologische, wo immer es nützlich ist. Man ist in mathematischen Theorien nicht auf eine feste Sprache fixiert, sondern offen für Erweiterungen der Sprache und das Einbringen weiterer Hilfstheorien.

In der Praxis treten die von uns angegebenen Sprachen und Theorien in mehr oder weniger gemischter Weise auf.

Aufgaben:

1. In L_O:

   x, y seien nicht frei im Term A. Dann zeige man

   $A \subseteq G \mathrel{|\!\underset{HO}{=\!=}} \forall x$ (x ist Supremum von $A \leftrightarrow$
   x ist Infimum von $\{y | y$ ist obere Schranke von $A\}$).

2. In L_{GR} Zeige man:

   (a) $\underline{1}^{-1} = \underline{1}$,

   (b) $(x_0^{-1})^{-1} = x_0$,

   (c) $(x_0 \cdot x_1)^{-1} = x_1^{-1} \cdot x_0^{-1}$.

3. In L_{VR} formalisiere man:

   (a) Die Vektoren $\vec{x}_1, \ldots, \vec{x}_n$ sind linear unabhängig.

   (b) Die Vektoren $\vec{x}_1, \ldots, \vec{x}_n$ sind eine Basis.

   (c) Der Raum ist unendlich dimensional
   (Formalisierung durch eine Menge von Aussagen).

4. In L_{MR} zeige man:

   (a) $A \subseteq R \mathrel{|\!\underset{MR}{=\!=}} A^{\circ\circ} = A^\circ$.

   (b) $A \subseteq R\ \ B \subseteq R \mathrel{|\!\underset{MR}{=\!=}} (A \cap B)^\circ = A^\circ \cap B^\circ$

5. In L_{RG} formalisiere man die folgenden Axiome der Verknüpfung
   (nach D. Hilbert: Grundlagen der Geometrie):

   I 1. Zu zwei Punkten A, B gibt es stets eine Gerade a, die mit jedem der beiden Punkte A, B zusammengehört.

   I 2. Zu zwei Punkten A, B gibt es nicht mehr als eine Gerade, die mit jedem der beiden Punkte A, B zusammengehört.

   I 3. Auf einer Geraden gibt es stets wenigstens zwei Punkte. Es gibt wenigster drei Punkte, die nicht auf einer Geraden liegen.

   I 4. Zu irgend drei nicht auf ein und derselben Geraden liegenden Punkten A, B, C gibt es stets eine Ebene α, die mit jedem der drei Punkte A, B, C zusammengehört. Zu jeder Ebene gibt es stets einen mit ihr zusammengehörigen Punkt.

   I 5. Zu irgend drei nicht auf ein und derselben Geraden liegenden Punkten A, B, C gibt es nicht mehr als eine Ebene, die mit jedem der drei Punkte A, B, C zusammengehört.

I 6. Wenn zwei Punkte A, B einer Geraden a in einer Ebene α liegen, so liegt jeder Punkt von a in der Ebene α.

I 7. Wenn zwei Ebenen α, β einen Punkt A gemein haben, so haben sie wenigstens noch einen weiteren Punkt B gemein.

I 8. Es gibt wenigstens vier nicht in einer Ebene gelegene Punkte.

(„zusammengehören", „liegt auf", „liegt in", „geht durch" sind synonym mit „ist inzident mit".)

ZEICHENINDEX

Mit diesem Index soll es einerseits ermöglicht werden, zu einem Zeichen die Stelle zu finden, an der es definiert oder eingeführt wurde. Andererseits gibt der Index einen stichwortartigen Überblick über den Inhalt des Buches (die Begriffe, nicht die Sätze). Deshalb sind auch Zeichen aufgenommen, die nur einmal vorkommen, sowie solche verbalen Ausdrücke, die in einer formalen Sprache definiert wurden und damit den Status eines formalen Ausdrucks erlangt haben.

Der Index ist in einen allgemeinen Teil und einen Beispielteil gegliedert. Die Ziffern geben die Seitenzahlen an.

A. Allgemeiner Teil

1. Sorten

2. Bereiche

3. Nichtlogische Konstanten

4. Variablen

Objektsprachliche Variablen:

8. *Metasprachliche Zeichen*

9. Regeln

Grundregeln sind durch das Zeichen ° an der Seitenzahl hervorgehoben.

B. Beispielteil

1. Sorten

2. Bereiche

3. Nichtlogische Konstanten

4. Variablen

Objektsprachliche Variablen:

Syntaktische Variablen:

5. Formale Sprachen

Besondere Sprachen:

6. Axiomensysteme und Theorien

Besondere Axiomensysteme und Theorien:

Ax_{HO}, Ax_O, Ax_{GR}, Ax_{RI} usw. (Axiomensysteme für Halbordnungen, 58, Ordnungen, 61, Gruppen, 62, Ringe 63 usw.),

T_{HO}, T_O, T_{GR}, T_{RI} usw. (Theorien der Halbordnungen, Ordnungen, Gruppen, Ringe usw., 82).

7. Objektsprachliche Zeichen

In L_{AR} und L_{RI}:

X^n (Potenzen, 43),
nX (Vielfache, 43).

In L_{AR};

0 (Null, 48),
1 (Eins, 49),
2, 3, 4, ... (Ziffern, 49),
$-X$, $X-X$ (Negatives, Differenz, 52),
X^{-1}, $\frac{Y}{X}$ (Inverses, Quotient, 53),
Re, Im (Real- und Imaginarteil, 54),
μ (Operator der kleinsten natürlichen Zahl, 55),
$<$, $\geqslant$, $>$ (Ordnungsbeziehungen, 55, 60).

In L_O:

X ist kleinstes (größtes) Element,(60),
X ist minimal (maximal)(60),
$\|$ (unvergleichbar, 61),
X ist Kette (Antikette)(202),
x_0 ist oberer (unterer) Nachbar von x_1 (203),
$\leqslant$ ist dicht (203),
x ist obere (untere) Schranke von X (203),
x ist Supremum (Infimum) von X (203),
Sup (X) (203).
Inf (X) (203),

In L_{GR}:

x_0 ist linksneutral (rechtsneutral, neutral) (203),
$\underline{1}$ (neutrales Element, 62, 207),
x_1 ist linksinvers (rechtsinvers, invers) zu x_0 (207),
X^{-1} (Inverses von X, 62, 209).

In L_{AGR}:

$\underline{0}$ (Nullelement, 63),
$-X$ (Negatives von X, 63).

Besondere Folgerungszeichen:

$\models_{\overline{HO}}$, $\models_{\overline{O}}$, $\models_{\overline{GR}}$, $\models_{\overline{RI}}$ usw. (in T_{HO}, T_O, T_{GR}, T_{RI} usw., 84),
$\models_{\overline{\mathbb{Q},\leqslant}}$, $\models_{\overline{\mathbb{N}}}$ usw. (in $T_{\mathbb{Q},\leqslant}$, $T_{\mathbb{N}}$ usw., 84).

LÖSUNGEN DER AUFGABEN

§ 1.

1. Siehe § 20 *f*; 2.
2. Siehe § 20 *d*.
3. Keine besonderen Variablensorten, nichtlogische Konstanten: M (ist ein Mann), H (trug Handschuhe), E (beging den Einbruch), K (Karl).

§ 3.

1. Wir behandeln hier nur (a), . . . , (e)

(a) $v_1^{\mathbb{R}}$, $v_0^{\mathbb{R}}$ sind Terme, da Variablen, somit ist $\langle v_1^{\mathbb{R}}, v_0^{\mathbb{R}} \rangle$ Term. $\leqslant$ ist Term, da Konstante. Dann ist $\langle v_1^{\mathbb{R}}, v_0^{\mathbb{R}} \rangle \in \leqslant$ Formel.

(b) $v_1^{\mathbb{R}} = v_0^{\mathbb{R}}$ ist Formel, $\neg\, v_1^{\mathbb{R}} = v_0^{\mathbb{R}}$ ist Formel. Dann ist $(\langle v_1^{\mathbb{R}}, v_0^{\mathbb{R}} \rangle \in \leqslant \wedge \neg\, v_1^{\mathbb{R}} = v_0^{\mathbb{R}})$ Formel und auch $\neg(\langle v_1^{\mathbb{R}} v_0^{\mathbb{R}} \rangle \in \leqslant \wedge \neg v_1^{\mathbb{R}} = v_0^{\mathbb{R}})$.

(c) $\langle v_0^{\mathbb{R}}, v_1^{\mathbb{R}} \rangle \in \leqslant$ und $\langle v_1^{\mathbb{R}}, v_0^{\mathbb{R}} \rangle \in \leqslant$ sind Formeln (wie in (a)). Dann ist $(\langle v_0^{\mathbb{R}}, v_1^{\mathbb{R}} \rangle \in \leqslant \vee \langle v_1^{\mathbb{R}}, v_0^{\mathbb{R}} \rangle \in \leqslant)$ Formel und auch $\forall v_1^{\mathbb{R}}(\langle v_0^{\mathbb{R}}, v_1^{\mathbb{R}} \rangle \in \leqslant \vee \langle v_1^{\mathbb{R}}, v_0^{\mathbb{R}} \rangle \in \leqslant)$ und $\forall v_0^{\mathbb{R}}\ \forall v_1^{\mathbb{R}}\ (\langle v_0^{\mathbb{R}}, v_1^{\mathbb{R}} \rangle \in \leqslant \vee \langle v_1^{\mathbb{R}}, v_0^{\mathbb{R}} \rangle \in \leqslant)$.

(d) v_0^G, v_1^G, v_0 sind Terme und dann auch $\langle v_0^G, v_1^G \rangle$ und $\langle\langle v_0^G, v_1^G \rangle, v_0 \rangle$. Weil $+$ ein Term ist, ist dann $\langle\langle v_0^G, v_1^G \rangle, v_0 \rangle \in +$ Formel und $\iota v_0\ \langle\langle v_0^G, v_1^G \rangle, v_0 \rangle \in +$ Term.

(e) Der Term aus (d) werde mit X_1 bezeichnet. Ähnlich ist $\iota v_0\ \langle\langle v_1^G, v_0^G \rangle, v_0 \rangle \in +$ ein Term, der mit X_2 bezeichnet sei. Dann ist $X_1 = X_2$ Formel, $\forall v_1^G\ X_1 = X_2$ Formel und $\forall v_0^G\ \forall v_1^G\ X_1 = X_2$ Formel. Das ist aber der angegebene Ausdruck.

2.

(a) kein Ausdruck, (b) Formel, (c) kein Ausdruck
(d) Formel, (e) Formel, (f) Formel,
(g) kein Ausdruck, (h) Term, (i) kein Ausdruck,
(j) kein Ausdruck.

§ 4.

1.

(a) Siehe Aufgabe 1 a von § 3.
(b) Siehe Aufgabe 1 c von § 3.
(c) Siehe Aufgabe 1 d von § 3.
(d) Siehe Aufgabe 1 e von § 3.
(e) Siehe Aufgabe 1 f von § 3.
(f) $\forall v_0\,(v_0 \in \{v_0^G \mid v_0^G = v_0^G\} \longrightarrow \forall v_1\,(v_1 \in \{v_0^G \mid v_0^G = v_0^G\} \longrightarrow$
$(((\langle v_0, v_1\rangle \in \leqslant \wedge \langle v_1, v_0\rangle \in \leqslant) \longrightarrow v_0 = v_1))).$

(g) $((((\phi_0 \wedge \phi_1) \wedge \phi_2) \longrightarrow (\psi_0 \vee \psi_2)) \longleftrightarrow ((((((\phi_0 \longrightarrow \psi_0) \vee$
$(\phi_0 \longrightarrow \psi_1)) \vee (\phi_1 \longrightarrow \psi_0)) \vee (\phi_1 \longrightarrow \psi_1)) \vee (\phi_2 \longrightarrow \psi_0)) \vee$
$(\phi_2 \longrightarrow \psi_1))).$

2.

(a) $\overset{1}{\exists} x_0\; x_0 \in G,$
(b) $\overset{1}{\exists} x_0\; x_0 \in G \longrightarrow \forall x_0\; x_1\,(x_0 = x_1),$
(c) $n_1 + n_0,$
(d) $\overset{1}{\exists} n_0\; \forall n_1\; n_1 + n_0 = n_1,$
(e) $x_0^2 + x_1 \cdot x_0 + x_2,$
(f) $\neg \bigwedge_{0 \leqslant \nu < 4} \phi_\nu \vee \psi \,.\!\longleftrightarrow\!.\, \bigwedge_{0 \leqslant \nu < 4} \phi_\nu \longrightarrow \psi.$

3. Freie Variablen:

(a) $v_0^{\mathbb{R}}, v_1^{\mathbb{R}}$; (b): $v_0^{\mathbb{R}}, v_1^{\mathbb{R}}$; (c): $-$; (d): v_0^G, v_1^G;
(e): $-$; (f): $v_0^{\mathbb{R}}, v_1^{\mathbb{R}}$; (g): $-$; (h): $-$;
(i): $v_0^{\mathbb{N}}, v_1^{\mathbb{N}}$; (j): $-$; (k): $-$; (l): $-$;
(m): v_0^G, v_1^G, v_2^G; (n): $v_0^{\mathbb{R}}$.

Gebundene Variablen:

(a): – ;	(b): – ;	(c): $v_0^{\mathbb{R}}, v_1^{\mathbb{R}}$;
(d): v_G ;	(e): v_0^G, v_1^G, v_0 ;	(f): $v_2^{\mathbb{R}}, v_0$,
(g): v_0^G, v_1^G ;	(h): v_0^G, v_1^G ;	(i): v_0 ;
(j): $v_0^{\mathbb{N}}, v_1^{\mathbb{N}}, v_0$;	(k): $v_0^{\mathbb{N}}, v_1^{\mathbb{N}}, v_0$,	(l): $v_0^{\mathbb{N}}, v_1^{\mathbb{N}}, v_0^{\mathbb{R}}, v_0$;
(m): v_0 ;	(n): $v_0^{\mathbb{N}}, v_1^{\mathbb{N}}, v_1^{\mathbb{R}}, v_1$.	

§ 5.

1.

(a) Siehe Aufgabe 1 b von § 3.
(b) Siehe Aufgabe 1 l von § 3.
(c) 0.
(d) $\iota x_1\, (0 \leqslant x_1 \wedge x_1^2 = x_0)$, d. h. $\sqrt{x_0}$.

2.

(a) $\exists n_2\; n_0 \cdot n_2 = n_1$, Abkürzung dafür: $n_0 \mid n_1$.
(b) $n_0 \mid n_1 \wedge n_0 \mid n_2 \wedge \forall n_3\, (n_3 \mid n_1 \wedge n_3 \mid n_2 \longrightarrow n_3 \mid n_0)$.
(c) $n_1 \mid n_0 \wedge n_2 \mid n_0 \wedge \forall n_3\, (n_1 \mid n_3 \wedge n_2 \mid n_3 \longrightarrow n_0 \mid n_3)$.
(d) $n_0 \neq 1 \wedge \forall n_1\, (n_1 \mid n_0 \longrightarrow n_1 = 1 \vee n_1 = n_0)$.
(e) $\sqrt{\mathrm{Re}(z_0)^2 + \mathrm{Im}\,(z_0)^2}$ zu $\sqrt{}$ vgl. Aufg. 1 d).

3.

(a) $\forall x_1 \ldots . x_n\, \exists x_0 (x_0^n + x_1 \cdot x_0^{n+1} + \ldots . + x_{n-1} \cdot x_0 + x_n = \underline{0})$.
(b) $n\underline{1} = \underline{0}$.

4.

(a) $\neg\, \iota v_0^M\, \exists v_0^Z (v_0^Z \leqslant \text{jetzt} \wedge (\textit{Frieda}, v_0^M \infty v_0^Z) \wedge \overset{1}{\exists} v_1^M\, \exists v_1^Z (v_1^Z < v_0^Z$
$\wedge\, v_1^M \neq v_0^M \wedge (\textit{Frieda}, v_1^M \infty v_1^Z)))$ *Lebt jetzt.*

(b) $\textit{Hans} \in ♂ \wedge \neg \exists v_0^M\, (\textit{Hans Elt } v_0^M \wedge \textit{Martha Elt } v_0^M)$
$\wedge\, \exists v_0^Z v_0^M v_1^M\, (\textit{Hans Elt } v_0^M \wedge \textit{Martha Elt } v_1^M \wedge v_0^M v_1^M \infty v_0^Z)$.

(c) $\exists v_0^Z\, (v_0^M \textit{ Lebt } v_0^Z \wedge v_1^M \textit{ Lebt } v_0^Z)$.

(d) Erste Leseart: absolut jüngster Sohn:

$Karl\ So\ Kurt \wedge \neg \exists v_0^M (v_0^M\ So\ Kurt \wedge Karl\ Älter\ v_0^M);$

Zweite Lesart: derzeit jüngster Sohn:

$$Karl\ So\ Kurt \wedge GT(Karl) \leqslant jetzt \neg \exists v_0^M (GT(v_0^M) \leqslant jetzt \wedge v_0^M\ So\ Kurt \wedge Karl\ Älter\ v_0^M);$$

Dritte Lesart: derzeit jüngster lebender Sohn
(hier nicht formalisiert).

5.

$\iota v_0 (v_0 \in M \wedge v_0 \in E) \in H.$
$K \notin H.$
$K \notin E.$

§ 6.

1 ϕ ist in $\mathfrak{J}$ erfüllbar genau dann, wenn $\exists \ldots \phi$ in $\mathfrak{J}$ wahr ist.
ϕ gilt in $\mathfrak{J}$ genau dann, wenn $\forall \ldots \phi$ in $\mathfrak{J}$ wahr ist.

2.

(a) ϕ ist allgemeingültig.

(b) Γ ist in keiner Interpretation erfüllbar, Γ ist widerspruchsvoll.

(c) Sei $\Gamma \models \phi$ und $\mathfrak{J}, \mathfrak{B}$ Mod Γ. Dann $\mathfrak{J}, \mathfrak{B}$ Mod ϕ, also non $\mathfrak{J}, \mathfrak{B}$ Mod $\neg\phi$. Somit ist Γ vermehrt um $\neg\phi$ unerfüllbar. Sei Γ vermehrt um $\neg\phi$ unerfüllbar. Wenn $\mathfrak{J}, \mathfrak{B}$ Mod Γ, so muß non $\mathfrak{J}, \mathfrak{B}$ Mod $\neg\phi$ sein, d. h. $\mathfrak{J}, \mathfrak{B}$ Mod ϕ. Das zeigt $\Gamma \models \phi$.

3. Beweis durch Induktion über den Aufbau der Ausdrücke.

(a) Für nichtlogische Konstanten und für Variablen ergibt sich die Behauptung sofort (Induktionsanfänge).

(b) Sei X aus X_1, X_2 durch einen der syntaktischen Aufbauprozesse gebildet, der zu $\in, =, \neg$ (in diesem Fall kann man X_2 ignorieren), $\wedge, \vee, \longrightarrow, \longleftrightarrow, \langle\,\rangle$ gehört. Der Wert $X^{\mathfrak{J},\mathfrak{V}}$ bestimmt sich eindeutig aus den Werten $X_1^{\mathfrak{J},\mathfrak{B}}$, $X_2^{\mathfrak{J},\mathfrak{B}}$ (sog. Extensionalität), also folgt aus $X_1^{\mathfrak{J}_1,\mathfrak{B}_1} = X_1^{\mathfrak{J}_2,\mathfrak{B}_2}$ und $X_2^{\mathfrak{J}_1,\mathfrak{B}_1} = X_2^{\mathfrak{J}_2,\mathfrak{B}_2}$ (Induktionsvoraussetzung) auch $X^{\mathfrak{J}_1,\mathfrak{B}_1} = X^{\mathfrak{J}_2,\mathfrak{B}_2}$ (Induktionsbehauptung).

(c) Sei $I^s_{\mathfrak{J}_1} = I^s_{\mathfrak{J}_2}$ (wie es der Fall ist, wenn in X gebundenes v^s auftaucht). Dann für jedes $x \in I^s_{\mathfrak{J}_1}$

(*) $\quad X_1^{\mathfrak{J}_1, \mathfrak{B}_{1x}^{v^s}} = X_1^{\mathfrak{J}_2, \mathfrak{B}_{2x}^{v^s}}$ (Induktionsvoraussetzung).

Sei X aus v_s und X_1 durch einen der syntaktischen Prozesse aufgebaut, die sich auf $\forall$, $\exists$, ι, $\{\,|\,\}$ beziehen.
Der Wert von $X^{\mathfrak{J},\mathfrak{B}}$ hängt nur von der Klasse der $x \in I_{\mathfrak{J}}^s$ mit $X_1^{\mathfrak{J},\mathfrak{B}_x^{v^s}} = w$ ab, die hier für $\mathfrak{J}_1, \mathfrak{B}_1$ bzw. $\mathfrak{J}_2, \mathfrak{B}_2$ dieselbe ist wegen (*). Daraus folgt $X^{\mathfrak{J}_1, \mathfrak{B}_1} = X^{\mathfrak{J}_2, \mathfrak{B}_2}$ (Induktionsbehauptung).

4. Sei $\Gamma \models_L \phi$, $\mathfrak{J}', \mathfrak{B}'$ zur Sprache L' und $\mathfrak{J}', \mathfrak{B}'$ Mod Γ.
Man schränke $\mathfrak{J}', \mathfrak{B}'$ auf L ein (indem man die Interpretation der nicht zu L' gehörenden Variablen und Konstanten vergißt. So erhalte man $\mathfrak{J}, \mathfrak{B}$, und es gilt

$$\mathfrak{J}, \mathfrak{B} \text{ Mod } \psi \text{ genau dann, wenn } \mathfrak{J}', \mathfrak{B}' \text{ Mod } \psi$$

für jede Formel ψ von L (Koinzidenztheorem). Damit

$\mathfrak{J}, \mathfrak{B}$ Mod Γ (Koinzidenztheorem),
$\mathfrak{J}, \mathfrak{B}$ Mod ϕ (weil $\Gamma \models_L \phi$),
$\mathfrak{J}', \mathfrak{B}'$ Mod ϕ (Koinzidenztheorem).

Das zeigt $\Gamma \models_{L'} \phi$.

Sei $\Gamma \models_{L'} \phi$, $\mathfrak{J}, \mathfrak{B}$ zur Sprache L und $\mathfrak{J}, \mathfrak{B}$ Mod Γ.
Man erweitere $\mathfrak{J}, \mathfrak{B}$ auf L' (indem man die nicht zu L gehörenden Konstanten und Variablen irgendwie interpretiert). So erhalte man $\mathfrak{J}', \mathfrak{B}'$. Dann:

$\mathfrak{J}', \mathfrak{B}'$ Mod Γ (Koinzidenztheorem),
$\mathfrak{J}', \mathfrak{B}'$ Mod ϕ (weil $\Gamma \models_{L'} \phi$),
$\mathfrak{J}, \mathfrak{B}$ Mod ϕ (Koinzidenztheorem).

Das zeigt $\Gamma \models_L \phi$.

5. Es ist non $\iota v_0 (v_0 \in M \wedge v_0 \in E) \in H,\ K \notin H \models K \notin E$.
Gegenbeispielinterpretation, die die Prämissen wahr und die Konclusio falsch macht: $M \triangleq$ Primzahl, $E \triangleq$ gerade, $H \triangleq$ ist kleiner als 5, $K \triangleq 6$.

Fehlende Prämissen: $\overset{1}{\exists} v_0\ (v_0 \in M \wedge v_0 \in E), K \in M$.

6. Wenn T ein Modell $\mathfrak{J}, \mathfrak{B}$ hat (d), so (wegen $\bot^{\mathfrak{J},\mathfrak{B}} = F$) $\bot \notin T$ (a), also auch (c) und (wegen $\phi^{\mathfrak{J},\mathfrak{B}} = F$ oder $\neg\phi^{\mathfrak{J},\mathfrak{B}} = F$) auch (b).
Wenn T kein Modell hat ($\neg$ d), so folgt jede Aussage aus T, und man hat sofort ($\neg$ a), ($\neg$ b), ($\neg$ c).
Also sind (a), (b), (c) zu (d) und damit auch untereinander äquivalent.

§ 7.

1.

ϕ_0	ϕ_1	ϕ_2	$(\phi_0$	$\wedge$	$\neg$	$\phi_1)$	$\longrightarrow$	$(\neg$	ϕ_2	$\longrightarrow$	$(\phi_1$	$\longrightarrow$	$\phi_0))$
W	W	W	W	F	F	W	(W)	F	W	W	W	W	W
F	W	W	F	F	F	W	(W)	F	W	(W)	W	F	F
W	F	W	W	W	W	F	W	F	W	W	F	W	(W)
F	F	W	F	F	(W)	F	W	F	W	W	F	W	F
W	W	F	W	F	F	W	W	W	F	W	W	W	W
F	W	F	F	F	F	W	W	W	F	F	W	F	F
W	F	F	W	W	W	F	W	W	F	W	F	W	W
F	F	F	F	F	W	F	W	W	F	W	F	W	F

§ 9.

1.

(a) ja, (b) ja, (c) nein.

2.

(a) 1. Sei $\exists v_0\, v_0 \in P$, und zwar $v_1 \in P$ (Annahmeneinführung und Beispieleinführung).

2. Sei $\forall v_0\, (v_0 \in M \longrightarrow v_0 \notin Q)$, dann speziell $v_1 \in M \longrightarrow v_1 \notin Q$ (Annahmeneinführung und Spezialisierung).

3. Sei $\forall v_0\, (v_0 \in P \longrightarrow v_0 \in M)$, dann speziell $v_1 \in P \longrightarrow v_1 \in Q$ (wie 2).

4. Dann $v_1 \in P \wedge v_1 \notin Q$ (tautologischer Schluß).

5. Dann erst recht $\exists v_0\, (v_0 \in P \wedge v_0 \notin Q)$ (Partikularisierung).

6. Die jetzt überflüssige Annahme $v_1 \in P$ wird gestrichen (Beispielbeseitigung). ∎

(b) (gegenüber (a) etwas verkürzt)

1. Sei $\exists v_0 \, (v_0 \in P \wedge v_0 \in M)$, und zwar $v_1 \in P \wedge v_1 \in M$.
2. Sei $\forall v_0 \, (v_0 \in M \longrightarrow v_0 \in Q)$, dann speziell $v_1 \in M \longrightarrow v_1 \in Q$.
3. Daraus tautologisch $v_1 \in P \wedge v_1 \in Q$, also auch $\exists v_0 \, (v_0 \in P \wedge v_0 \in Q)$. ∎

3. Formale Sprache (und Interpretation):
Konstanten: A (ist Einwohner von A-Stadt), B (ist Barbier), ♂ (ist männlich), R (rasiert). Keine besonderen Variablensorten.

Formalisierung:

(a) $\forall v_0 \, (v_0 \in B \wedge v_0 \in A \longrightarrow \forall v_1 \, (v_1 \in ♂ \wedge v_1 \in A \longrightarrow (v_0 \, R \, v_1 \longleftrightarrow \neg v_1 \, R \, v_1)).$

(b) $\neg \exists v_0 \, (v_0 \in B \wedge v_0 \in A)$.

Zusätzliche Prämisse: (c) $\forall v_0 \, (v_0 \in B \longrightarrow v_0 \in ♂)$.

Beweis von (a), (c) $\models$ (b) indirekt.

1. Sei $\exists v_0 \, (v_0 \in B \wedge v_0 \in A)$ (indirekte Annahme), und zwar $v_2 \in B \wedge v_2 \in A$ (Beispieleinführung).
2. Wegen (c) (Annahme) ist speziell $v_2 \in B \longrightarrow v_2 \in ♂$.
3. Wegen (a) (Annahme) ist speziell $v_2 \in B \wedge v_2 \in A \longrightarrow \forall v_1 \, (v_1 \in ♂ \wedge v_1 \in \mathrm{A} \longrightarrow (v_2 \, R \, v_1 \longleftrightarrow v_1 \, R \, v_1)).$
4. Mit (1) also $\forall v_1 \, (v_1 \in ♂ \wedge v_1 \in A \longrightarrow (v_2 R \, v_1 \longleftrightarrow \neg v_1 R \, v_1))$.
5. Daraus speziell $v_2 \in ♂ \wedge v_2 \in A \longrightarrow (v_2 R \, v_2 \longleftrightarrow \neg v_2 R \, v_2)$.
6. Mit (1, 2) folgt der Widerspruch $v_2 R \, v_2 \longleftrightarrow \neg v_2 R \, v_2$, und die Annahme (1) ist widerlegt, d. h. $\neg \exists v_0 \, (v_0 \in B \wedge v_0 \in A)$.

Beispielbeseitigung (d. h. das Vergessen der Annahme $v_2 \in B \wedge v_2 \in A$) erwähnen wir hier der Vollständigkeit halber auch noch. ∎

Wer natürlich die Prämisse (c) ablehnt (und z. B. auch weibliche Barbiere zuläßt), braucht auch die Folgerung nicht zu akzeptieren.

§ 11.

1. Der folgende Beweis zeigt, daß dann alle Formeln auseinander herleitbar wären, was nicht der Fall ist.

$\phi \vdash \phi$ (A)
$\phi \vdash \phi \wedge \psi$ („vierte Konjunktionsregel")
$\phi \vdash \psi$. ∎ (dritte Konjunktionsregel)

2. Zu (10)

$\Sigma, \phi \vdash \psi$	(geg.)	$\Sigma \vdash \neg\phi \vee \psi$	(geg.)
$\Sigma \vdash \phi \longrightarrow \psi$	**(AB)**	$\Sigma \vdash \phi \longrightarrow \psi$	(§ 8; 21)
$\Sigma \vdash \neg\phi \vee \psi$ ∎	**(Taut§ 8; 21)**	$\Sigma, \phi \vdash \psi$. ∎	**(AE)**

Die anderen Regeln analog mit (§ 8; 22).

Zu (14), (15)

$\Sigma, \phi \wedge \psi \vdash \theta$	(geg.)
$\Sigma \vdash \phi \wedge \psi \longrightarrow \phi$	**(AB)**
$\Sigma \vdash \phi \longrightarrow (\psi \longrightarrow \phi)$	(§ 8; 69)
$\Sigma, \phi \vdash \psi \longrightarrow \phi$	**(AE)**
$\Sigma, \phi, \psi \vdash \theta$. ∎	**(AE)**

Zur Eliminierbarkeit der anderen Regel lese man diese Ableitung von unten nach oben.

Zu (16), (17)

$\Sigma, \theta \vdash \phi$	(geg.)	$\Sigma \vdash \theta$	(geg.)
$\Pi, \neg\theta \vdash \phi$	(geg.)	$\Pi \vdash \neg\theta$	(geg.)
$\Sigma, \Pi, \theta \vee \neg\theta \vdash \phi$	**(Dis)**	$\Sigma, \Pi \vdash \theta \wedge \neg\theta$	**(Kon)**
$\vdash \theta \vee \neg\theta$	(§ 8; 3)	$\theta \wedge \neg\theta \vdash \phi$	(§ 8; 89)
$\Sigma, \Pi \vdash \phi$. ∎	**(S)**	$\Sigma, \Pi \vdash \phi$. ∎	**(S)**

3. Zu (43 a)

$\longrightarrow$:	1	(1) $\vdash \phi \longrightarrow \psi$	**(A)**
	2	(2) $\vdash \forall v\, \phi$	**(A)**
	3	(2) $\vdash \phi$	**($\forall$B)**
	4	(1,2) $\vdash \psi$	**(MP; 1, 3)**
	5	(1, 2) $\vdash \exists v\, \psi$	**($\exists$E)**

6	$(1) \vdash \forall v\, \phi \longrightarrow \exists v\, \psi$	**(AB)**
7	$\exists v\, (\phi \longrightarrow \psi) \vdash \forall v\, \phi \longrightarrow \exists v\, \psi.$ ∎	**(BB)**
$\longleftarrow$: 1	$\psi \vdash \phi \longrightarrow \psi$	(§ 8; 83)
2	$\psi \vdash \exists v\, (\phi \longrightarrow \psi)$	**(∃E)**
3	$\exists v\, \psi \vdash \exists v\, (\phi \longrightarrow \psi)$	**(BB)**
4	$\neg \phi \vdash \phi \longrightarrow \psi$	(§ 8; 84)
5	$\neg \phi \vdash \exists v\, (\phi \longrightarrow \psi)$	**(∃E)**
6	$\exists v \neg \phi \vdash \exists v\, (\phi \longrightarrow \psi)$	**(BB)**
7	$\neg \forall v \phi \vdash \exists v \neg \phi$	**(Satz 40 a)**
8	$\neg \forall v \phi \vdash \exists v\, (\phi \longrightarrow \psi)$	**(S)**
9	$\neg \forall v\, \phi \vee \exists v\, \psi \vdash \exists v\, (\phi \longrightarrow \psi)$	**(Dis**; 3, 8)
10	$\forall v \phi \longrightarrow \exists v\, \psi \vdash \neg \forall v\, \phi \vee \exists v\, \psi$	(§ 8; 21)
11	$\forall v \phi \longrightarrow \exists v\, \psi \vdash \exists v\, (\phi \longrightarrow \psi).$ ∎	**(S)**

Zu (43 b)

	$\forall v\, \psi \vdash \psi$	**(A, ∀B)**
	$\forall v\, \psi \vdash \phi \longrightarrow \psi$	(§ 8; 83)
(*)	$\forall v\, \psi \vdash \forall v\, (\phi \longrightarrow \psi)$	**(∀E)**
	$\forall v \neg \phi \vdash \neg \phi$	**(A, ∀B)**
	$\forall v \neg \phi \vdash \phi \longrightarrow \psi$	(§ 8; 84)
	$\forall v \neg \phi \vdash \forall v\, (\phi \longrightarrow \psi)$	**(∀E)**
	$\neg \exists v\, \phi \vdash \forall v \neg \phi$	**(Satz 40 b)**
(**)	$\neg \exists v\, \phi \vdash \forall v\, (\phi \longrightarrow \psi)$	**(S)**
	$\neg \exists v\, \phi \vee \forall v\, \psi \vdash \forall v\, (\phi \longrightarrow \psi)$	**(Dis, (*), (**))**
	$\exists v\, \phi \longrightarrow \forall v\, \psi \vdash \neg \exists v\, \phi \vee \forall v\, \psi$	(§ 8; 21)
	$\exists v\, \phi \longrightarrow \forall v\, \psi \vdash \forall v\, (\phi \longrightarrow \psi).$ ∎	**(S)**

§ 12.

1. Durch Ersetzung en bloc (die frei ist) gehen alle diese Ausdrücke ineinander über. (a) geht in (b) über, indem $v_0 v_1 . \in C$ durch $v_0 \in K \leftrightarrow v_0 = \perp$ ersetzt wird (v_0-gebunden). (a) geht in (c) über, indem v_1 durch $\iota v_0\; v_0 \in K$ ersetzt wird (frei). (b) geht in (c) über, indem $v_0 \in K \leftrightarrow \perp$ durch $v_0\; \iota v_0\; v_0 \in K. \in C$ ersetzt wird (v_0-gebunden). Ferner jeweils in umgekehrter Richtung.

2. w^s sei eine für den Kontakt neue Variable.

(a)	1	$\vdash w^s = w^s$	**(Id)**
	2	$\phi(w^s) \vdash \phi(w^s)$	**(A)**
	3	$\phi(w^s) \vdash w^s = w^s \wedge \phi(w^s)$	**(Kon)**
	4	$\vdash w^s \in \mathcal{V}^s$	**(Sort)**
	5	$\phi(w^s) \vdash \exists v^s (v^s = w^s \wedge \phi(v^s))$	**(Part)**
	6	$v^s = w^s, \phi(v^s) \vdash \phi(w^s)$	**(Ers)**
	7	$\exists v^s(v^s = w^s \wedge \phi(v^s)) \vdash \phi(w^s)$	**(AV, BB)**
	8	$\vdash \phi(w^s) \longleftrightarrow \exists v^s(v^s = w^s \wedge \phi(w^s))$	(Äq;5,7)
	9	$X \in \mathcal{V}^s \vdash \phi(X) \longleftrightarrow \exists v^s(v^s = X \wedge \phi(X))$. ▮	(Sub)
(b)	1	$w^s = v^s, \phi(w^s) \vdash \phi(v^s)$	(Ers)
	2	$v^s = w^s \vdash w^s = v^s$	(Satz 7)
	3	$v^s = w^s, \phi(w^s) \vdash \phi(v^s)$	(S)
	4	$\phi(w^s) \vdash \forall v^s (v^s = w^s \longrightarrow \phi(v^s))$	(∀B, ∀E)
	5	$\forall v^s(v^s = w^s \longrightarrow \phi(v^s)) \vdash v^s = w^s \longrightarrow \phi(v^s)$	(A, ∀B)
	6	$\forall v^s(v^s = w^s \longrightarrow \phi(v^s)) \vdash w^s = w^s \longrightarrow \phi(u^s)$	(Sub)
	7	$\vdash w^s = w^s$	(Id)
	8	$\forall v^s (v^s = w^s \longrightarrow \phi(v^s)) \vdash \phi(w^s)$	(MP)
	9	$\vdash \phi(w^s) \longleftrightarrow \forall v^s(v^s = w^s \longrightarrow \phi(v^s))$	(Äq;4,8)
	10	$X \in \mathcal{V}^s \vdash \phi(X) \longleftrightarrow \forall v^s(v^s = X \longrightarrow \phi(v^s))$. ▮	(Sub)

§ 13.

1. Es gilt

$$\text{non} \vdash \exists v_0\, v_0 \neq v_1 \longleftrightarrow \exists v_0\, v_0 \neq v_0$$

$$\text{non} \vdash \exists v_0\, v_0 \neq v_1 \longleftrightarrow \exists v_0\, v_1 \neq v_1,$$

denn die rechten Seiten sind stets falsch, die linken in einem mehrelementigen Bereich wahr. Ohne die Prämisse $\forall w_1 \ldots w_n (X \equiv X')$ wäre also der Ersetzungssatz (§ 13; 2) i. a. falsch. Aber die Ersetzung ist v_0-gebunden, und so behauptet (§ 13; 2) nur:

$$\forall v_0\, v_1 = v_0 \vdash \exists v_0\, v_0 \neq v_1 \longleftrightarrow \exists v_0\, v_0 \neq v_0$$

$$\forall v_0\, v_0 = v_1 \vdash \exists v_0\, v_0 \neq v_1 \longleftrightarrow \exists v_0\, v_1 \neq v_1.$$

Dieses sind aber korrekte Zeilen, denn die Prämisse hat nur einelementige Modelle; für diese sind die rechten Seiten erfüllt.

2. (43 a)

$$\exists v\,(\phi \longrightarrow \psi)$$
$$\longleftrightarrow \exists v\,(\neg\phi \vee \psi) \qquad (\S\ 8; 21)$$
$$\longleftrightarrow \exists v\,\neg\phi \vee \exists v\,\psi \qquad (\S\ 11; 40\,\mathrm{d})$$
$$\longleftrightarrow \neg\forall v\,\phi \vee \exists v\,\psi \qquad (\S\ 11; 40\,\mathrm{a})$$
$$.\!\longleftrightarrow\!.\ \forall v\,\phi \longrightarrow \exists v\,\psi. \ \blacksquare \qquad (\S\ 8; 21)$$

(44 a)

$$\forall v\,(\psi \longrightarrow \phi)$$
$$\longleftrightarrow \forall v\,(\neg\psi \vee \phi) \qquad (\S\ 8; 21)$$
$$\longleftrightarrow \forall v\,\neg\psi \vee \phi \qquad (\S\ 11; 42\mathrm{a})$$
$$\longleftrightarrow \neg\exists v\,\psi \vee \phi \qquad (\S\ 11; 40\mathrm{b})$$
$$.\!\longleftrightarrow\!.\ \exists v\,\psi \longrightarrow \phi. \ \blacksquare \qquad (\S\ 8; 21)$$

(44 b)

$$\exists v\,(\psi \longrightarrow \phi)$$
$$.\!\longleftrightarrow\!.\ \forall v\,\psi \longrightarrow \exists v\,\phi \qquad (\S\ 11; 43\mathrm{a})$$
$$.\!\longleftrightarrow\!.\ \forall v\,\psi \longrightarrow \phi. \ \blacksquare \qquad (\S\ 11; 41\mathrm{b})$$

(44 c)

$$\forall v\,(\phi \longrightarrow \psi)$$
$$\longleftrightarrow \forall v\,(\neg\phi \vee \psi) \qquad (\S\ 8; 21)$$
$$\longleftrightarrow \neg\phi \vee \forall v\,\psi \qquad (\S\ 11; 42\mathrm{a})$$
$$.\!\longleftrightarrow\!.\ \phi \longrightarrow \forall v\,\psi. \ \blacksquare \qquad (\S\ 8; 21)$$

(44 d)

$$\exists v\,(\phi \longrightarrow \psi)$$
$$.\!\longleftrightarrow\!.\ \forall v\,\phi \longrightarrow \exists v\,\psi \qquad (\S\ 11; 43\mathrm{a})$$
$$.\!\longleftrightarrow\!.\ \phi \longrightarrow \exists v\,\psi. \ \blacksquare \qquad (\S\ 11; 41\mathrm{a})$$

§ 14.

1.

(a) unverändert.

(b) $\exists v_2\,(v_0 \multimap F \in \{v_0 \mid v_0 \notin Q\} \longleftrightarrow v_2 \multimap F = v_0 \multimap F)$.

(c) $\{v_1 \mid v_1 = c \multimap F\} = \{v_3 \mid \iota v_2\, v_2 \notin Q = v_0 \multimap F\}$.

2.

(a) $$\exists v_1^G\, \forall v_0^G\, (v_0^G = \{v_2^G \mid v_2^G = v_2^G\} \longleftrightarrow v_0^G = v_1^G) \\ \longrightarrow \forall\, v_3^G\, v_4^G\; v_3^G = v_4^G$$

(b) $\exists v_1^{\mathbb{N}}\, \forall v_0^{\mathbb{N}}\, (\forall v_2^{\mathbb{N}}\; \iota v_0\; \langle\langle v_2^{\mathbb{N}}, v_0^{\mathbb{N}}\rangle, v_0\rangle \in + = v_2^{\mathbb{N}} \longleftrightarrow v_0^{\mathbb{N}} = v_1^{\mathbb{N}})$.

(c) $$\iota v_0\; \langle\langle \iota v_1\; \langle\langle \iota v_2\; \langle\langle v_0^G, v_0^G\rangle, v_2\rangle \in \cdot, \\ \iota v_3\; \langle\langle v_1^G, v_0^G\rangle, v_3\rangle \in \cdot\rangle, v_1\rangle \in +, v_2^G\rangle, v_0\rangle \in +.$$

(d) $\forall v_0\, (\exists v_1\, v_1 \in C \wedge \exists v_2\, v_2 \in D \longrightarrow (v_0 \in C \longrightarrow v_0 \in D))$.

3.

(a) $$\forall x_0\, x_1\, x_2\, ((\neg x_0 \leqslant x_1 \vee \neg \underline{0} \leqslant x_2 \vee x_0 \cdot x_2 \leqslant x_1 \cdot x_2) \\ \wedge (\neg x_0 \leqslant x_1 \vee \neg \underline{0} \leqslant x_2 \vee x_2 \cdot x_0 \leqslant x_2 \cdot x_1)).$$

(b) $\forall x_0\, \exists x_1\, ((x_0 = \underline{0} \vee x_0 \cdot x_1 = \underline{1}) \wedge (x_0 = \underline{0} \vee x_1 \cdot x_0 = \underline{1}))$.

(c) $$\forall v_0\, v_1\, \exists v_3\, \forall v_2\, ((v_0 \notin \mathbb{M} \vee v_1 \notin \mathbb{M} \vee v_1 \notin v_0 \vee v_3 \in \mathbb{M}) \\ \wedge (v_0 \notin \mathbb{M} \vee v_1 \notin \mathbb{M} \vee v_1 \notin v_0 \vee v_3 \in v_0) \\ \wedge (v_0 \notin \mathbb{M} \vee v_1 \notin \mathbb{M} \vee v_1 \notin v_0 \vee v_2 \notin \mathbb{M} \\ \vee v_2 \notin v_3 \vee v_2 \notin v_0)).$$

(d) $\forall v_0\, v_1\, v_2\, (v_1 \notin C \vee v_2 \notin D \vee v_0 \notin C \vee v_0 \in D)$.

4.

(a) $\exists v_0\, (\exists v_0\, v_0 \in C \wedge \exists v_0\, v_0 \in D \wedge v_0 \in C \wedge v_0 \notin D)$.

(b) $$(\exists v_0 \in \mathbb{M})\, ((\exists v_1 \in \mathbb{M})\, v_1 \in v_0 \wedge (\forall v_1 \in \mathbb{M})\, (v_1 \notin v_0 \vee (\exists v_2 \in \mathbb{M}) \\ (v_2 \in v_1 \wedge v_2 \in v_0))).$$

§ 15.

1. $I^s_{\mathfrak{I}}$ hat vier oder fünf Elemente.

2.

(a) Es gibt genau drei v^s mit ϕ. Höchstens eines davon ist ein v^s mit ψ. Da es insgesamt zwei v^s mit ψ gibt, muß es mindestens vier v^s mit $\phi \vee \psi$ geben.

(b) Es gibt genau drei v^s mit ϕ und genau zwei v^s mit ψ. Wenn diese alle verschieden sind, so gibt es fünf v^s mit $\phi \vee \psi$. Es können aber auch weniger sein, wenn die v^s mit ϕ und die v^s mit ψ teilweise übereinstimmen.
Ein formaler Beweis mit den bis jetzt bereitgestellten Mitteln wäre sehr umständlich. Im Rahmen der später entwickelten Anzahltheorie kann man die obigen Überlegungen direkter nachvollziehen.

3.
$$\exists w_0^s (\phi (w_0^s) \wedge \overset{>n}{\exists} w_1^s (\phi(w_1^s) \wedge w_0^s \neq w_1^s))$$
$$\longleftrightarrow \exists w_0^s (\phi (w_0^s) \wedge \exists w_1^s \ldots w_{n+1}^s (\bigwedge_{1 \leqslant i \leqslant n+1} (\phi(w_i^s) \wedge w_0^s \neq w_i^s) \wedge \neq (w_1, \ldots, w_{n+1})))$$
$$\longleftrightarrow \exists w_0^s \ldots w_{n+1}^s (\phi(w_0^s) \wedge \bigwedge_{1 \leqslant i \leqslant n+1} \phi(w_i^s) \wedge \bigwedge_{1 \leqslant i \leqslant n+1} w_0^s \neq w_i^s \wedge \neq (w_1, \ldots, w_{n+1})))$$
$$\longleftrightarrow \exists w_0^s \ldots w_{n+1}^s (\bigwedge_{0 \leqslant i \leqslant n+1} \phi(w_i^s) \wedge \neq (w_0^s, \ldots, w_{n+1}^s))$$
$$\longleftrightarrow \overset{>n+1}{\exists} w_0^s \phi (w_0^s). \blacksquare$$

4.

(a) $\overset{\infty}{\exists} n \, \phi \longleftrightarrow_{\mathrm{Df}} \forall m \, \exists n \, (m \leqslant n \wedge \phi)$ (m nicht frei in ϕ).

(b) $\overset{\text{fast}}{\forall} n \, \phi \longleftrightarrow_{\mathrm{Df}} \exists m \, \forall n \, (m \leqslant n \longrightarrow \phi)$ (m nicht frei in ϕ).

5.
$$\overset{1}{\exists} v^s \, \phi (v^s)$$
$$\longleftrightarrow \exists v^s \, \phi (v^s) \wedge \forall w_1^s w_2^s (\phi (w_1^s) \wedge \phi (w_2^s) \longrightarrow w_1^s = w_2^s) \qquad (\S\ 15;3)$$
$$\longleftrightarrow (\exists u \in \mathcal{U}^s) \, \phi (u) \wedge (\forall u_1 \in \mathcal{U}^s) (\forall u_2 \in \mathcal{U}^s) (\phi(u_1) \wedge \phi(u_2) \longrightarrow u_1 = u_2) \qquad (\S\ 11;38)$$

$$\longleftrightarrow \exists u\,(u \in \mathcal{V}^s \wedge \phi(u)) \wedge \forall u_1 (u_1 \in \mathcal{V}^s \longrightarrow \forall u_2 (u_2 \in \mathcal{V}^s) \longrightarrow$$
$$(\phi(u_1) \wedge \phi(u_2) \longrightarrow u_1 = u_2))) \quad \text{(dasselbe)}$$
$$\longleftrightarrow \exists u\,(u \in \mathcal{V}^s \wedge \phi(u)) \wedge \forall u_1 u_2 (u_1 \in \mathcal{V}^s \longrightarrow (u_2 \in \mathcal{V}^s \longrightarrow$$
$$(\phi(u_1) \wedge \phi(u_2) \longrightarrow u_1 = u_2))) \quad (\S\,11;44\text{c})$$
$$\longleftrightarrow \exists u\,(u \in \mathcal{V}^s \wedge \phi(u)) \wedge \forall u_1 u_2 (u_1 \in \mathcal{V}^s \wedge \phi(u_1) \wedge u_2 \in \mathcal{V}^s \wedge \phi(u_2)$$
$$\longrightarrow u_1 = u_2) \quad \textbf{(Taut Ers)}$$
$$\longleftrightarrow \overset{1}{\exists}\, u\,(u \in \mathcal{V}^s \wedge \phi(u))\,. \;\blacksquare \quad (\S\,15;3)$$

§ 16.

1. $\overset{1}{\exists} v^s\,\phi(v^s), \phi(v^s) \vdash \iota v^s\,\phi(v^s) = v^s$ **(EK)**

$\overset{1}{\exists} v^s\,\phi(v^s) \vdash \phi(v^s) \longrightarrow v^s = \iota v^s\,\phi(v^s)$ **(AB)**

(§ 12; 7a wurde stillschweigend benutzt)

$X \in \mathcal{V}^s, \overset{1}{\exists} v^s\,\phi(v^s) \vdash \phi(X) \longrightarrow X = \iota v^s\,\phi(v^s)$. ■ **(Sub)**

2. Erster Fall:

1 $\quad \overset{1}{\exists} v^s\,\phi(v^s), \phi(v^s) \quad \vdash \iota v^s\,\phi(v^s) = v^s,$ **(EK)**

2 $\quad (\overset{1}{\exists} u \in \mathcal{V}^s)\,\phi(u),\; u \in \mathcal{V}^s \wedge \phi(u) \vdash (\iota u \in \mathcal{V}^s)\,\phi(u) = u,$ **(EK)**

3 $\quad (\overset{1}{\exists} u \in \mathcal{V}^s)\,\phi(u),\; v^s \in \mathcal{V}^s \wedge \phi(v^s) \vdash (\iota u \in \mathcal{V}^s)\,\phi(u) = v^s.$ **(Sub)**

Die bei der Substitution entstehende Annahme $v^s \in \mathcal{V}$ haben wir gleich weggelassen. Wegen $\vdash v^s \in \mathcal{V}^s$ lassen wir auch die Annahme $v^s \in \mathcal{V}^s$ weg.

4 $\quad \overset{1}{\exists} v^s\,\phi(v^s), (\overset{1}{\exists} u \in \mathcal{V}^s)\,\phi(u), \phi(v^s) \vdash (\iota u \in \mathcal{V}^s)\,\phi(u) = \iota v^s\,\phi(v^s),$ (aus 1,3)

5 $\quad \overset{1}{\exists} v^s\,\phi(v^s), (\overset{1}{\exists} u \in \mathcal{V}^s)\,\phi(u), \exists v^s \phi(v^s) \vdash (\iota u \in \mathcal{V}^s)\,\phi(u) =$
$= (\iota v^s\,\phi(v^s)^-$ **(BB)**

Mit $\overset{1}{\exists}\, v^s\,\phi(v^s) \;\vdash\; \exists v^s\,\phi(v^s)$ (§ 15,2) und
$\overset{1}{\exists}\, v^s\,\phi(v^s) \;\vdash\; (\overset{1}{\exists}\, u \in \mathcal{V}^s)\,\phi(u)$ (§ 15, Aufg. 5)

kann man die beiden letzten Annahmen beseitigen. ■

Zweiter Fall:

$\neg \overset{1}{\exists} v^s \phi(v^s) \quad \vdash \neg(\overset{1}{\exists} u \in \mathcal{V}^s)\phi(u)$ (mit § 15, Aufg. 5)

$\neg(\overset{1}{\exists} u \in \mathcal{V}^s)\phi(u) \vdash (\iota u \in \mathcal{V}^s)\phi(u) = \perp$ (UK)

$\neg \overset{1}{\exists} v^s \phi(v^s) \quad \vdash (\iota u \in \mathcal{V}^s)\phi(u) = \perp$ (S)

$\neg \overset{1}{\exists} v^s \phi(v^s) \quad \vdash \iota v^s \phi(v^s) = \perp$ (UK)

$\neg \overset{1}{\exists} v^s \phi(v^s) \quad \vdash (\iota u \in \mathcal{V}^s)\phi(u) = \iota v^s \phi(v^s)$. (Ers) ▮

§ 17.

1. Wir schreiben $\vec{w}$ für $w_1, \ldots, w_n$ und $\vec{w}'$ für $w'_1, \ldots, w'_n$.

(a) $\longrightarrow$: 1 (1) $\vdash \phi(\vec{w}')$ (A)

2 $\vdash \langle\vec{w}'\rangle = \langle\vec{w}'\rangle$ (Id)

3 (1) $\vdash \langle\vec{w}'\rangle = \langle\vec{w}'\rangle \wedge \phi(\vec{w}')$ (Kon)

4 (1) $\vdash \exists \vec{w}(\langle\vec{w}\rangle = \langle\vec{w}'\rangle \wedge \phi(\vec{w}))$. ▮ (Part)

Die für die Partikularisierung (§ 11; 31) vorher noch hinzuschreibenden Zeilen $\vdash w_1 \in \mathcal{V}^{s_1}, \ldots, \vdash w_n \in \mathcal{V}^{s_n}$ haben wir nicht notiert.

$\longleftarrow$: 1 (1) $\vdash \langle\vec{w}\rangle = \langle\vec{w}'\rangle \wedge \phi(\vec{w})$ (A)

2 (1) $\vdash w_1 = w'_1 \wedge \ldots \wedge w_n = w'_n \wedge \phi(\vec{w})$ (§ 17;4)

3 $w_1 = w'_1 \wedge \ldots \wedge w_n = w'_n \wedge \phi(\vec{w}) \vdash \phi(\vec{w}')$ (Ers)

4 (1) $\vdash \phi(\vec{w}')$ (S)

5 $\exists w(\langle\vec{w}\rangle = \langle\vec{w}'\rangle \wedge \phi(\vec{w}')) \vdash \phi(\vec{w}')$. ▮ (BB)

(b) Aus (a) durch Substitution.

2. Es gilt $(*) \vdash \neg \overset{1}{\exists} v_0\, v_0 = v_0 \longrightarrow \overset{>1}{\exists} v_0 v_0 = v_0$ (mit § 15; 4 und $\vdash \exists v_0\, v_0 = v_0$). Ferner für $n > 0$:

$(**) \vdash \overset{>n}{\exists} v_0 v_0 = v_0 \longrightarrow \overset{>n+1}{\exists} v_0 v_0 = v_0$. Beweis von $(**)$. Sei $n \geqslant 1$.

Es gilt: $\vdash v_i \neq v_j \longrightarrow \langle v_0, v_i\rangle \neq \langle v_0, v_j\rangle$ (für $0 \leqslant i < j \leqslant n$)

$\vdash v_0 \neq v_1 \longrightarrow \langle v_0, v_i\rangle \neq \langle v_1, v_0\rangle$ (für $0 \leqslant i \leqslant n$).

Daraus:

$\ddagger(v_0,\ldots,v_n) \vdash \bigwedge_{0\leqslant i<j\leqslant n} \langle v_0,v_i\rangle \ddagger \langle v_0,v_j\rangle \wedge \bigwedge_{0\leqslant i\leqslant n} \langle v_0,v_i\rangle \ddagger \langle v_1,v_0\rangle.$

$\ddagger(v_0,\ldots,v_n) \vdash \exists v_0 \ldots v_{n+1} \ddagger(v_0,\ldots,v_{n+1}),$ **(Part)**

$\exists v_0 \ldots v_n \ddagger(v_0,\ldots,v_n) \vdash \exists v_0 \ldots v_{n+1} \ddagger(v_0,\ldots,v_{n+1}).$**(BB)**

Durch äquivalentes Einfügen von $\bigwedge_{0\leqslant i\leqslant n} v_i = v_i$ bzw.

$\bigwedge_{0\leqslant i\leqslant n+1} v_i = v_i$ als Konjunktionsglied unter den Existenzquantoren:

$\overset{>n}{\exists} v_0\, v_0 = v_0 \vdash \overset{>n+1}{\exists} v_0\, v_0 = v_0.$ ∎

Wir beweisen jetzt 2. Sei n gegeben.

1. Fall: $\overset{1}{\exists} v_0 v_0 = v_0$. Daraus $\vdash \overset{1}{\exists} v_0 v_0 = v_0 \vee \overset{>n+1}{\exists} v_0 v_0 = v_0$.

2. Fall: $\neg \overset{1}{\exists} v_0 v_0 = v_0$. Dann $\overset{>1}{\exists} v_0 v_0 = v_0$ mit (∗).

Durch wiederholte Anwendung von (∗∗) erhalten wir schließlich

$\overset{>n+1}{\exists} v_0\, v_0 = v_0$ und daraus auch $\vdash \overset{1}{\exists} v_0 v_0 = v_0 \vee \overset{>n+1}{\exists} v_0 v_0 = v_0$. ∎

Der Satz sagt aus: Es gibt genau ein Individuum oder unendlich viele Individuen. Es kann nicht nur genau n Individuen mit $n > 1$ geben.

Der Grund liegt darin, daß diese n Individuen ja n^2 viele verschiedene Paare haben müßten (und $n^2 > n$ für $n > 1$), diese wieder mehr Paare von Paaren usw.

§ 18.

1. 1	(1)		$\vdash \neg Cls(X)$	**(A)**
2	(1)		$\vdash X \ddagger \emptyset \wedge \neg \exists u\, u \in X$	(mit § 18; 13)
3	(1)		$\vdash \forall u\, u \notin X$	(mit § 11; 40 b)
4	(1)		$\vdash u \notin X$	**(∀B)**
5	(1)		$\vdash u \notin \{u \mid u \in X\}$	**(Abstr)**
6	(1)	$u \notin \emptyset$	$\vdash u \notin \{u \mid u \in X\}$	**(V)**
7			$\vdash u \notin \emptyset$	(s. Beweis v. § 18; 13)

8		$u \notin \{u \mid u \notin X\}$	$\vdash u \notin \emptyset$	**(V)**
9	(1)		$\vdash \forall u\,(u \in \{u \mid \in X\} \longleftrightarrow u \in \emptyset)$	**(Äq, 6, 8; ∀E)**
10			$\vdash Cls\,(\{u \mid u \in X\})$	(§ 18; 5)
11			$\vdash Cls\,(\emptyset)$	(§ 18; 5)
12	(1)		$\vdash \{u \mid u \in X\} = \emptyset$. ∎	**(S mit Ext** (§ 18; 10) auf Zeilen 10, 11, 9)
2. 1	(1)		$\vdash \exists u\; u \in X$	**(A)**
2	(1)		$\vdash Cls\,(X)$	(mit § 18; 13)
3	(2)		$\vdash u \in X$	**(A)**
4	(4)		$\vdash \forall u\,(u \in X \longleftrightarrow u \in Y)$	**(A)**
5	(2, 4)		$\vdash u \in Y$	**(∀B, MP)**
6	(2, 4)		$\vdash Cls\,(Y)$	(mit § 18; 13)
7	(1, 4)		$\vdash Cls\,(Y)$	**(BB,** 6, 1)
8	(1, 4)		$\vdash X = Y$. ∎	**(S mit Ext,** (§ 18; 10) auf Zeilen 2, 7, 4)

3.

(a) Zur Abkürzung sei $A =_{\mathrm{Df}} \{v^s \mid \phi\,(v^s)\}$.

$\longrightarrow$:

1	$X \in \mathcal{V}^s$	$\vdash X \in A \longleftrightarrow \phi\,(X)$,	**(Abstr)**
2		$\vdash X \in \mathcal{V}^s \longrightarrow (X \in A \longleftrightarrow \phi\,(X))$,	**(AB)**
3		$\vdash X \in A \longrightarrow X \in \mathcal{V}^s$.	**(Spez** aus § 18; 6)

Wegen $X \in A \vdash X \in \mathcal{V}$ haben wir die eigentlich fällige Prämisse $X \in \mathcal{V}$ gleich weggelassen.

4	$\vdash X \in A \longrightarrow X \in \mathcal{V}^s \wedge \phi\,(X)$. ∎	**(Taut** , § 8; 107)
$\longleftarrow$:	$\vdash X \in \mathcal{V}^s \wedge \phi(X) \longrightarrow X \in A$. ∎	(Taut, § 8; 105 aus Zeile 2 des obigen Beweises)

(b) Zur Abkürzung sei $A =_{\text{Df}} \{v^s \mid \phi(v^s)\}$, $B = \{u \in \mathcal{V}^s \mid \phi(u)\}$.

$\vdash u \in B \longleftrightarrow u \in \mathcal{V}^s \wedge \phi(u)$	**(Abstr)**
$\vdash u \in A \longleftrightarrow u \in \mathcal{V}^s \wedge \phi(u)$	(voriger Satz (a))
$\vdash u \in A \longleftrightarrow u \in B$	**(Taut** § 8; 32)
$\vdash \forall u\,(u \in A \longleftrightarrow u \in B)$	**(Gen)**
$\vdash A = B.$ ∎	(**S** mit **Ext**, wobei *Cls* (A), *Cls* (B) benutzt wird)

§ 19.

1. Zur Abkürzung sei $A =_{\text{Df}} \{v_0 \in \mathbb{M} \mid v_0 \notin v_0\}$

	$\vdash v_0 \in A \longleftrightarrow v_0 \in \mathbb{M} \wedge v_0 \notin v_0$	**(Abstr)**
$A \in \mathcal{V}$	$\vdash A \in A \longleftrightarrow A \in \mathbb{M} \wedge A \notin A$	**(Sub)**
$A \in \mathbb{M}$	$\vdash A \in \mathcal{V}$	**(Ind)**
$A \in \mathbb{M}$	$\vdash A \in A \longleftrightarrow A \in \mathbb{M} \wedge A \notin A$	**(S)**
$A \in \mathbb{M}$	$\vdash A \notin \mathbb{M}.$	**(Taut** § 8; 106)

Widerspruch,

also $\vdash A \notin \mathbb{M}.$ ∎

2.

(a) $\forall v_0\; v_0 \notin v_0$

$\longleftrightarrow \forall v_0\,(v_0 \notin v_0 \longleftrightarrow v_0 = v_0)$

$\longleftrightarrow \forall v_0\,(v_0 \in \mathbf{Ru} \longleftrightarrow v_0 \in \mathcal{V})$.

Mit *Cls* (**Ru**) und *Cls* ($\mathcal{V}$) folgt daraus $\mathbf{Ru} = \mathcal{V}$. ∎

(b) Mit (§ 18; 13) erhält man rasch

$\forall v_0 \neg Cls(v_0) \vdash \neg \exists u\; u \in v_0$

$\forall v_0 \neg Cls(v_0) \vdash \forall u\; u \notin v_0$

$\forall v_0 \neg Cls(v_0) \vdash v_0 \notin v_0$

$\forall v_0 \neg Cls(v_0) \vdash \forall v_0\; v_0 \notin v_0.$

Dann weiter wie unter (a). ∎

3. Sei $\theta \longleftrightarrow_{\mathrm{Df}} \forall v_0\ \{v_0\} \in \mathcal{V}$ und
$A =_{\mathrm{Df}} \{\{v_0\} |_{v_0} \{v_0\} \notin v_0\} = \{v_1 \mid \exists v_0\ (v_1 = \{v_0\} \vee \{v_0\} \notin v_0)\}$.
Dann

1 $\quad \vdash v_1 \in A \longleftrightarrow \exists v_0\ (v_1 = \{v_0\} \wedge \{v_0\} \notin v_0)$

2 $\quad \{A\} \in \mathcal{V} \vdash \{A\} \in A \longleftrightarrow \exists v_0 (\{A\} = \{v_0\} \wedge \{v_0\} \notin v_0)$.

Es gilt

$$\begin{aligned} \{A\} &= \{v_0\} \\ &\longleftrightarrow \forall v_1\ (v_1 \in \{A\} \longleftrightarrow v_1 \in \{v_0\}) \\ &\longleftrightarrow \forall v_1\ (v_1 = A \longleftrightarrow v_1 = v_0) \\ &\longleftrightarrow A = v_0 . \end{aligned}$$

Damit

3 $\quad \{A\} \in \mathcal{V} \vdash \{A\} \in A \longleftrightarrow \exists v_0\ (A = v_0 \wedge \{v_0\} \notin v_0)$.

Wir erinnern an $A \in \mathcal{V} \vdash \phi(A) \longleftrightarrow \exists v_0\ (A = v_0 \wedge \phi(v_0))$, (§ 12, Aufg. 2 a)

Damit

4 $\quad A, \{A\} \in \mathcal{V} \vdash \{A\} \in A \longleftrightarrow \{A\} \notin A$.

Ferner

$$\theta \vdash \{v_0\} \in \mathcal{V}$$

$\theta, A \in \mathcal{V} \vdash \{A\} \in \mathcal{V}$. Also

5 $\quad \theta, A \in \mathcal{V} \vdash \{A\} \in A \longleftrightarrow \{A\} \notin A$.

Das ist ein Widerspruch zur Annahme $A \in \mathcal{V}$, also

6 $\quad \theta \vdash A \notin \mathcal{V}$. ∎

§ 20.

1. Sei $B =_{\mathrm{DF}} \{y \mid y$ ist obere Schranke von $A\}$. Dann:

(a) $\vdash y \in B \longleftrightarrow (\forall z \in A)\ z \leqslant y$. Ferner zeigt man leicht:

(b) $\vdash z \in A \longrightarrow (\forall y \in B)\ z \leqslant y$. Wir behaupten dann:

(c) $\vdash (\forall z \in A)\ z \leqslant x \longleftrightarrow \forall x' ((\forall y \in B)\ x' \leqslant y \longrightarrow x' \leqslant x)$.

Beweis von (c)

$\longrightarrow$: 1 (1) $\vdash (\forall z \in A)\, z \leqslant x$

2 (1) $\vdash x \in B$ (mit a)

3 $(\forall y \in B)\, x' \leqslant y \vdash x \in B \longrightarrow x' \leqslant x$ **(A, Spez).**

4 (1) $(\forall y \in B)\, x' \leqslant y \vdash x' \leqslant x$ **(MP)**

5 (1) $\vdash \forall x'((\forall y \in B)\, x' \leqslant y \longrightarrow x' \leqslant x)$. ∎ **(AB, ∀E)**

$\longleftarrow$: 1 (1) $\vdash \forall x'((\forall y \in B)\, x' \leqslant y \longrightarrow x' \leqslant x)$. **(A)**

2 (1) $\vdash (\forall y \in B)\, z \leqslant y \longrightarrow z \leqslant x$ **(Spez)**

3 $z \in A \vdash (\forall y \in B)\, z \leqslant y$ (siehe b)

4 (1), $z \in A \vdash z \leqslant x$ **(MP)**

5 (1) $\vdash (\forall z \in A)\, z \leqslant x$. ∎ **(AB, ∀E).**

Wir beweisen jetzt den Satz.

x ist Supremum von A

$\longleftrightarrow (\forall z \in A)\, z \leqslant x \wedge \forall x'((\forall z \in A)\, z \leqslant x' \longrightarrow x \leqslant x')$

$\longleftrightarrow (\forall z \in A)\, z \leqslant x \wedge (\forall x' \in B)\, x \leqslant x'$

$\longleftrightarrow (\forall y \in B)\, x \leqslant y \wedge \forall x'((\forall y \in B)\, x' \leqslant y \longrightarrow x' \leqslant x)$

$\longleftrightarrow$ x ist Infimum von B. ∎

2. Aus (§ 20 b; 12) folgt $Y \in G \models_{GR} \overset{1}{\exists} x\; x \cdot Y = Y \cdot x = \underline{1}$.
Mit (§ 16; Aufgabe 1) folgt dann

(∗) $X, Y \in G \models_{GR} X \cdot Y = Y \cdot X = \underline{1} \longrightarrow X = Y^{-1}$.

(a) Es gilt $\models_{GR} \underline{1} \cdot \underline{1} = \underline{1} \cdot \underline{1} = \underline{1}$. Daraus mit (∗)

$\models_{GR} \underline{1} = \underline{1}^{-1}$. ∎

(b) Es gilt $\models_{GR} x_0 \cdot x_0^{-1} = x_0^{-1} \cdot x_0 = 1$, also mit (∗)

$\models_{GR} x_0 = ((x_0)^{-1})^{-1}$. ∎

(c) Wir formen in der Gruppentheorie identisch um:

$$(x_1^{-1} \cdot x_0^{-1}) \cdot (x_0 \cdot x_1)$$
$$= x_1^{-1} \cdot ((x_0^{-1} \cdot x_0) \cdot x_1) \qquad \text{(Assoziativität)}$$
$$= x_1^{-1} \cdot (\underline{1} \cdot x_1) \qquad (\text{wegen } x_0^{-1} \cdot x_0 = 1)$$
$$= x_1^{-1} \cdot x_1 \qquad (\text{wegen } \underline{1} \cdot x_1 = x_1)$$
$$= \underline{1} \qquad (\text{wegen } x_1^{-1} \cdot x_1 = \underline{1}.$$

Also $\models_{GR} (x_1^{-1} \cdot x_0^{-1}) \cdot (x_0 \cdot x_1 = \underline{1}$. Ebenso

$\models_{GR} (x_0 \cdot x_1) \cdot (x_1^{-1} \cdot x_0^{-1}) = \underline{1}$. Daraus mit (*)

$\models_{GR} x_1^{-1} \cdot x_0^{-1} = (x_0 \cdot x_1)^{-1}$. ∎

3. Wir schreiben $\cdot$ für $\cdot_V$ und $+$ für $+_V$.

(a) $\vec{x}_1, \ldots, \vec{x}_n$ sind l.u. $\longleftrightarrow_{\text{Df}} \forall x_1 \ldots x_n (x_1 \cdot \vec{x}_1 + \ldots + x_n \cdot \vec{x}_n = \vec{0} \longrightarrow$
$x_1 = \ldots = x_n = \underline{0})$.

(b) $\vec{x}_1, \ldots, \vec{x}_n$ sind Basis $\longleftrightarrow_{\text{Df}} \vec{x}_n, \ldots, \vec{x}_n$ sind l. u.
$\wedge \forall \vec{x}_0 \exists x_1 \ldots x_n \; \vec{x}_0 = x_1 \cdot \vec{x}_1 + \ldots + x_n \cdot \vec{x}_n$.

(c) Für jedes n nehme man $\exists \vec{x}_1 \ldots \vec{x}_n (\vec{x}_1, \ldots, \vec{x}_n$ sind l. u.) in diese Axiomenmenge auf.

4. Wir geben die Beweise halbformal.

(a) Sei $P \in A^{\circ\circ}$, und zwar $\epsilon > 0$ und $U_\epsilon(P) \subseteq A^\circ$.
Wegen $P \in U_\epsilon(P)$ nach (7)) ist dann $P \in A^\circ$.
Also $P \in A^{\circ\circ} \longrightarrow P \in A^\circ$, und weil P beliebig, $A^{\circ\circ} \subseteq A^\circ$.
Sei $P \in A^\circ$, und zwar $\epsilon > 0$ und $U_\epsilon(P) \subseteq A$.
Sei $\delta = \frac{\epsilon}{2}$. Dann auch $\delta > 0$.
Sei $Q \in U_\delta(P)$, d. h. $d(P, Q) < \delta$.
Sei $P' \in U_\delta(Q)$, d. h. $d(Q, P') < \delta$.
Dann $d(P, P') \leqslant d(P, Q) + d(Q, P') < \delta + \delta = 2\delta = \epsilon$.
Also $P' \in U_\epsilon(P) \subseteq A$, also $P' \in A$.
Somit $P' \in U_\delta(Q) \longrightarrow P' \in A$, und weil P' beliebig, $U_\delta(Q) \subseteq A$.
Das zeigt $Q \in A^\circ$.

Somit $Q \in U_\delta(P) \longrightarrow Q \in A^\circ$, und weil Q beliebig, $U_\delta(P) \subseteq A^\circ$.
Das zeigt $P \in A^{\circ\circ}$.
Somit $P \in A^\circ \longrightarrow P \in A^{\circ\circ}$, und weil P beliebig, $A^\circ \subseteq A^{\circ\circ}$.
Insgesamt $A^{\circ\circ} = A^\circ$. ∎

(b) Sei $P \in (A \cap B)^\circ$, und zwar $\epsilon > 0$ und $U_\epsilon(P) \subseteq A \cap B$.
Dann $U_\epsilon(P) \subseteq A$ und $P \in A^\circ$
und $U_\epsilon(P) \subseteq B$ und $P \in B^\circ$,
also $P \in A^\circ \cap B^\circ$.
Mithin $P \in (A \cap B)^\circ \longrightarrow P \in A^\circ \cap B^\circ$, und weil P beliebig
$(A \cap B)^\circ \subseteq A^\circ \cap B^\circ$.
Sei $P \in A^\circ \cap B^\circ$.
Dann $P \in A^\circ$. Sei etwa $\epsilon_1 > 0$ und $U_{\epsilon_1}(P) \subseteq A$.
Ferner $P \in B^\circ$. Sei etwa $\epsilon_2 > 0$ und $U_{\epsilon_1}(P) \subseteq B$.
Sei $\epsilon = \min(\epsilon_1, \epsilon_2)$. Dann $\epsilon > 0$.
Ferner, wie leicht zu sehen:

$U_\epsilon(P) \subseteq U_{\epsilon_1}(P) \subseteq A$ und $U_\epsilon(P) \subseteq U_{\epsilon_2}(P) \subseteq B$, also
$U_\epsilon(P) \subseteq A \cap B$. Also $P \in (A \cap B)^\circ$.

Mithin $P \in A^\circ \cap B^\circ \longrightarrow P \in (A \cap B)^\circ$, und weil P beliebig,
$A^\circ \cap B^\circ \subseteq (A \cap B)^\circ$.
Insgesamt: $(A \cap B)^\circ = A^\circ \cap B^\circ$. ∎

Wir haben in dieser Aufgabe und auch in (§ 20; 27) schon erste Begriffe der Klassenalgebra ∩, ∪, – benutzt, die in § 21 eingeführt werden. Doch sind die Begriffe bei einem Leser, der diese Beispiele versteht, zweifellos schon im Sinne eines guten Vorverständnisses vorhanden.

5. Wir verwenden $\mathbf{I}$ für eine zusammenziehende Schreibweise:
$P, Q\,\mathbf{I}\,g$ für $P\,\mathbf{I}\,g \wedge Q\,\mathbf{I}\,g$; $P\,\mathbf{I}\,g, h$ für $P\,\mathbf{I}\,g \wedge P\,\mathbf{I}\,h$ usw.

I1. $\forall P_0 P_1 (P_0 \neq P_1 \longrightarrow \exists g_0 (P_0, P_1\, \mathbf{I}\, g_0))$.

I2. $\forall P_0 P_1 (P_0 \neq P_1 \longrightarrow \overset{\leqslant 1}{\exists} g_0 (P_0, P_1\, \mathbf{I}\, g_0))$.

I3. $\forall g_0\, \exists P_0 P_1 (P_0, P_1\, \mathbf{I}\, g_0 \wedge P_0 \neq P_1) \wedge$
$\exists P_0 P_1 P_2 (\neq (P_0, P_1, P_2) \wedge \neg \exists g_0 (P_0, P_1, P_2\, \mathbf{I}\, g_0))$.

I4. $\forall P_0 P_1 P_2 (\ddagger (P_0, P_1, P_2) \wedge \neg \exists g_0 (P_0, P_1, P_2 \, \mathrm{I} \, g_0)$
$\longrightarrow \exists \alpha_0 (P_0, P_1, P_2 \, \mathrm{I} \, \alpha)) \wedge \forall \alpha_0 \, \exists P_0 (P_0 \, \mathrm{I} \, \alpha_0)$.

I5. $\forall P_0 P_1 P_2 (\ddagger (P_0, P_1, P_2) \wedge \neg \exists g_0 (P_0, P_1, P_2 \, \mathrm{I} \, g_0)$
$\longrightarrow \overset{\leqslant 1}{\exists} \alpha_0 (P_0, P_1, P_2 \, \mathrm{I} \, \alpha))$.

I6. $\forall \alpha_0 \, \forall g_0 (\exists P_0 P_1 (P_0 \ddagger P_1 \wedge (P_0, P_1 \, \mathrm{I} \, g_0) \wedge (P_0, P_1 \, \mathrm{I} \, \alpha_0))$
$\longrightarrow \forall P_0 (P_0 \, \mathrm{I} \, g_0 \longrightarrow P_0 \, \mathrm{I} \, \alpha_0))$.

I7. $\forall \alpha_0 \alpha_1 (\exists P_0 (P_0 \, \mathrm{I} \, \alpha_0, \alpha_1) \longrightarrow \exists P_0 P_1 (P_0 \ddagger P_1$
$\wedge (P_0, P_1 \, \mathrm{I} \, \alpha_0, \alpha_1)))$.

I8. $\exists P_0 P_1 P_2 P_3 (\ddagger (P_0, P_1, P_2, P_3) \wedge \neg \exists \alpha_0 (P_0, P_1, P_2, P_4 \, \mathrm{I} \, \alpha_0))$.

LITERATURVERZEICHNIS

P. Bernays und A. A. Fraenkel: Axiomatic Set Theory. North Holland Publ. Comp., Amsterdam 1958.

A. Church: Introduction to Mathematical Logic I. Princeton UP, Princeton N. J. 1956.

G. Hasenjaeger: Einführung in die Grundbegriffe und Probleme der modernen Logik. Verlag Karl Alber, Freiburg 1962.

H. Hermes: Einführung in die Mathematische Logik. Teubner, Stuttgart 1973 (1. Auflage 1963).

D. Kalish und R. Montague: Logic. Techniques of Formal Reasoning. Hartcourt Brace & World, Inc. New York 1964.

W. Kamlah und P. Lorenzen: Logische Propädeutik. BI, Mannheim 1967.

S. C. Kleene: Introduction to Metamathematics. North Holland Publ. Comp. Amsterdam 1971. (1. Auflage 1952.)

F. v. Kutschera und A. Breitkopf: Einführung in die moderne Logik. Verlag Karl Alber, Freiburg 1971.

F. v. Kutschera: Elementare Logik. Springer Verlag, Wien 1967.

P. Lorenzen: Metamathematik. BI, Mannheim 1962.

W. Markwald: Einführung in die formale Logik und Metamathematik. Klett Verlag, Stuttgart 1972.

B. Mates: Elementare Logik. Vandenhoeck und Ruprecht, Gottngen 1969 (1. amerikanische Auflage 1965).

E. Mendelson: Introduction to Mathematical Logic. D. van Nostrand Comp., Princeton N. J. 1964.

W. V. Quine: Grundzüge der Logik. Suhrkamp Verlag, Frankfurt 1969 (1. amerikanische Auflage 1950).

W. V. Quine: Mengenlehre und ihre Logik. Fr. Vieweg und Sohn, Braunschweig 1973 (1. amerikanische Auflage 1963).

J. W. Robbin: Mathematical Logic, A first Course. W. A. Benjamin, Inc. New York 1969.

R. Rogers: Mathematical Logic and Formalized Theories. North Holland Publ. Comp., Amsterdam 1971.

J. Shoenfield: Mathematical Locig. Addison-Wesley Publishing Comp. Reading, Mass. 1967.

H. Scholz und G. Hasenjaeger: Grundzüge der Mathematischen Logik. Springer Verlag, Berlin 1961.

P. Suppes: Introduction to Logic. D. v. Nostrand Comp., Princeton N. J. 1957.

A. Tarski: Einführung in die mathematische Logik. Vandenhoeck und Ruprecht, Göttingen 1966 (1. polnische Auflage 1936, 1. amerikanische Auflage 1941).

A. Yasuhara: Recursive Functions and Logic. Academic Press, New York 1971.

WORTINDEX

Begriffe, die zu den Beispielen gehören, insbesondere rein mathematische Begriffe und die Bezeichnungen der Schlußregeln, die man leicht dem Zeichenindex entnehmen kann, sind nicht aufgenommen.

Inhaltsverzeichnis

Sachgebiete

Zeichenerklärung
HTB = B.I.-Hochschultaschenbücher.
Wv = B.I.-Wissenschaftsverlag (Einzelwerke und Reihen).
M.F.O. = Mathematische Forschungsberichte Oberwolfach.
Stand: April 1977

Mathematik

Aitken, A. C.
Determinanten und Matrizen
142 S. mit Abb. 1969. (HTB 293)

Aumann, G.
Höhere Mathematik
Band I: Reelle Zahlen, Analytische Geometrie, Differential- und Integralrechnung. 243 S. mit Abb. 1970. (HTB 717)
Band II: Lineare Algebra, Funktionen mehrerer Veränderlicher. 170 S. mit Abb. 1970. (HTB 718)
Band III: Differentialgleichungen. 174 S. 1971. (HTB 761)

Bachmann, F./E. Schmidt
***n*-Ecke**
199 S. 1970. (HTB 471)

Barner, M./W. Schwarz (Hrsg.)
Zahlentheorie
235 S. 1971. (M. F. O. 5)

Behrens, E.-A.
Ringtheorie
405 S. 1975. (Wv)

Böhmer, K./G. Meinardus/ W. Schempp (Hrsg.)
Spline-Funktionen. Vorträge und Aufsätze
415 S. 1974. (Wv)

Brandt, S.
Datenanalyse. Mit statistischen Methoden und Computerprogrammen
342 S. mit Abb. 1975. (Wv)

Brauner, H.
Geometrie projektiver Räume
Band I: Projektive Ebenen, projektive Räume. 235 S. 1976. (Wv)
Band II: Beziehungen zwischen projektiver Geometrie und linearer Algebra. 258 S. 1976. (Wv)

Brosowski, B.
Nicht-lineare Tschebyscheff-Approximation
153 S. 1968. (HTB 808)

Brosowski, B./R. Kreß
Einführung in die Numerische Mathematik
Teil I: Auflösung von Gleichungssystemen, die Approximationstheorie. 223 S. 1975. (HTB 202)
Teil II: Interpolation, numerische Integration, Optimierungsaufgaben. 124 S. 1976. (HTB 211)

Brunner, G.
Homologische Algebra
213 S. 1973. (Wv)

Bundke, W.
12stellige Tafel der Legendre-Polynome
352 S. 1967. (HTB 320)

Cartan, H.
Differentialformen
250 S. 1974. (Wv)

Cartan, H.
Differentialrechnung
236 S. 1974. (Wv)

Cartan, H.
Elementare Theorie der analytischen Funktionen einer oder mehrerer komplexen Veränderlichen
236 S. mit Abb. 1966. (HTB 112)

Degen, W./K. Böhmer
Gelöste Aufgaben zur Differential- und Integralrechnung
Band I: Eine reelle Veränderliche. 254 S. 1971. (HTB 762)
Band II: Mehrere reelle Veränderliche. 111 S. 1971. (HTB 763)

Dinghas, A.
Einführung in die Cauchy-Weierstraß'sche Funktionentheorie
114 S. 1968. (HTB 48)

Dombrowski, P.
Differentialrechnung I und Abriß der linearen Algebra
271 S. mit Abb. 1970. (HTB 743)

Elsgolc, L. E.
Variationsrechnung
157 S. mit Abb. 1970. (HTB 431)

Eltermann, H.
Grundlagen der praktischen Matrizenrechnung
128 S. mit Abb. 1969. (HTB 434)

Erwe, F.
Differential- und Integralrechnung
Band I: Differentialrechnung. 364 S. mit Abb. 1962. (HTB 30)
Band II: Integralrechnung. 197 S. mit Abb. 1973. (HTB 31)

Erwe, F.
Gewöhnliche Differentialgleichungen
152 S. mit 11 Abb. 1964. (HTB 19)

Erwe F./E. Peschl
Partielle Differentialgleichungen erster Ordnung
133 S. 1973. (HTB 87)

Gericke, H.
Geschichte des Zahlbegriffs
163 S. mit Abb. 1970. (HTB 172)

Gericke, H.
Theorie der Verbände
174 S. mit Abb. 1963. (HTB 38)

Goffman, C.
Reelle Funktionen
331 S. Aus dem Englischen. 1976. (Wv)

Gottschalk, G./R. Kaiser
Einführung in die Varianzanalyse und Ringversuche.
165 S. 1976. (HTB 775)

Gröbner, W.
Algebraische Geometrie
Band I: Allgemeine Theorie der kommutativen Ringe und Körper. 193 S. 1968. (HTB 273)

Gröbner, W.
Matrizenrechnung
276 S. mit Abb. 1966. (HTB 103)

Gröbner, W./H. Knapp
Contributions to the Method of Lie Series
In englischer Sprache. 265 S. 1967. (HTB 802)

Grotemeyer, K. P./E. Letzner/ R. Reinhardt
Topologie
187 S. mit Abb. 1969. (HTB 836)

Grotemeyer, K. P./L. Tschampel
Lineare Algebra
237 S. 1970. (HTB 732)

Gunning, R. C.
Vorlesungen über Riemannsche Flächen
276 S. 1972. (HTB 837)

Hämmerlin, G.
Numerische Mathematik
Band I: Approximation, Interpolation, Numerische Quadratur, Gleichungssysteme. 194 S. 1970. (HTB 498)

Hardtwig, E.
Fehler- und Ausgleichsrechnung
262 S. mit Abb. 1968. (HTB 262)

Hasse, H./P. Roquette (Hrsg.)
Algebraische Zahlentheorie
272 S. 1966. (M. F. O. 2)

Heesch, H.
Untersuchungen zum Vierfarbenproblem
290 S. mit Abb. 1969. (HTB 810)

Heil, E.
Differentialformen
207 S. 1974. (Wv)

Hein, O.
Graphentheorie für Anwender
141 S. 1977. (HTB 83)

Hellwig, G.
Höhere Mathematik
Band I/1. Teil: Zahlen, Funktionen, Differential- und Integralrechnung einer unabhängigen Variablen. 284, IX S. 1971. (HTB 553)
Band I/2. Teil: Theorie der Konvergenz, Ergänzungen zur Integralrechnung, das Stieltjes-Integral. 137 S. 1972. (HTB 560)

Hengst, M.
Einführung in die mathematische Statistik und ihre Anwendung
259 S. mit Abb. 1967. (HTB 42)

Henze, E.
Einführung in die Maßtheorie
235 S. 1971. (HTB 505)

Hirzebruch, F./W. Scharlau
Einführung in die Funktionalanalysis
178 S. 1971. (HTB 296)

Holmann, H.
Lineare und multilineare Algebra
Band I: Einführung in Grundbegriffe der Algebra. 212 S. 1970. (HTB 173)

Holmann H./H. Rummler
Alternierende Differentialformen
257 S. 1972. (Wv)

Hoschek, J.
Liniengeometrie
VI, 263 S. mit Abb. 1971. (HTB 733)

Hoschek, J.
Mathematische Grundlagen der Kartographie
167 S. mit Abb. 1969. (HTB 443)

Hoschek, J./G. Spreitzer
Aufgaben zur Darstellenden Geometrie
229 S. mit Abb. 1974. (Wv)

Ince, E. L.
Die Integration gewöhnlicher Differentialgleichungen
180 S. 1965. (HTB 67)

Jordan-Engeln, G./F. Reutter
Formelsammlung zur numerischen Mathematik mit Fortran IV-Programmen
360 S. mit Abb. 1974. (HTB 106)

Jordan-Engeln, G./F. Reutter
Numerische Mathematik für Ingenieure
XIII, 352 S. mit Abb. 1973. (HTB 104)

Kaiser, R./G. Gottschalk
Elementare Tests zur Beurteilung von Meßdaten
68 S. 1972. (HTB 774)

Kastner, G.
Einführung in die Mathematik für Naturwissenschaftler
212 S. 1971. (HTB 752)

Kießwetter, K.
Reelle Analysis einer Veränderlichen. Ein Lern- und Übungsbuch
316 S. 1975. (HTB 269)

Kießwetter, K./R. Rosenkranz
Lösungshilfen für Aufgaben zur reellen Analysis einer Veränderlichen
231 S. 1976. (HTB 270)

Klingbeil, E.
Tensorrechnung für Ingenieure
197 S. mit Abb. 1966. (HTB 197)

Klingbeil, E.
Variationsrechnung
Etwa 300 S. 1977. (Wv)

Klingenberg, W. (Hrsg.)
Differentialgeometrie im Großen
351 S. 1971. (M. F. O. 4)

Klingenberg, W./P. Klein
Lineare Algebra und analytische Geometrie
Band I: Grundbegriffe, Vektorräume. XII, 288 S. 1971. (HTB 748)
Band II: Determinanten, Matrizen, Euklidische und unitäre Vektorräume. XVIII, 404 S. 1972. (HTB 749)

Klingenberg, W./P. Klein
Lineare Algebra und analytische Geometrie. Übungen zu Band I u. II
VIII, 172 S. 1973. (HTB 750)

Laugwitz, D.
Ingenieurmathematik
Band I: Zahlen, analytische Geometrie, Funktionen. 158 S. mit Abb. 1964. (HTB 59)
Band II: Differential- und Integralrechnung. 152 S. mit Abb. 1964. (HTB 60)
Band III: Gewöhnliche Differentialgleichungen. 141 S. 1964. (HTB 61)
Band IV: Fourier-Reihen, verallgemeinerte Funktionen, mehrfache Integrale, Vektoranalysis, Differentialgeometrie, Matrizen, Elemente der Funktionalanalysis. 196 S. mit Abb. 1967. (HTB 62)
Band V: Komplexe Veränderliche. 158 S. mit Abb. 1965. (HTB 93)

Laugwitz, D./C. Schmieden
Aufgaben zur Ingenieurmathematik
182 S. 1966. (HTB 95)

Laugwitz, D./H.-J. Vollrath
Schulmathematik vom höheren Standpunkt
Band I: Einführung in die Denk- und Arbeitsweise der Mathematik an Universitäten. 195 S. mit Abb. 1969. (HTB 118)

Lebedew, N. N.
Spezielle Funktionen und ihre Anwendung
372 S. mit Abb. 1973. (Wv)

Lighthill, M. J.
Einführung in die Theorie der Fourieranalysis und der verallgemeinerten Funktionen
96 S. mit Abb. 1966. (HTB 139)

Lingenberg, R.
Grundlagen der Geometrie
224 S. mit Abb. 2. Auflage 1976. (Wv)

Lingenberg, R.
Lineare Algebra
161 S. mit Abb. 1969. (HTB 828)

Lorenzen, P.
Metamathematik
173 S. 1962. (HTB 25)

Lutz, D.
Topologische Gruppen
175 S. 1976. (Wv)

Marsal, D.
Die numerische Lösung partieller Differentialgleichungen in Wissenschaft und Technik
602 S. mit Abb. 1976. (Wv)

Martensen, E.
Analysis
Band I: Infinitesimalrechnung für Funktionen einer reellen Veränderlichen. 210 S. 2. Aufl. 1976. (HTB 832)
Band II: Infinitesimalrechnung für Funktionen mehrerer reeller und einer komplexen Veränderlichen. 201 S. 1969. (HTB 833)
Band III: Gewöhnliche Differentialgleichungen. V, 209 S. 1971. (HTB 834)
Band V: Funktionalanalysis und Integralgleichungen. VI, 275 S. 1972. (HTB 768)

Meschkowski, H.
Einführung in die moderne Mathematik
214 S. mit Abb. 1971. (HTB 75)

Meschkowski, H.
Grundlagen der Euklidischen Geometrie
231 S. mit Abb. 1974. (Wv)

Meschkowski, H.
Mathematiker-Lexikon
328 S. mit Abb. 1973. (Wv)

Meschkowski, H.
Mathematisches Begriffswörterbuch
315 S. mit Abb. 4. Aufl. 1976. (HTB 99)

Meschkowski, H.
Mehrsprachenwörterbuch mathematischer Begriffe
135 S. 1972. (Wv)

Meschkowski, H.
Reihenentwicklungen in der mathematischen Physik
151 S. mit Abb. 1963. (HTB 51)

Meschkowski, H.
Richtigkeit und Wahrheit in der Mathematik
219 S. 1976. (Wv)

Meschkowski, H.
Ungelöste und unlösbare Probleme der Geometrie
204 S. 1975. (Wv)

Meschkowski, H.
Wahrscheinlichkeitsrechnung
233 S. mit Abb. 1968. (HTB 285)

Meschkowski, H./I. Ahrens
Theorie der Punktmengen
183 S. mit Abb. 1974. (Wv)

Meschkowski, H./G. Lessner
Aufgabensammlung zur Einführung in die moderne Mathematik
136 S. mit Abb. 1969. (HTB 263)

Neukirch, J.
Klassenkörpertheorie
308 S. 1970. (HTB 713)

Niven, I./H. S. Zuckerman
Einführung in die Zahlentheorie
Band I: Teilbarkeit, Kongruenzen, quadratische Reziprozität u. a. 213 S. 1976. (HTB 46)
Band II: Kettenbrüche, algebraische Zahlen, die Partitionsfunktion u. a. 186 S. 1976. (HTB 47)

Noble, B.
Numerisches Rechnen
Band I: Iteration, Programmierung und algebraische Gleichungen. 154 S. mit Abb. 1966. (HTB 88)
Band II: Differenzen, Integration und Differentialgleichungen. 246 S. 1973. (HTB 147)

Oberschelp, A.
Elementare Logik und Mengenlehre
Band I: Grundlagen. 254 S. 1974. (HTB 407)

Patterson, E. M./D. E. Rutherford
Einführung in die abstrakte Algebra
175 S. 1966. (HTB 146)

Peschl, E.
Analytische Geometrie und lineare Algebra
200 S. mit Abb. 1968. (HTB 15)

Peschl, E.
Differentialgeometrie
92 S. 1973. (HTB 80)

Peschl, E.
Funktionentheorie I
274 S. mit Abb. 1967. (HTB 131)

Pflaumann, E./H. Unger
Funktionalanalysis
Band I: Einführung in die Grundbegriffe in Räumen einfacher Struktur. 240 S. 1974. (Wv)
Band II: Abbildungen (Operatoren). 338 S. 1974. (Wv)

Poguntke, W./R. Wille
Testfragen zur Analysis I
96 S. 1976. (HTB 781)

Preuß, G.
Grundbegriffe der Kategorientheorie
105 S. 1975. (HTB 739)

Reiffen, H.-J./G. Scheja/U. Vetter
Algebra
272 S. mit Abb. 1969. (HTB 110)

Reiffen, H.-J./H. W. Trapp
Einführung in die Analysis
Band I: Mengentheoretische Topologie. IX, 320 S. 1972. (HTB 776)
Band II: Theorie der analytischen und differenzierbaren Funktionen. 260 S. 1973. (HTB 786)
Band III: Maß- und Integrationstheorie. 369 S. 1973. (HTB 787)

Rottmann, K.
Mathematische Formelsammlung
176 S. mit Abb. 1962. (HTB 13)

Rottmann, K.
Mathematische Funktionstafeln
208 S. 1959. (HTB 14)

Rottmann, K.
Siebenstellige dekadische Logarithmen
194 S. 1960. (HTB 17)

Rottmann, K.
Siebenstellige Logarithmen der trigonometrischen Funktionen
440 S. 1961. (HTB 26)

Schick, K.
Lineare Optimierung
331 S. mit Abb. 1976. (HTB 64)

Schmidt, J.
Mengenlehre. Einführung in die axiomatische Mengenlehre
Band I: 245 S. mit Abb. 1973. (HTB 56)

Schwabhäuser, W.
Modelltheorie.
Band I: 176 S. 1975. (HTB 813)
Band II: 123 S. 1972. (HTB 815)

Schwartz, L.
Mathematische Methoden der Physik
Band I: Summierbare Reihen, Lebesque-Integral, Distributionen, Faltung. 184 S. 1974. (Wv)

Schwarz, W.
Einführung in die Siebmethoden der analytischen Zahlentheorie
215 S. 1974. (Wv)

Siegel, C. L.
Transzendente Zahlen
87 S. 1967. (HTB 137)

Sneddon, I. N.
Spezielle Funktionen der mathematischen Physik und Chemie
166 S. mit 14 Abb. 1963. (HTB 54)

Tamaschke, O.
Permutationsstrukturen
276 S. 1969. (HTB 710)

Tamaschke, O.
Projektive Geometrie
Band II: XI, 397 S. mit Abb. 1972. (HTB 838)

Tamaschke, O.
Schur-Ringe
240 S. mit Abb. 1970. (HTB 735)

Teichmann, H.
Physikalische Anwendungen der Vektor- und Tensorrechnung
231 S. mit 64 Abb. 1968. (HTB 39)

Tropper, A. M.
Matrizenrechnung in der Elektrotechnik
99 S. mit Abb. 1964. (HTB 91)

Uhde, K.
Spezielle Funktionen der mathematischen Physik
Band I: Zylinderfunktionen. 267 S. 1964. (HTB 55)
Band II: Elliptische Integrale, Thetafunktionen, Legendre-Polynome, Laguerresche Funktionen u. a. 211 S. 1964. (HTB 76)

Voigt, A./J. Wloka
Hilberträume und elliptische Differentialoperatoren
260 S. 1975. (Wv)

Waerden, B. L. van der
Mathematik für Naturwissenschaftler
280 S. mit 167 Abb. 1975. (HTB 281)

Wagner, K.
Graphentheorie
220 S. mit Abb. 1970. (HTB 248)

Walter, W.
Einführung in die Theorie der Distributionen
VIII, 211 S. mit Abb. 1974. (Wv)

Weizel, R/J. Weyland
Gewöhnliche Differentialgleichungen. Formelsammlung mit Lösungsmethoden und Lösungen
194 S. mit Abb. 1974. (Wv)

Wollny, W.
Reguläre Parkettierung der euklidischen Ebene durch unbeschränkte Bereiche
316 S. mit Abb. 1970. (HTB 711)

Wunderlich, W.
Darstellende Geometrie
Band I: 187 S. mit Abb. 1966. (HTB 96)
Band II: 234 S. mit Abb. 1967. (HTB 133)

Reihe: Jahrbuch Überblicke Mathematik

Herausgegeben von Prof. Dr. Benno Fuchssteiner, Gesamthochschule Paderborn, Prof. Dr. Ulrich Kulisch, Universität Karlsruhe, Prof. Dr. Detlef Laugwitz, Techn. Hochschule Darmstadt,
Prof. Dr. Roman Liedl, Universität Innsbruck.

Das Jahrbuch Überblicke Mathematik bringt Informationen über die aktuellen wissenschaftlichen, wissenschaftsgeschichtlichen und didaktischen Fragen der Mathematik. Es wendet sich an Mathematiker, die nach abgeschlossenem Studium in der Forschung, in der Lehre des Sekundar- und Tertiärbereiches und in der Industrie tätig sind und die den Kontakt zur neueren Entwicklung halten wollen.

Jahrbuch Überblicke Mathematik 1975. 181 S. mit Abb. 1975. (Wv)

Jahrbuch Überblicke Mathematik 1976. 204 S. mit Abb. 1976. (Wv)

Jahrbuch Überblicke Mathematik 1977. 180 S. mit Abb. 1977. (Wv)

Reihe: Überblicke Mathematik

Herausgegeben von Prof. Dr. Detlef Laugwitz, Techn. Hochschule Darmstadt.

Diese Reihe bringt kurze und klare Übersichten über neuere Entwicklungen der Mathematik und ihrer Randgebiete für Nicht-Spezialisten; seit 1975 erscheint an Stelle dieser Reihe das neu konzipierte „Jahrbuch Überblicke Mathematik".

Band 1: 213 S. mit Abb. 1968. (HTB 161)

Band 2: 210 S. mit Abb. 1969. (HTB 232)
Band 3: 157 S. mit Abb. 1970. (HTB 247)
Band 4: 123 S. 1972. (Wv)
Band 5: 186 S. 1972. (Wv)
Band 6: 242 S. mit Abb. 1973. (Wv)
Band 7: 265, II S. mit Abb. 1974. (Wv)

Band 6:
Gröbner, W.
Differentialgleichungen I
Etwa 180 S. 1977. (Wv)

Band 9:
Fuchssteiner, B./D. Laugwitz
Funktionalanalysis
219 S. 1974. (Wv)

Reihe: Mathematik für Physiker

Herausgegeben von Prof. Dr. Detlef Laugwitz, Techn. Hochschule Darmstadt, Prof. Dr. Peter Mittelstaedt, Universität Köln, Prof. Dr. Horst Rollnik, Universität Bonn, Prof. Dr. Georg Süßmann, Universität München.

Diese Reihe ist in erster Linie für Leser bestimmt, denen die Beschäftigung mit der Mathematik nicht Selbstzweck ist. Besonderer Wert wird darauf gelegt, mit Beispielen und Motivationen den speziellen Anforderungen der Physiker zu genügen.

Band 1:
Meschkowski, H.
Zahlen
174 S. mit Abb. 1970. (Wv)

Band 2:
Meschkowski, H.
Funktionen
179 S. mit Abb. 1970. (Wv)

Band 3:
Meschkowski, H.
Elementare Wahrscheinlichkeitsrechnung und Statistik
188 S. 1972. (Wv)

Band 4:
Lingenberg, R.
Einführung in die Lineare Algebra
236 S. 1976. (Wv)

Reihe: Mathematik für Wirtschaftswissenschaftler

Herausgegeben von Prof. Dr. Martin Rutsch, Universität Karlsruhe.

Diese im Aufbau befindliche Reihe bringt Einführungen, die nach Konzeption, Themenauswahl, Darstellungsweise und Wahl der Beispiele auf die Bedürfnisse von Studenten der Wirtschaftswissenschaften zugeschnitten sind.

Band 1:
Rutsch, M.
Wahrscheinlichkeit
Teil I: 350 S. mit Abb. 1974. (Wv)

Band 2:
Rutsch, M./K.-H: Schriever
Wahrscheinlichkeit
Teil II: 404 S. mit Abb. 1976. (Wv)

Band 3:
Rutsch, M./K.-H. Schriever
Aufgaben zur Wahrscheinlichkeit
267 S. mit Abb. 1974. (Wv)

Band 4:
Rommelfanger, H.
Differenzen- und Differentialgleichungen
232 S. 1977. (Wv)

Band 5:
Egle, K.
Graphen und Präordnungen
Etwa 208 S. 1977. (Wv)

Reihe: Methoden und Verfahren der mathematischen Physik

Herausgegeben von Prof. Dr. Bruno Brosowski, Universität Göttingen, und Prof. Dr. Erich Martensen, Universität Karlsruhe.

Diese Reihe bringt Originalarbeiten aus dem Gebiet der angewandten Mathematik und der mathematischen Physik für Mathematiker, Physiker und Ingenieure.

Band 1: 183 S. mit Abb. 1969. (HTB 720)
Band 2: 179 S. mit Abb. 1970. (HTB 721)
Band 3: 176 S. mit Abb. 1970. (HTB 722)
Band 4: 177 S. 1971. (HTB 723)
Band 5: 199 S. 1971. (HTB 724)
Band 6: 163 S. 1972. (HTB 725)
Band 7: 176 S. 1972. (HTB 726)
Band 8: 222 S. mit Abb. 1973. (Wv)
Band 9: 201 S. mit Abb. 1973. (Wv)
Band 10: 184 S. 1973. (Wv)
Band 11: 190 S. mit Abb. 1974. (Wv)
Band 12: 214 S. mit Abb. 1975. Mathematical Geodesy, Part 1. (Wv)
Band 13: 206 S. mit Abb. 1975. Mathematical Geodesy, Part 2. (Wv)
Band 14: 176 S. mit Abb. 1975. Mathematical Geodesy, Part 3. (Wv)
Band 15: 166 S. 1976. (Wv)
Band 16: 180 S. 1976. (Wv)

Informatik

Alefeld, G./J. Herzberger/ O. Mayer
Einführung in das Programmieren mit ALGOL 60
164 S. 1972. (HTB 777)

Bosse, W.
Einführung in das Programmieren mit ALGOL W
249 S. 1976. (HTB 784)

Breuer, H.
Algol-Fibel
120 S. mit Abb. 1973. (HTB 506)

Breuer, H.
Fortran-Fibel
85 S. mit Abb. 1969. (HTB 204)

Breuer, H.
PL/I-Fibel
106 S. 1973. (HTB 552)

Breuer, H.
Taschenwörterbuch der Programmiersprachen ALGOL, FORTRAN, PL/I
157 S. 1976. (HTB 181)

Hotz, G./H. Walter
Automatentheorie und formale Sprachen I
184 S. 1968. (HTB 821)

Hotz, G./V. Claus
Automatentheorie und formale Sprachen III
241 S. 1972. (HTB 823)

Mell, W.-D./P. Preus/P. Sandner
Einführung in die Programmiersprache PL/I
304 S. 1974. (HTB 785)

Mickel, K.-P.
Einführung in die Programmiersprache COBOL
206 S. 1975. (HTB 745)

Müller, D.
Programmierung elektronischer Rechenanlagen
249 S. mit 26 Abb. 3., wesentlich erw. Aufl. 1969. (HTB 49)

Müller, K. H./I. Streker
Fortran. Programmierungsanleitung
215 S. 2. Aufl. 1970. (HTB 804)

Rohlfing, H.
SIMULA
243 S. mit Abb. 1973. (HTB 747)

Schließmann, H.
Programmierung mit PL/I
150 S. 1975. (HTB 740)

Zimmermann, G./P. Marwedel
Elektrotechnische Grundlagen der Informatik I
Elektrostatik, Oszillograph, Logikschaltungen, Digitalspeicher. 200 S. 1974. (HTB 789)

Zimmermann, G./J. Höffner
Elektrotechnische Grundlagen der Informatik II
Wechselstromlehre, Leitungen, analoge u. digitale Verarbeitung kontinuierlicher Signale. 194 S. 1974. (HTB 790)

Reihe: Informatik

Herausgegeben von Prof. Dr. Karl Heinz Böhling, Universität Bonn, Prof. Dr. Ulrich Kulisch und Prof. Dr. Hermann Maurer, Universität Karlsruhe.

Diese Reihe enthält einführende Darstellungen zu verschiedenen Teildisziplinen der Informatik. Sie ist hervorgegangen aus der Zusammenlegung der Reihen „Skripten zur Informatik" (Hrsg. K. H. Böhling) und „Informatik" (Hrsg. U. Kulisch).

Band 1:
Maurer, H.
Theoretische Grundlagen der Programmiersprachen. Theorie der Syntax
252 S. 1977. (Wv)

Band 2:
Heinhold, J./U. Kulisch
Analogrechnen
242 S. mit Abb. 1969. (Wv)

Band 4:
Böhling, K. H./D. Schütt
Endliche Automaten
Teil II: 104 S. 1970. (HTB 704)

Band 5:
Brauer, W./K. Indermark
Algorithmen, rekursive Funktionen und formale Sprachen
115 S. 1968. (HTB 817)

Band 6:
Heyderhoff, P./Th. Hildebrand
Informationsstrukturen. Eine Einführung in die Informatik
218 S. 1973. (Wv)

Band 7:
Kameda, T./K. Weihrauch
Einführung in die Codierungstheorie
Teil I: 218 S. 1973. (Wv)

Band 8:
Reusch, B.
Lineare Automaten
149 S. mit Abb. 1969. (HTB 708)

Band 9:
Henrici, P.
Elemente der numerischen Analysis
Teil I: Auflösung von Gleichungen. 227 S. 1972. (HTB 551)
Teil II: Interpolation und Approximation, praktisches Rechnen. IX, 195 S. 1972. (HTB 562)

Band 10:
Böhling, K. H./G. Dittrich
Endliche stochastische Automaten
138 S. 1972. (HTB 766)

Band 11:
Seegmüller, G.
Einführung in die Systemprogrammierung
480 S. mit Abb. 1974. (Wv)

Band 12:
Alefeld, G./J. Herzberger
Einführung in die Intervallrechnung
XIII, 398 S. mit Abb. 1974. (Wv)

Band 13:
Duske, J./H. Jürgensen
Codierungstheorie
Etwa 340 S. 1977. (Wv)

Band 14:
Böhling, K. H./B. v. Braunmühl
Komplexität bei Turingmaschinen
324 S. mit Abb. 1974. (Wv)

Band 15:
Peters, F. E.
Einführung in mathematische Methoden der Informatik
348 S. 1974. (Wv)

Band 16:
Wedekind, H.
Datenbanksysteme I
227 S. mit Abb. 1975. (Wv)

Band 17:
Holler, E./O. Drobnik
Rechnernetze
195 S. mit Abb. 1975. (Wv)

Band 18:
Wedekind, H./T. Härder
Datenbanksysteme II
430 S. 1976. (Wv)

Band 19:
Kulisch, U.
Grundlagen des Numerischen Rechnens. Mathematische Begründung der Rechnerarithmetik
467 S. 1976. (Wv)

Band 20:
Zima, H.
Betriebssysteme: Parallele Prozesse
325 S. 1976. (Wv)

Band 21:
Mies, P./D. Schütt
Feldrechner
150 S. 1976. (Wv)

Band 22:
Denert, E./R. Franck
Datenstrukturen
362 S. 1977. (Wv)

Physik

Baltes, H. P./E. R. Hilf
Spectra of Finite Systems
In englischer Sprache. 116 S. 1976. (Wv)

Barut, A. O.
Die Theorie der Streumatrix für die Wechselwirkungen fundamentaler Teilchen
Band I: Gruppentheoretische Beschreibung der S-Matrix. 225 S. mit Abb. 1971. (HTB 438)
Band II: Grundlegende Teilchenprozesse. 212 S. mit Abb. 1971. (HTB 555)

Bensch, F./C. M. Fleck
Neutronenphysikalisches Praktikum
Band I: Physik und Technik der Aktivierungssonden. 234 S. mit Abb. 1968. (HTB 170)
Band II: Ausgewählte Versuche und ihre Grundlagen. 182 S. mit Abb. 1968. (HTB 171)

Bjorken, J. D./S. D. Drell
Relativistische Quantenmechanik
312 S. mit Abb. 1966. (HTB 98)

Bleuler, K./H. R. Petry/D. Schütte (Hrsg.)
Mesonic Effects in Nuclear Structure
In englischer Sprache. 181 S. mit Abb. 1975. (Wv)

Bodenstedt, E.
Experimente der Kernphysik und ihre Deutung
Band I: 290 S. mit Abb. 1972. (Wv)
Band II: XIV, 293 S. mit Abb. 1973. (Wv)
Band III: 288 S. mit Abb. 1973. (Wv)

Borucki, H.
Einführung in die Akustik
236 S. mit Abb. 1973. (Wv)

Chintschin, A. J.
Mathematische Grundlagen der statistischen Mechanik
175 S. 1964. (HTB 58)

Donner, W.
Einführung in die Theorie der Kernspektren
Band I: Grundeigenschaften der Atomkerne, Schalenmodell, Oberflächenschwingungen und Rotationen. 197 S. mit Abb. 1971. (HTB 473)
Band II: Erweiterung des Schalenmodells, Riesenresonanzen. 107 S. mit Abb. 1971. (HTB 556)

Dreisvogt, H.
Spaltprodukt-Tabellen
188 S. mit Abb. 1974. (Wv)

Eder, G.
Elektrodynamik
273 S. mit Abb. 1967. (HTB 233)

Eder, G.
Quantenmechanik
Band I: 324 S. 1968. (HTB 264)

Emendörfer, D./K. H. Höcker
Theorie der Kernreaktoren
Band I: Kernbau und Kernspaltung, Wirkungsquerschnitte, Neutronenbremsung und -thermalisierung. 232 S. mit Abb. 1969. (HTB 411)
Band II: Neutronendiffusion (Elementare Behandlung und Transporttheorie). 147 S. mit Abb. 1970. (HTB 412)

Feynman, R. P.
Quantenelektrodynamik
249 S. mit Abb. 1969. (HTB 401)

Fick, D.
Einführung in die Kernphysik mit polarisierten Teilchen
VI, 255 S. mit Abb. 1971. (HTB 755)

Gasiorowicz, S.
Elementarteilchenphysik
742 S. mit 119 Abb. 1975. (Wv)

Groot, S. R. de
Thermodynamik irreversibler Prozesse
216 S. mit 4 Abb. 1960. (HTB 18)

Groot, S. R. de/P. Mazur
Anwendung der Thermodynamik irreversibler Prozesse
349 S. mit Abb. 1974. (Wv)

Heisenberg, W.
Physikalische Prinzipien der Quantentheorie
117 S. mit Abb. 1958. (HTB 1)

Henley, E. M./W. Thirring
Elementare Quantenfeldtheorie
336 S. 1975. (Wv)

Hesse, K.
Halbleiter.
Eine elementare Einführung
Band I: 249 S. mit 116 Abb. 1974. (HTB 788)

Huang, K.
Statistische Mechanik
Band III: 162 S. 1965. (HTB 70)

Hund, F.
Geschichte der physikalischen Begriffe
410 S. 1972. (HTB 543)

Hund, F.
Geschichte der Quantentheorie
262 S. mit Abb. 1975. (Wv)

Hund, F.
Grundbegriffe der Physik
234 S. mit Abb. 1969. (HTB 449)

Källèn, G./J. Steinberger
Elementarteilchenphysik
687 S. mit Abb. 2., verbesserte Aufl. 1974. (Wv)

Kertz, W.
Einführung in die Geophysik
Band I: Erdkörper. 232 S. mit Abb. 1969. (HTB 275)
Band II: Obere Atmosphäre und Magnetosphäre. 210 S. mit Abb. 1971. (HTB 535)

Kippenhahn, R./C. Möllenhoff
Elementare Plasmaphysik
297 S. mit Abb. 1975. (Wv)

Libby, W. F./F. Johnson
Altersbestimmung mit der C^{14}-Methode
205 S. mit Abb. 1969. (HTB 403)

Lipkin, H. J.
Anwendung von Lieschen Gruppen in der Physik
177 S. mit Abb. 1967. (HTB 163)

Luchner, K.
Aufgaben und Lösungen zur Experimentalphysik
Band I: Mechanik, geometrische Optik, Wärme. 158 S. mit Abb. 1967. (HTB 155)
Band II: Elektromagnetische Vorgänge. 150 S. mit Abb. 1966. (HTB 156)
Band III: Grundlagen zur Atomphysik. 125 S. mit Abb. 1973. (HTB 157)

Lüscher, E.
Experimentalphysik
Band I: Mechanik, geometrische Optik, Wärme.
1. Teil: 260 S. mit Abb. 1967. (HTB 111)
Band I/2. Teil: 215 S. mit Abb. 1967. (HTB 114)
Band II: Elektromagnetische Vorgänge. 336 S. mit Abb. 1966. (HTB 115)
Band III: Grundlagen zur Atomphysik.
1. Teil: 177 S. mit Abb. 1970. (HTB 116)
Band III/2. Teil: 160 S. mit Abb. 1970. (HTB 117)

Mitter, H.
Quantentheorie
316 S. mit Abb. 1969. (HTB 701)

Møller, C.
Relativitätstheorie
316 S. 1976. (Wv)

Möller, F.
Einführung in die Meteorologie
Band I: Meteorologische Elementarphänomene. 222 S. mit Abb. 1973. (HTB 276)
Band II: Komplexe meteorologische Phänomene. 223 S. mit Abb. 1973. (HTB 288)

Neff, H.
Physikalische Meßtechnik
160 S. mit Abb. 1976. (HTB 66)

Neuert, H.
Experimentalphysik für Mediziner, Zahnmediziner, Pharmazeuten und Biologen
292 S. mit Abb. 1969. (HTB 712)

Neuert, H.
Physik für Naturwissenschaftler I
Band I: Mechanik und Wärmelehre. 179 S. 1977. (HTB 727)

Rollnik, H.
Physikalische und mathematische Grundlagen der Elektrodynamik
217 S. mit Abb. 1976. (HTB 297)

Rollnik, H.
Teilchenphysik
Band I: Grundlegende Eigenschaften von Elementarteilchen. 188 S. mit Abb. 1971. (HTB 706)
Band II: Innere Symmetrien der Elementarteilchen. 158 S. mit Abb. z. T. farbig. 1971. (HTB 759)

Rose, M. E.
Relativistische Elektronentheorie
Band I: 193 S. mit Abb. 1971. (HTB 422)
Band II: 171 S. mit Abb. 1971. (HTB 554)

Scherrer, P./P. Stoll
Physikalische Übungsaufgaben
Band I: Mechanik und Akustik. 96 S. mit 44 Abb. 1962. (HTB 32)
Band II: Optik, Thermodynamik, Elektrostatik. 103 S. mit Abb. 1963. (HTB 33)
Band III: Elektrizitätslehre, Atomphysik. 103 S. mit Abb. 1964. (HTB 34)

Schulten, R./W. Güth
Reaktorphysik
Band II: Zeitliches Verhalten von Reaktoren. 164 S. mit Abb. 1962. (HTB 11)

Schultz-Grunow, F. (Hrsg.)
Elektro- und Magnetohydrodynamik
308 S. mit Abb. 1968. (HTB 811)

Seiler, H.
Abbildungen von Oberflächen mit Elektronen, Ionen und Röntgenstrahlen
131 S. mit Abb. 1968. (HTB 428)

Sexl, R. U./H. K. Urbantke
Gravitation und Kosmologie. Eine Einführung in die Allgemeine Relativitätstheorie
335 S. mit Abb. 1975. (Wv)

Süßmann, G.
Einführung in die Quantenmechanik
Band I: 205 S. mit Abb. 1963. (HTB 9)

Teichmann, H.
Einführung in die Atomphysik
135 S. mit 47 Abb. 1966. (HTB 12)

Teichmann, H.
Halbleiter
156 S. mit Abb. 1969. (HTB 21)

Wagner, C.
Methoden der naturwissenschaftlichen und technischen Forschung
219 S. mit Abb. 1974. (Wv)

Wegener, H.
Der Mössbauer-Effekt und seine Anwendung in Physik und Chemie
226 S. mit Abb. 1965. (HTB 2)

Wehefritz, V.
Physikalische Fachliteratur
171 S. 1969. (HTB 440)

Weizel, W.
Einführung in die Physik
Band I: Mechanik und Wärme. 174 S. mit Abb. 1963. (HTB 3)
Band II: Elektrizität und Magnetismus. 180 S. mit Abb. 1963. (HTB 4)
Band III: Optik und Atomphysik. 194 S. mit Abb. 1963. (HTB 5)

Weizel, W.
Physikalische Formelsammlung
Band II: Optik, Thermodynamik, Relativitätstheorie. 148 S. 1964. (HTB 36)
Band III: Quantentheorie. 196 S. 1966. (HTB 37)

Zimmermann, P.
Eine Einführung in die Theorie der Atomspektren
91 S. mit Abb. 1976. (Wv)

Astronomie

Becker, F.
Geschichte der Astronomie
201 S. mit Abb. 1968. (HTB 298)

Bohrmann, A.
Bahnen künstlicher Satelliten
163 S. mit Abb. 1966. (HTB 40)

Giese, R.-H.
Erde, Mond und benachbarte Planeten
250 S. mit Abb. 1969. (HTB 705)

Schaifers, K.
Atlas zur Himmelskunde
96 S. 1969. (HTB 308)

Scheffler, H./H. Elsässer
Physik der Sterne und der Sonne
535 S. mit Abb. 1974. (Wv)

Schurig, R./P. Götz/K. Schaifers
Himmelsatlas (Tabulae caelestes)
8. Aufl. 1960. (Wv)

Voigt, H. H.
Abriß der Astronomie
556 S. mit Abb. 1975. (Wv)

Philosophie

Glaser, I.
Sprachkritische Untersuchungen zum Strafrecht am Beispiel der Zurechnungsfähigkeit
131 S. 1970. (HTB 516)

Kamlah, W.
Philosophische Anthropologie. Sprachkritische Grundlegung und Ethik
192 S. 1973. (HTB 238)

Kamlah, W.
Von der Sprache zur Vernunft. Philosophie und Wissenschaft in der neuzeitlichen Profanität
230 S. 1975. (Wv)

Kamlah, W./P. Lorenzen
Logische Propädeutik. Vorschule des vernünftigen Redens
239 S. 1973. (HTB 227)

Kanitscheider, B.
Vom absoluten Raum zur dynamischen Geometrie
139 S. 1976. (Wv)

Leinfellner, W.
Einführung in die Erkenntnis- und Wissenschaftstheorie
226 S. 1967. (HTB 41)

Lorenzen, P.
Normative Logic and Ethics
In englischer Sprache. 89 S. 1969. (HTB 236)

Lorenzen, P./O. Schwemmer
Konstruktive Logik, Ethik und Wissenschaftstheorie
331 S. mit Abb. 1975. (HTB 700)

Mittelstaedt, P.
Philosophische Probleme der modernen Physik
227 S. mit Abb. 5. Auflage 1976. (HTB 50)

Mittelstaedt, P.
Die Sprache der Physik
139 S. 1972. (Wv)

Mittelstaedt, P.
Der Zeitbegriff in der Physik
164 S. 1976. (Wv)

Literatur und Sprache

Kraft, H. (Hrsg.)
Andreas Streichers Schiller-Biographie
459 S. mit Abb. 1974. (Wv)

Storz, G.
Klassik und Romantik
247 S. 1972. (Wv)

Trojan, F./H. Schendl
Biophonetik
264 S. 1975. (Wv)

Chemie

Cordes, J. F. (Hrsg.)
Chemie und ihre Grenzgebiete
199 S. mit Abb. 1970. (HTB 715)

Freise, V.
Chemische Thermodynamik
288 S. mit Abb. 1972. (HTB 213)

Grimmer, G.
Biochemie
376 S. mit Abb. 1969. (HTB 187)

Kaiser, R.
Chromatographie in der Gasphase
Band I: Gas-Chromatographie. 220 S. mit Abb. 1973. (HTB 22)
Band II: Kapillar-Chromatographie. 346 S. mit Abb. 1975. (HTB 23)
Band III: Tabellen.
1. Teil: 181 S. mit Abb. 1969. (HTB 24)
Band IV/2. Teil: 118 S. mit Abb. 1969. (HTB 472)

Laidler, K. J.
Reaktionskinetik
Band I: Homogene Gasreaktionen. 216 S. mit Abb. 1970. (HTB 290)

Murrell, J. N.
Elektronenspektren organischer Moleküle
359 S. mit Abb. 1967. (HTB 250)

Preuß, H.
Quantentheoretische Chemie
Band I: Die halbempirischen Regeln. 94 S. mit Abb. 1963. (HTB 43)
Band II: Der Übergang zur Wellenmechanik, die allgemeinen Rechenverfahren. 238 S. mit Abb. 1965. (HTB 44)
Band III: Wellenmechanische und methodische Ausgangspunkte. 222 S. mit Abb. 1967. (HTB 45)

Riedel, L.
Physikalische Chemie.
Eine Einführung für Ingenieure
406 S. mit Abb. 1974. (Wv)

Schmidt, M.
Anorganische Chemie
Band I: Hauptgruppenelemente. 301 S. mit Abb. 1967. (HTB 86)
Band II: Übergangsmetalle. 221 S. mit Abb. 1969. (HTB 150)

Schneider, G.
Pharmazeutische Biologie.
Pharmakognosie
333 S. 1975. (Wv)

Staude, H.
Photochemie
159 S. mit 40 Abb. 1966. (HTB 27)

Steward, F. C./A. D. Krikorian/ K.-H. Neumann
Pflanzenleben
268 S. mit Abb. 1969. (HTB 145)

Wagner, C.
Methoden der naturwissenschaftlichen und technischen Forschung
219 S. mit Abb. 1974. (Wv)

Wilk, M.
Organische Chemie
291 S. mit Abb. 1970. (HTB 71)

Medizin

Forth, W./D. Henschler/W. Rummel (Hrsg.)
Allgemeine und spezielle Pharmakologie und Toxikologie
Für Studenten der Medizin, Pharmazie, Chemie, Biologie sowie für Ärzte und Apotheker. 606 S. Über 400 meist zweifarbige Abb., sowie ca. 280 Tabellen. Format 19x27 cm. 1975. (Wv)

Das Standardwerk für den Bereich der Pharmakologie und Toxikologie. Lehrbuchmäßige Darstellung des gesamten Stoffes für Studenten der Medizin, Pharmazie, Chemie, Biologie. Geeignet zum Selbststudium, zur Vorbereitung auf Seminare, als Repetitorium – vor allem aber auch als umfassendes Handbuch und Nachschlagewerk für den praktisch tätigen Arzt, den Apotheker und für Wissenschaftler verwandter Gebiete.

Ingenieurwissenschaften

Beneking, H.
Praxis des Elektronischen Rauschens
255 S. mit Abb. 1971. (HTB 734)

Billet, R.
Grundlagen der thermischen Flüssigkeitszerlegung
150 S. mit Abb. 1962. (HTB 29)

Billet, R.
Optimierung in der Rektifiziertechnik unter besonderer Berücksichtigung der Vakuumrektifikation
129 S. mit Abb. 1967. (HTB 261)

Billet, R.
Trennkolonnen für die Verfahrenstechnik
151 S. mit Abb. 1971. (HTB 548)

Böhm, H.
Einführung in die Metallkunde
236 S. mit Abb. 1968. (HTB 196)

Bosse, G.
Grundlagen der Elektrotechnik
Band I: Das elektrostatische Feld und der Gleichstrom. Unter Mitarbeit von W. Mecklenbräuker. 141 S. mit Abb. 1966. (HTB 182)
Band II: Das magnetische Feld und die elektromagnetische Induktion. Unter Mitarbeit von G. Wiesemann. 153 S. mit Abb. 1967. (HTB 183)
Band III: Wechselstromlehre, Vierpol- und Leitungstheorie. Unter Mitarbeit von A. Glaab. 136 S. 1969. (HTB 184)
Band IV: Drehstrom, Ausgleichsvorgänge in linearen Netzen. Unter Mitarbeit von J. Hagenauer. 164 S. mit Abb. 1973. (HTB 185)

Feldtkeller, E.
Dielektrische und magnetische Materialeigenschaften
Band I: Meßgrößen, Materialübersicht und statistische Eigenschaften. 242 S. mit Abb. 1973. (HTB 485)
Band II: Piezoelektrische/ magnetostriktive und dynamische Eigenschaften. 188 S. mit Abb. 1974. (HTB 488)

Glaab, A./J. Hagenauer
Übungen in Grundlagen der Elektrotechnik III, IV
228 S. mit Abb. 1973. (HTB 780)

Heilmann, A.
Antennen
Band III: Spezielle (u. a. Linsen-, Spiegel-, Schlitz-)Antennen. 184 S. mit Abb. 1970. (HTB 540)

Klein, W.
Vierpoltheorie
159 S. mit Abb. 1972. (Wv)

MacFarlane, A. G. J.
Analyse technischer Systeme
312 S. mit Abb. 1967. (HTB 81)

Mahrenholtz, O.
Analogrechnen in Maschinenbau und Mechanik
208 S. mit Abb. 1968. (HTB 154)

Marguerre, K./H.-T. Woernle
Elastische Platten
242 S. mit 125 Abb. 1975. (Wv)

Mesch, F. (Hrsg.)
Meßtechnisches Praktikum
217 S. mit Abb. 2. Auflage 1977. (HTB 736)

Pestel, E.
Technische Mechanik
Band I: Statik. 284 S. mit Abb. 1969. (HTB 205)
Band II: Kinematik und Kinetik.
1. Teil: 196 S. mit Abb. 1969. (HTB 206)
Band II/2. Teil: 204 S. mit Abb. 1971. (HTB 207)

Piefke, G.
Feldtheorie
Band I: Maxwellsche Gleichungen, Elektrostatik, Wellengleichung, verlustlose Leitungen. 264 S. Verbesserter Nachdruck 1977. (HTB 771)
Band II: Verlustbehaftete Leitungen, Grundlagen der Antennenabstrahlung, Einschwingvorgang. 231 S. mit Abb. 1973. (HTB 773)
Band III: Beugungs- und Streuprobleme, Wellenausbreitung in anisotropen Medien. 362 S. 1977. (HTB 782)

Rößger, E./K.-B. Hünermann
Einführung in die Luftverkehrspolitik
165, LIV S. mit Abb. 1969. (HTB 824)

Sagirow, P.
Satellitendynamik
191 S. 1970. (HTB 719)

Schrader, K.-H.
Die Deformationsmethode als Grundlage einer problemorientierten Sprache
137 S. mit Abb. 1969. (HTB 830)

Stüwe, H. P.
Einführung in die Werkstoffkunde
192 S. mit Abb. 1969. (HTB 467)

Stüwe, H. P./G. Vibrans
Feinstrukturuntersuchungen in der Werkstoffkunde
138 S. mit Abb. 1974. (Wv)

Waller, H./W. Krings
Matrizenmethoden in der Maschinen- und Bauwerksdynamik
377 S. mit 159 Abb. 1975. (Wv)

Wasserrab, Th.
Gaselektronik
Band I: Atomtheorie. 223 S. mit Abb. 1971. (HTB 742)
Band II: Niederdruckentladungen, Technik der Gasentladungsventile. 230 S. mit Abb. 1972. (HTB 769)

Wiesemann, G.
Übungen in Grundlagen der Elektrotechnik II
202 S. mit Abb. 1976. (HTB 779)

Wiesemann, G./W. Mecklenbräuker
Übungen in Grundlagen der Elektrotechnik I
179 S. mit Abb. 1973. (HTB 778)

Wolff, I.
Grundlagen und Anwendungen der Maxwellschen Theorie
Band I: Mathematische Grundlagen, die Maxwellschen Gleichungen, Elektrostatik. 326 S. mit Abb. 1968. (HTB 818)
Band II: Strömungsfelder, Magnetfelder, quasistationäre Felder, Wellen. 263 S. mit Abb. 1970. (HTB 731)

Reihe: Theoretische und experimentelle Methoden der Regelungstechnik

Band 1:
Preßler, G.
Regelungstechnik
348 S. mit Abb. 1967. (HTB 63)

Band 3:
Isermann, R.
Theoretische Analyse der Dynamik industrieller Prozesse (Identifikation II)
Teil I: 122 S. mit Abb. 1971. (HTB 764)

Band 4:
Klefenz, G.
Die Regelung von Dampfkraftwerken
229 S. mit Abb. 1975. (Wv)

Band 6:
Schlitt, H./F. Dittrich
Statistische Methoden der Regelungstechnik
169 S. 1972. (HTB 526)

Band 7:
Schwarz, H.
Frequenzgang- und Wurzelortskurvenverfahren
164 S. mit Abb. Verb. Nachdruck 1976. (Wv)

Band 8/9:
Starkermann, R.
Die harmonische Linearisierung
Band I: 201 S. mit Abb. 1970. (HTB 469)
Band II: 83 S. mit Abb. 1970. (HTB 470)

Band 10:
Starkermann, R.
Mehrgrößen-Regelsysteme
Band I: 173 S. mit Abb. 1974. (Wv)

Band 12:
Schwarz, H.
Optimale Regelung linearer Systeme
242 S. mit Abb. 1976. (Wv)

Band 13:
Latzel, W.
Regelung mit dem Prozeßrechner (DDC)
213 S. mit Abb. 1977. (Wv)

Geographie/Geologie/Völkerkunde

Ganssen, R.
Grundsätze der Bodenbildung
135 S. mit Zeichnungen und einer mehrfarbigen Tafel. 1965. (HTB 327)

Gierloff-Emden, H.-G./
H. Schroeder-Lanz
Luftbildauswertung
Band I: Grundlagen. 154 S. mit Abb. 1970. (HTB 358)

Henningsen, D.
Paläogeographische Ausdeutung vorzeitlicher Ablagerungen
170 S. mit Abb. 1969. (HTB 839)

Kertz, W.
Einführung in die Geophysik
Band I: Erdkörper. 232 S. mit Abb. 1969. (HTB 275)
Band II: Obere Atmosphäre und Magnetosphäre. 210 S. mit Abb. 1971. (HTB 535)

Lindig, W.
Vorgeschichte Nordamerikas
399 S. mit Abb. 1973. (Wv)

Möller, F.
Einführung in die Meteorologie
Band I: Meteorologische Elementarphänomene. 222 S. mit Abb. und 6 Farbtafeln. 1973. (HTB 276)
Band II: Komplexe meteorologische Phänomene. 223 S. mit Abb. 1973. (HTB 288)

Schaarschmidt, F.
Paläobotanik
Band I: 121 S. mit Abb. und Farbtafeln. 1968. (HTB 357)

Schmithüsen, J.
Geschichte der Geographischen Wissenschaft von den ersten Anfängen bis zum Ende des 18. Jahrhunderts
190 S. 1970. (HTB 363)

Schwidetzky, I.
Grundlagen der Rassensystematik
180 S. mit Abb. 1974. (Wv)

Wunderlich, H.-G.
Bau der Erde.
Geologie der Kontinente und Meere
Band I: Afrika, Amerika, Europa. 151 S., Tabellen und farbige Abb. 1973. (Wv)
Band II: Asien, Australien, Geologie der Ozeane. 164 S., Tabellen und 16 S. farbige Abb. 1975. (Wv)

Wunderlich, H.-G.
Einführung in die Geologie
Band I: Exogene Dynamik. 214 S. mit Abb. und farbigen Bildern. 1968. (HTB 340)
Band II: Endogene Dynamik. 231 S. mit Abb. und farbigen Bildern. 1968. (HTB 341)

B.I.-Hochschulatlanten

Dietrich, G./J. Ulrich (Hrsg.)
Atlas zur Ozeanographie
76 S. 1968. (HTB 307)

Ganssen, R./F. Hädrich (Hrsg.)
Atlas zur Bodenkunde
85 S. 1965. (HTB 301)

Schaifers, K. (Hrsg.)
Atlas zur Himmelskunde
96 S. 1969. (HTB 308)

Schmithüsen, J. (Hrsg.)
Atlas zur Biogeographie
80 S.1976. (HTB 303)

Wagner, K. (Hrsg.)
Atlas zur Physischen Geographie (Orographie)
59 S. 1971. (HTB 304)